"十三五"普通高等教育本科规划教材

高等院校土建类专业"互联网+"创新规划教材

U0202828

土力学(第2版)

主　编　高向阳

副主编　杨艳娟　翟聚云

北京大学出版社

PEKING UNIVERSITY PRESS

内 容 简 介

本书内容包括土的物理性质及工程分类、土的应力、土的压缩变形、土的渗透性与固结、土的抗剪强度与地基承载力、土压力和土坡稳定，详细介绍了关于土的基本知识，包含约 120 个二维码，涵盖动画、视频、案例、答疑、习题、趣话、讨论、拓展 8 类学习资料并提供了丰富的工程实例图片。 本书每章前后还附有导入案例和背景知识，使读者对每章的内容有更全面的了解；每章均附有大量的例题，详细的解题步骤可以培养读者解决问题的能力；每章结尾附有思考题及习题，可供学生自修时使用。

本书在介绍土力学知识时言简意赅，通俗易懂，注重理论联系实际。 本书可作为高等院校土木工程专业（建筑工程、 岩土工程、 水利工程、 道路桥梁工程等）的教材， 也可作为相关专业师生和工程技术人员的参考用书。

图书在版编目(CIP)数据

土力学/高向阳主编. —2 版 . —北京： 北京大学出版社， 2018. 1
（高等院校土建类专业"互联网+"创新规划教材）
ISBN 978 - 7 - 301 - 28977 - 8

Ⅰ. ①土… Ⅱ. ①高… Ⅲ. ①土力学—高等学校—教材 Ⅳ. ①TU43

中国版本图书馆 CIP 数据核字(2017)第 299995 号

书　　　　名	土力学（第 2 版）
	TU LIXUE
著作责任者	高向阳 主编
策 划 编 辑	卢 东 吴 迪
责 任 编 辑	刘 喾
数 字 编 辑	贾新越
标 准 书 号	ISBN 978 - 7 - 301 - 28977 - 8
出 版 发 行	北京大学出版社
地　　　　址	北京市海淀区成府路 205 号　　100871
网　　　　址	http://www.pup.cn　 新浪微博：@北京大学出版社
电 子 信 箱	pup_6@163.com
电　　　　话	邮购部 62752015　 发行部 62750672　 编辑部 62750667
印 刷 者	三河市北燕印装有限公司
经 销 者	新华书店
	889 毫米×1194 毫米　 16 开本　 16 印张　 504 千字
	2010 年 7 月第 1 版
	2018 年 1 月第 2 版　　2020 年 8 月第 2 次印刷
定　　　　价	45.00 元

第2版

前言

《土力学》自2010年出版以来，经有关院校教学和工程技术人员使用，反映良好。随着近年来国家的新政策、新法规不断出台，一些新的规范、规程陆续颁布实施，为了更好地开展教学和指导工程实际，适应大学生和工程技术人员学习的要求，我们对本书进行了修订。

这次修订主要做了以下工作。

（1）各章节内容的调整遵循最新颁布实施的规范、规程。

（2）竭力做到理论部分够用为度的同时，保持知识体系的连续性，以学生就业所需的专业知识和操作技能为着眼点，在适度的基础知识与理论体系覆盖下，着重讲解重点内容和关键点，突出实用性和可操作性。

（3）将理论讲解简单化，注重讲解理论的来源、出处及用处，不进行过多的、烦琐的推导。书中附有针对性较强的例题、思考题和习题，习题设计具有启发性。

（4）以"互联网＋"思维对教材进行了升级，也是这次修订的核心。本书针对课程常见难点、重点等方面设置了二维码，通过手机扫描二维码，即可读取相对应的内容（包括受力动态分析图、变形破坏视频、案例介绍等），极大地方便了学生的理解学习。

全书由徐州工程学院高向阳修订并担任主编，黑龙江科技大学杨艳娟和河南城建学院翟聚云担任副主编。

由于编者的学识有限，能否达到预期的目标尚无把握，恳切希望广大读者和土木、教育界同人对书中谬误之处予以指正。

在本书的出版工作中，得到了北京大学出版社的大力协助，在此表示衷心感谢！

【资源索引】

编　者
2017 年 8 月

目 录

第0章
绪　论

本书包括土质学和土力学两部分。

1. 土质学

土质学是一门属于地质学范畴的科学，是从工程地质观点（即从工程建筑物与自然地质体相互作用、相互制约角度出发的观点）去研究土，它是地质学观点和力学观点的有机结合，其理论性和实践性很强。土质学研究的内容主要包括以下几个方面。

（1）土的工程地质性质，包括物理性质、水理性质和力学性质，如干密度、干湿状况、孔隙特征、与水相互作用表现出的性质及在外力作用下表现出的变形和强度特征。

（2）土的工程地质性质的形成和分布规律；土的物质组成、结构构造对土的工程地质性质的影响。

（3）土的工程地质性质指标的测试方法和测试技术。

（4）土的工程地质分类。

（5）土的工程地质性质在自然或人为因素作用下的变化趋势和变化规律，预测这种变化对各种建筑物的危害。

（6）特殊土的工程地质特征。

2. 土力学

土力学属于工程力学范畴的科学，是运用力学原理，同时考虑到土作为分散系特征来求得量的关系，其力学计算模型必须建立在现场勘察和实测土的计算参数（即工程地质性质指标）的基础上，因此土力学也是一门理论性和实践性很强的学科。它研究的内容主要包括以下几个方面。

（1）土的应力与应变的关系。

（2）土的强度及土的变形和时间的关系。

（3）土在外荷作用下的稳定性计算。

土质学与土力学虽各属不同学科范畴，但彼此间关系十分密切。随着科学的不断发展，这两门学科的相互结合已成为必然的发展趋势。土质学某些问题的研究与土力学的研究正在互相渗透。土质学需吸取土力学中运用数学、力学等的最新理论去研究土的工程地质性质的本质；土力学将吸取土质学从成因及微观结构等认识土的性质本质的研究成果去研究与工程建筑有关的土的应力、应变、强度和稳定性等力学问题。土力学中常引用土质学的研究结果，以解释土的宏观工程性质，对理解土力学内容很有帮助。

本课程把土质学与土力学结合在一起，统称为土力学，显示了学科发展的完整性和系统性，更好地解决实际工程中有关土的问题。

0.1　土力学的重要性及其发展概况

土力学是土木工程的一门基础学科，其研究对象是地球表面地层中的土体，目的是解决工程建筑中有关土的工程技术问题，它是研究土体的工程地质特性及其在工程活动影响下的应力、变形、强度和稳定性等力学问题的学科，是地基基础设计的理论依据。

它的主要内容包括渗透理论、变形理论和强度理论。

土的渗透理论揭示了水在土中的渗流速度与水力坡度的关系，其最主要的实际应用之一就是计算建筑物沉降和时间的关系。土的变形理论揭示了土中压力与孔隙比变化的关系，这对预估建筑的沉降具有重要意义。土的强度理论揭示了土中正应力与土的抗剪强度的关系，这对验算建筑物地基的承载力和稳定性等问题具有重要意义，也是计算作用在挡土墙上的土压力时所必须知道的关系。

从土力学研究的对象——土的作用来看，无论是作为土木建筑物本身的构筑材料，还是作为支承建筑物荷载的地基或作为建筑物周围的赋存介质，都具有十分重要的作用。土的形成经历了漫长的地质历史过程，它是地质作用的产物，是一种矿物集合体，是由多种物质组成的多相分散系统，其主要特征是分散性、复杂性和易变性，极易受外界环境（温度、湿度等）的变化而发生变化。由于土的形成过程不同，加上自然环境的不同，使土的性质有着极大的差异，而人类工程活动又促使土的性质发生变异。因此在进行工程建设时，必须密切结合土的实际性质进行设计和施工，预测因土性质的变异所带来的危害，并加以改良，使其不致影响工程的经济合理性和安全使用。

土是自然历史的产物，地基中土成分都不均匀，即使是同一层土，其物理力学性质也存在不均匀性。

【古代工程中的土力学原理】

而且同一类土，分布地区不同，其工程性质也有差异。这就要求工程师根据工程具体情况，应用土力学知识处理好地基基础问题。所有的建（构）筑物，包括房屋、桥梁、道路、堤坝等，均坐落在地球表面地层上。除少数直接坐落在岩层上外，大部分坐落在土层上。在上述荷载作用下，地层土体性状对建（构）筑物的安全及正常使用有直接影响。不仅要求地基土体保持稳定，还要求地基土体的变形在允许的范围内。

对国内外土木工程事故原因统计分析表明，因地基原因造成的土木工程事故所占比例较高。这里地基原因主要指在荷载作用下地基失稳、地基沉降或沉降差过大等，这些都与土的强度特性、变形特性和渗透特性有关。

另外，地基基础部分在土木工程建设中所占投资比例不少，以软土地基上多层建筑为例，地基基础部分投资占总投资的 25%～40%，甚至更多，而且该部分节约潜力大。应用土力学知识搞好地基基础设计和施工显得更加重要。

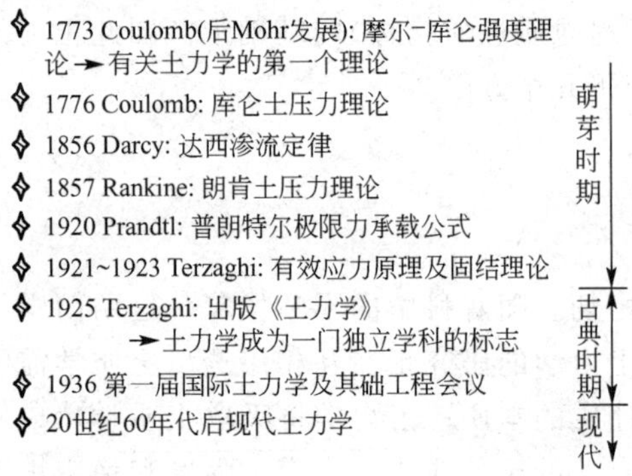

◇ 1773 Coulomb(后Mohr发展)：摩尔-库仑强度理论→有关土力学的第一个理论
◇ 1776 Coulomb：库仑土压力理论
◇ 1856 Darcy：达西渗流定律
◇ 1857 Rankine：朗肯土压力理论
◇ 1920 Prandtl：普朗特尔极限力承载公式
◇ 1921~1923 Terzaghi：有效应力原理及固结理论
◇ 1925 Terzaghi：出版《土力学》→土力学成为一门独立学科的标志
◇ 1936 第一届国际土力学及基础工程会议
◇ 20世纪60年代后现代土力学

萌芽时期

古典时期

现代

图 0.1　土力学发展的历史

以土体作为研究对象的土力学，在土木工程学科中具有非常重要的地位。土木工程师必须掌握土力学的理论知识和实际技能，才能正确解决土木工程中的地基基础技术问题。与其他经验科学一样，土力学是人类在工程实践的成功与失败中，不断总结与积累经验而逐步发展起来的一门学科，目前已形成了系统的理论体系。土力学的发展可以划分为 3 个阶段：1925 年以前，1925—1960 年，1960 年至今（图 0.1）。

有关土体运动和作用力的第一个数学理论，是由法国科学家库仑(C. A. Coulomb, 1773 年)根据试验建立的，提出的库仑强度理论及随后发展的库仑土压力理论，是有文字记载的最早的理论贡献。两百多年来，该理论在挡土墙的设计中证明是实用而可靠的。达西(Darcy，1856 年)研究了砂土的渗透性，发展了渗透公式，对以后研究渗流和固结理论打下了理论基础。朗肯(Rankine，1856 年)研究的半无限体的极限平衡，有关粒状土中的应力理论奠定了挡土墙上土压力分布的基础。布辛奈斯克(J. Boussinesq，1885 年)求得了弹性半空间在竖向集中力作用下应力和变形力的解答，形成有关线性弹性理论的公式，为计算地基变形建立了理论基础，至今还用于计算土体中的应力。

土力学发展史上重要人物如图 0.2 所示。

太沙基（Karl Von Terzaghi）
(1883—1963)

库仑（Charles - Auguste de Coulomb）
(1736—1806)

泰勒（Donald Wood Taylor）
(1900—1955)

摩尔（Christian Otto Mohr）
(1835—1918)

Ralph Brazelton Peck
(1912—2008)

朗肯（William John Maquorn Rankine）
(1820—1872)

图 0.2 土力学发展史上重要人物

到 20 世纪初叶，土力学取得长足的进展。为了解决地基破坏和土坡坍塌等课题，学术界在瑞典提出了滑裂圆法，之后费伦纽斯(Fellenius，1926 年)在处理铁路滑坡问题时建立了极限平衡法，提出的理论至今还在继续用于土坡稳定分析。太沙基(Terzaghi，1925 年)提供了第一本内容广博的教科书，其中用于计算沉降的方法多次被证明是有效的。太沙基阐明了各种建筑课题中的土工试验和力学计算之间的关系，他所提出的有效应力理论、一维固结理论以及一系列的研究成果把土力学推进到一个新的高度，使土力学成为一门系统的学科。他在 1936 年主持成立了国际土力学基础工程学会，并举行了第一次国际学术会议，推动了这门学科在世界范围的发展。因此，太沙基被认为是一门独立学科——土力学的奠基人。

继太沙基后，卡萨格兰德(Casagrande)、泰勒(Taylor)、斯肯普顿(Skempton)以及世界各国许多学者对土的抗剪强度、土的变形、土的渗透性、土的应力-应变关系和破坏机理进行了大量研究工作，并逐渐将土力学的基本理论，普遍应用于解决各种不同条件下的工程问题。

直到 20 世纪五六十年代，计算机技术、计算技术以及现代测试技术的发展大大促进了土力学的发展。土力学的研究基本上是对原有理论与试验的充实与完善，具体表现在：基本理论方面如土的本构关系的研究，建立了各种应力-应变-时间的非线性数学模型，以计算土的弹塑性变形和应力、应变随时间变化的流变过程，对土的抗剪强度进行深入研究，了解强度指标的变化规律；在计算方法方面，广泛采用计算机，把数值计算方法，如差分法、有限元法等直接用到地基和土工的计算中，使以往无法解决的复杂边界和初始条件以及不均匀土层等问题都能用计算方法来解决；在室内试验方面，改进了试验设备，广泛用计算机程序控制试验过程，并自动采集和加工试验数据；在原位测试方面，进一步改进各种原位测试仪器，如静力触探仪、十字板剪力仪、旁压仪等。

土的基本特性、有效应力原理、固结理论、变形理论、土动力特性、流变学在土力学中的进一步研究、完善与应用是这一阶段研究的中心问题。在这一阶段中，我国的陈宗基、黄文熙在土力学方面也有很好的研究成果。

这些古典理论对土力学的发展起了极大的推动作用，至今仍不失其理论和实用价值。

古典土力学可以归结为一个原理(有效应力原理)和两个理论 [以弹性介质和弹性多孔介质为出发点的变形理论和以刚塑性模型为出发点的破坏理论(极限平衡理论)]。前一理论随着 1956 年 Biot 动力方程的建立而划上一个完满的句号；后一理论则于 20 世纪 60 年代初完成了基本的理论框架。

但是，真实的土体决不是理想弹性体，也不是理想刚塑性体。可以考虑土体两个基本特性(压硬性和剪胀性)的现代土力学理论在 20 世纪 50 年代初已开始酝酿。一方面，随着认识的深化，人们已越来越不满足于理想弹性介质和理想刚塑性介质这样简单化的描述，另一方面，现代电子计算技术的发展为采用复杂的模型提供了手段，从而为现代土力学的建立创造了客观条件，而 Roscoe 的工作则直接导致现代土力学的诞生。

目前的研究着重于新的非线性应力-应变关系，即应力-应变模型的建立，并以此为基础建立新的理论。许多学者提出各种应力-应变模型，如 J. M. Duncan 与 C. Y. Chang 提出了著名的 Duncan-Chang 模型、剑桥模型，以及我国南京水利科学研究院模型、清华模型等。这些模型都是对土的非线性应力-应变规律提出的数学描述。通过进一步的研究，一定会对土的应力-应变关系提出更符合土的实际情况的模型，从而摆脱古典弹塑性理论，建立新的近现代土力学理论。

现代土力学可以归结为"一个模型""三个理论"和"四个分支"。

"一个模型"即本构模型，特别是指结构性模型。这是因为迄今为止所提出的本构模型都是从重塑土的变形特点出发的，并把颗粒之间的滑移看作塑性变形的根源，而包括砂土在内的天然土类都具有内部结构，变形过程必然伴随着结构的破坏和改变。因此发展新一代的结构性模型是现代土力学的核心问题。

"三个理论"即一个变形理论和两个破坏理论。非饱和土固结理论，这是饱和土固结理论的推广，必须建立在合理的本构模型的基础上，并用于分析黄土、膨胀土和冻土的变形问题。液化破坏理论，即描述由于孔隙压力升高而导致土体破坏的理论，其核心是要建立一个能反映复杂应力路线下变形规律的本构模型，研究对象既可以是饱和砂土，也可以是饱和黏土。渐进破坏理论，即描述荷载增加情况下土体真实破坏过程的理论，它的建立可能要运用损伤力学、细观力学和分叉理论等现代力学分支，最后要完成对应变软化问题和剪切带形成过程的数学模拟。

"四个分支"即理论土力学、计算土力学、实验土力学和应用土力学，后者也可以称为土工学。理论土力学包括非饱和土固结理论、液化破坏理论、渐进破坏理论，计算土力学包括确定性分析、非确定性分析、反分析，实验土力学包括土样试验、模拟试验、离心模拟试验、原位测试，应用土力学包括原位测试、地基处理、专家系统。

如果说有效应力原理是古典土力学的核心，曾经发挥过巨大作用，那么现代土力学的核心问题必定是本构模型。在某种意义上，古典土力学只能称为弹性土力学，它的大部分成果只是借用弹性力学中已有的解答，而真正的土力学必须建立在符合土本身特性的本构模型的基础上，因此，一个优秀的土工工程师必须对土的本构模型有基本的了解，掌握常用的本构模型的适用性与局限性，并善于选用适应实际工程特点的模型。

土力学仍是一门发展中的学科，还有许多值得研究和探讨的问题。

0.2 土力学的学科特点

土力学就是研究土体的工程地质特性及其在工程活动影响下的应力、变形、强度和稳定性的学科，它是土木工程的一门基础学科。

土是由不同的岩石在物理的、化学的、生物的风化作用下，又经流水、冰川、风力等搬运、沉积作用而形成的自然历史产物。土的组成及其工程性质与母岩成分、风化作用性质和搬运沉积的环境条件有极其密切的关系。

土是多相体，由固相、液相和气相3部分组成。只有固相和液相两部分的称为饱和土。土中水形态也很复杂，有自由水、弱结合水、强结合水、结晶水等形态。土的种类很多，按沉积条件可分为残积土、坡积土、洪积土、外积土、湖积土、海积土和风积土等。按土体中的有机质含量可分为无机土、有机土、泥炭质土和泥炭等。按颗粒级配或塑性指数可分为碎石土、砂土、粉土和黏性土等。根据土的工程性质的特殊性又可分为软黏土、杂填土、冲填土、素填土、黄土、红黏土、膨胀土、多年冻土、盐渍土、垃圾土、污染土等。

土是一种在形成期间经受过一系列复杂过程的天然材料，因而大多不是均质的和各向同性的。在任一地点，一般都会存在若干由完全不同类型的材料组成的地层，甚至在每一层土里，土的性质也会有一定程度的变化。土的工程性质的指标值变化幅度很大。强度和刚度的变化范围至少在2个数量级以上，而渗透性的变化范围超过10个数量级。所以土的鉴别、分类和试验是非常重要的。

经典土力学的学科体系是建立在海相黏性土和石英砂的室内试验基础上的。由此建立的土力学原理具有一般性，也具有一定的特殊性。学习土力学应该了解这一点，土类不同，土的工程性质有时差异很大。特别是一些称为特殊土，其工程性质有较大的特殊性，如湿陷性土、膨胀土、盐渍土等。应用土力学基础知识去研究其他土的工程性质和处理与其有关的工程问题时，一定要重视其特殊性。

【岩土材料的复杂性与工程问题】

最近数十年，土力学得到了迅速发展，提出了大量的论文成果。从事实际工作的土木工程师在大量技术文献面前几乎应接不暇。对于某一特定的土力学课题往往有许多解决方法可供选择，但是对其可行性和可靠性不易理解。

基于下述3个原因，土力学的预估是有缺点的。

(1) 在一些情况下土的构造和组成大多是未知的。耗费昂贵的地基勘测只能为若干点的情况提供解释，人们只能借助于估计而完成一幅完整的分布图。

(2) 在采取土样和试验时，不能完全避免扰动和不均匀性。

(3) 研究对象是非常复杂的。在力学计算中包含着简化的、在数学上往往不易完全理解的假设，忽略一些次要因素。

这些误差来源常常不能明确地划分。任何理论都不具有永恒的持久性而一再被迫对新的试验成果做出改进。何况迄今为止土力学的假说还没有组成为公理体系。

有学者给出了一个框架，在这个框架中提出了"土力学三角形"的概念(图0.3)。

上述土力学三角形关系中有3方面的内容：土的柱状图(它是通过场地勘察得到的)、土的性质(它是通过室内外试验和现场监测而了解到的)、应用力学(它包括抽象和理想化后建立模型，然后进行分析)。

这3方面内容是通过经验(这里所谓的经验是经过鉴别、筛选后具有共性的经验)连接在一起的，它们应被包括在岩土工程的全部课程中，并且还应该使学生了解到土力学与岩土工程是一门很不完善的学科，是一门半经验、半科学的学科。在这里，经验主义是不可避免的，并且还是土力学的基本部分，当然，也应防止把经验表达式当作或假扮成基本的

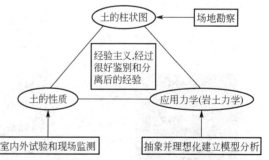

图 0.3　土力学的三角关系

自然规律。岩土工程仅依赖于一些现场勘察的数据和某些规范是过于自信和危险的，它必须建立在研究过去类似的工程和典型案例以及学习已有经验的基础上，且要亲自检验土的性质并到现场观察，以获得直观的第一手资料。

土力学的研究方法与其他工程学科基本类似。材料的性质，除了根据比较简单的试验确定外，还要用有关材料力学性质的物理模型来研究。这种模型一方面应该简单得可用来解决实际工程问题，另一方面又应该精确地反映土的复杂的实际性状。在这个简单性和精确性之间，究竟如何综合考虑，应随工作的重要性来定，因此当把理论用于实际的土时，都需要小心加以判断。

0.3 与土有关的工程问题

0.3.1 变形问题

【与土有关的工程问题】

1. 意大利比萨斜塔

举世闻名的意大利比萨斜塔就是一个典型实例（图0.4），1590年伽利略在此塔做了自由落体实验。比萨斜塔于1173年动工建筑；1178年建筑至4层时，高约29m，因倾斜停工；1272年复工，经过6年，至7层时，高48m，再停工；1360年再复工，至1370年竣工，全塔共8层，塔高56.7m。

【领导讲话中的"夯实基础"】

因地基土层强度差，塔基的基础深度不够，再加上用大理石砌筑，塔身非常重，约1.42万t，500多年来以每年倾斜1cm的速度向南倾斜，斜度达到8°，塔顶离开垂直线的水平距离已达5.27m。比萨斜塔的倾斜归因于它的地基不均匀沉降。其基础建立在一半是软黏土一半是砂卵石的地基上，由于次固结作用产生倾斜。

治理措施及结果：1838—1839年挖环形基坑卸载；1933—1935年基坑防水处理，基础环灌浆加固；1992年7月，在比萨斜塔北侧的塔基下码放了数百吨重的铅块，并使用钢丝绳从比萨斜塔的腰部向北侧拽住，还抽走了比萨斜塔北侧的许多淤泥，并在塔基地下打入10根50m长的钢柱，纠偏校斜43.8cm。除遇自然因素影响外，可确保3个世纪内不发生倒塌危险。

2. 上海工业展览馆

1954年兴建的上海工业展览馆中央大厅（图0.5），因地基约有14m厚的淤泥质软黏土，尽管采用了7.27m的箱形基础，建成后当年就下沉600mm。1957年6月展览馆中央大厅四角的沉降最大达1465.5mm，最小沉降量为1228mm。1957年7月，经苏联专家及清华大学陈希哲教授、陈梁生教授的观察、分析，认为对裂缝修补后可以继续使用（均匀沉降）。

图 0.4　比萨斜塔全景及纠偏过程

图 0.5　上海工业展览馆中央大厅

0.3.2 强度问题

加拿大特朗斯康谷仓严重倾倒，是地基整体滑动强度破坏的典型工程实例(图0.6)。

1913年建成的加拿大特朗斯康谷仓，谷仓自重20000t。由于事前不了解基础下埋藏厚达16m的软黏土层，据邻近结构物基槽开挖取土试验结果，计算地基承载力应用到此谷仓。初次储存谷物时，就倒塌了，地基发生了强度破坏而整体滑动，建筑物失稳。1913年9月开始装谷物，至10月17日共装入3万多吨谷物，此时发现1h内竖向沉降达30.5cm，并在24h内结构物向西倾斜26°53′，谷仓西端下沉7.32m，东端上抬1.52m。谷仓倾倒，但上部钢混筒仓完好无损。1952年经勘察试验与计算，地基实际承载力远小于谷仓破坏时发生的基底压力。因此，谷仓地基因超载发生强度破坏而滑动。

(a) 破坏现场

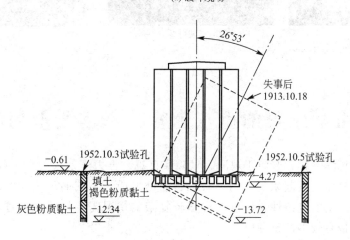

(b) 破坏后的基本数据

图0.6 特朗斯康谷仓破坏情况

好在谷仓整体性强，谷仓完好无损，事后在主体结构下做了70多个支承在基岩上的混凝土墩，用了388个500kN的千斤顶，才将谷仓扶住，但其标高比原来降低了4m。

0.3.3 渗透问题

1. Teton坝(美国Idaho)

Teton坝高90m、长1000m，建于1972—1975年，1976年6月失事。原因为地震引发的渗透破坏——水力劈裂(图0.7)。损失：直接损失8000万美元，被起诉5500起共赔偿2.5亿美元，死亡14人，受灾2.5万人，60万亩土地、32km铁路被毁。

【地基承载力破坏】

1976年6月5日上午10:30左右，下游坝面有水渗出并带出泥土；11:00左右洞口不断扩大并向坝顶靠近，泥水流量增加；11:30洞口继续向上扩大，泥水冲蚀了坝基，主洞的上方又出现一渗水洞，流出的泥水开始冲击坝趾处的设施；11:50左右洞口扩大加速，泥水对坝基的冲蚀更加剧烈；11:57坝坡坍塌，泥水狂泻而下；12:00坍塌口加宽，洪水扫过下游谷底，附近所有设施被彻底摧毁。

2. 长江九江大堤

1998年长江全流域特大洪水时，万里长江堤防经受了严峻的考验，一些地方的大堤垮塌(图0.8)，大堤地基发生严重管涌，洪水淹没了大片土地，人民生命财产遭受巨大的威胁。仅湖北省沿江段就查出4974处险情，其中重点险情540处中，有320处属地基险情；溃口性险情34处中，除3处是涵闸险情外，其余都是地基和堤身的险情。

(a) 坝面渗水　　　　　　　(b) 坝坡坍塌

图0.7　Teton坝破坏过程

图0.8　1998年8月7日13时左右，长江九江段4号闸和5号闸之间决堤30m

0.4　土力学学习的重点内容、基本要求和学习方法

土力学与其他经验科学一样，起源于观测、试验和直观。土力学是人类在工程实践的成功与失败中，不断总结与积累经验而逐步发展起来的一门学科，目前已形成了系统的理论体系。但是土力学还是一门比较年轻的学科，再加上土的复杂性，所以对许多较复杂的情况需要做近似处理，因而应用土力学理论去解决实际问题时，常带有较多的条件性。

0.4.1　学习的重点内容

学习本课程时，每个章节都有重点需要掌握。

第1章土的物理性质及工程分类，是本课程的基础。对土力学中的专门术语要理解它们的物理意义；熟练掌握土的三项比例指标的换算，会判断土的物理状态，了解土的分类依据并准确定名。土的三相性是理解和掌握土的其他物理力学特性的基础。

第2章土的应力，是本课程的重点。要求掌握地基中自重应力和附加应力的计算，理解它们在土中的分布特性。

第3章土的压缩变形，也是重点之一。学会常用的沉降计算方法，包括分层总和法和规范公式法；了解地基容许变形值的概念和影响因素，以及防止有害沉降的措施。

第4章土的渗透性与固结，理解水在土中的渗透规律，掌握达西渗透定律，学会使用太沙基有效应力原理。

第5章土的抗剪强度与地基承载力，是重点之一。掌握土的抗剪强度测定的各种方法和工程应用，掌握土的极限平衡概念和条件；掌握3种界限荷载的物理意义和工程应用。

第6章土压力和土坡稳定，了解影响土压力的因素，掌握土压力的计算方法和工程应用；会对简单土坡进行稳定分析。

0.4.2　学习的基本要求

土力学的学习包括理论、试验和经验。

理论：掌握理论公式的意义和应用条件，明确理论的假定条件，掌握理论的适用范围。

试验：了解土的物理性质和力学性质的基本手段，重点掌握基本的土工试验技术，尽可能多动手操作，从实践中获取知识，积累经验；试验的目的不仅是让学生熟悉试验的整个操作过程以及如何获取相应的参数，更重要的是通过试验结果和理论分析的比较，加深对土力学理论认识和理解（尤其是对土力学不确定性的认识），知道土力学理论为什么不可能准确地预测土的工程性质和行为。

经验：在工程应用中是必不可少的，工程技术人员要不断从实践中总结经验，以便能切合实际地解决工程实际问题。为什么在岩土工程中要强调工程经验和工程判断力的重要性呢？这是由岩土材料的表现所决定的。土与其他建筑材料不同，它是不均匀的三相体，其不确定性非常大。产生这种情况的根本原因在于它是长期自然风化与沉积的产物，分布很不均匀，难以像其他材料那样进行控制以保证获得其稳定的力学性质；仅采用空间场中几个点的样品得到的力学性质去预测整个空间场的性质，必然会产生不确定性；另外，由于取样的扰动，土的力学性质已经发生了变化，这也会带来很大的不确定性。由于这些不确定性的存在，土力学的计算结果只能是精度较差的大致的估计，而这些不确定性只有通过经验才能得知。因此，理论与现实的差距也只能通过经验来估计和判断。Terzaghi在《工程实用土力学》（1963年第二版）的序言中指出，土力学的理论只有在工程判断的指导下才能被有效地使用，除非已经具有这种判断能力，否则不能成功地应用土力学理论。

0.4.3　学习方法

学习本课程时，一般应注意如下学习方法。

（1）注意根据本课程的特点，牢固而准确地掌握土的三相性、碎散性等基本概念。

（2）注意土力学所引用的其他学科理论，如一般连续力学基本原理本身的基本假定和适用范围。分析土力学在利用这些理论解决土的力学问题时又新增了什么假定，以及这些新的假定与实际问题相符合的程度如何，从而能够应用这些基本概念和原理搞清楚土力学中的原理、定理和方法的来龙去脉，弄清研究问题的思路。

（3）注意在土力学中土所具有的区别于其他材料的特性，应该了解土力学是通过什么方法发现的，以及用什么物理概念或公式去描述土区别于其他材料的特性。

（4）注意综合利用土性知识和土力学理论解决地基实际问题。学习中即便是做练习题，也应该注意习题中约定的条件在实际工程中会具体怎样体现，改变这些条件可能导致哪些工程后果。

（5）在学习土力学过程中，要善于转变对问题求解的思维方式。在土力学中，许多问题的解答都有必要的简化假定，因而必然带来一定的误差；对同一问题的求解，往往会因为假定不同，因而方法不同、结果不同。用习惯于高等数学求唯一解的思维方式往往不适于解决土的工程力学问题，要逐渐接受和掌握多种方法求解一个问题、对多种解答做综合评判的思维方式。

（6）土力学问题除试验部分外，多是根据土的基本力学性质、应用数学及力学计算，得出最后使用结果。学习这一部分时应避免陷于单纯的理论推导，而忽略了推导中引用的条件和假设，只有这样才能正确地将理论应用于工程实际。

（7）重视土工试验方法。土力学计算和基础设计中所需的各种参数，必须通过室内及原位土工试验，掌握每种测试技术与现场的模拟相似性。

（8）重视地区经验。土力学是一门实践性很强的学科，又由于土的复杂性，目前在解决地基基础问题时，还带有一定的经验。土力学中存在有大量的经验公式，尤其在土体力学参数选择、地基基础的设计中，应该充分重视地区经验。只有通过土工试验，通过工程实例的分析，才能加深对土力学理论的认识，才能不断地提高处理地基基础的能力。

在本课程的学习中，必须自始至终抓住土的变形、强度和稳定性问题这一重要线索，并特别注意认识土的多样性和易变性等特点。学习土力学不仅要重视理论知识的学习，还要重视土工试验和工程实例的分析研究。只有通过土工试验和工程实例分析，才能逐步加深对土力学理论的认识，不断提高处理地基基础问题的能力。必须掌握有关的土工试验技术及地基勘察知识，对建筑场地的工程地质条件做出正确的评价，才能运用土力学的基本知识去正确解决基础工程中的疑难问题。

土的种类很多，工程性质很复杂，重要的不是一些具体的知识，不要死记硬背某些条文和数字，而是要搞清土力学中的一些概念，土力学是一门技术学科，重要的是学会如何应用基本理论去解决具体工程问题。例如，学习一种分析土坡稳定分析的方法，不仅要掌握计算方法本身，而且要搞清分析方法所应用的参数以及参数的测定方法，还要搞清它的适用范围。应用土力学解决工程问题要重视理论、室内外测试和工程师经验三者相结合，在学习土力学基本理论时就要牢固建立这一思想。

土力学是一门偏于计算的学科。因而，数学、力学是建立土力学计算理论和方法的重要基础。土力学作为力学计算问题，与理论力学有所不同，不能用纯数学力学的观点，必须根据实际的地质调查、现场和室内的试验资料来进行分析研究，然后才能对研究所得的资料进行力学计算。电子计算机技术和新的计算技术的飞速发展，为土力学理论计算提供了重要手段。

土力学是一门技术基础课。学习土力学之前应具有材料力学、弹性理论、水力学、工程地质等方面的知识。土力学知识是学习土木工程各种专业方向所不可缺少的。本书在涉及这些学科的有关内容时仅引述其结论，要求理解其意义及应用条件，而不把注意力放在公式的推导上。此外，基础工程几乎找不到完全相同的实例，在处理基础工程问题时，必须运用本课程的基本原理，深入调查研究，针对不同情况进行具体分析。因此，在学习时必须注意理论联系实际，才能提高分析和解决问题的能力。

第1章
土的物理性质及工程分类

 教学目标与要求

● **概念及基本原理**

【掌握】土的粒径组成(或颗粒级配、粒度成分);粒组划分;粒径分析;粒径分布曲线(级配曲线)及其分析应用;土的三相含量指标;砂土及黏性土的物理状态及相应指标;砂土的相对密实度及状态划分;黏性土的稠度和可塑性;稠度和稠度界限;塑性指数及液性指数。

【理解】土的形成过程;粒径分析方法(筛分法、比重计法);不均匀系数;曲率系数;土的矿物成分及相应的物理性质;土中水的形态及相应的性质;粗粒土、粉土、黏性土的结构及对土性的影响;重塑土;黏性土的灵敏度及触变性;标准贯入试验及标贯数;塑限及液限的确定方法;土(岩)的工程分类。

● **计算理论及计算方法**

【掌握】土的三相含量指标关系的推导;土的三相含量指标的计算;相对密实度的计算;塑性指数及液性指数的计算。

● **试验**

【掌握】粒径分析(比重计法);塑限及液限的确定(搓条法或锥式液限仪法)。

 导入案例

地 质 年 代

地球有46亿年的历史,地壳中保留下来的各时期的地层,好比是一部内容丰富的大自然史册,而地质年代的划分则是研究地球演化、了解各处地层所经历的时间和变化的前提。

自19世纪以来,人们在长期实践中进行了地层的划分和对比工作,并按时代早晚顺序把地质年代进行编年、列制成表。早先进行这样的工作,只是根据生物地层学的方法,进行相对地质年代的划分,相对地质年代反映了地球历史发展的顺序、过程和阶段,包括无机界和生物界的发展阶段。同位素年龄测定自取得进展以后,对于地质年代的划分起了很重要作用。因为相对地质年代只能表明地层的先后顺序和发展阶段,而不能指出确切的时间,从而无法确立地质时代无机界和生物界的演化速度。但有了同位素年龄资料,这个问题便解决了。并且,在古老岩层中由于缺少或少有生物化石,对于这样的地层和地

质年代的划分经常遇到很大困难，而同位素地质年龄的测定则大大推动了古老地层的划分工作。

但是，应该指出，相对地质年代和同位素地质年龄二者是相辅相成的，却不能彼此代替，因为地质年代的研究，不是简单的时间计算，更重要的是地球历史的自然分期，力求表明地球历史的发展过程和阶段，同位素地质年龄有助于使这一工作达到日益完善的地步。我们把表示地史时期的相对地质年代和相应同位素年代值的表称为地质年表，或称地质年代表、地质时代表。

1881年，国际地质学会通过了至今通用的地层划分表，1913年英国地质学家 A.霍姆斯提出第一个定量的（即带有同位素年龄数据的）地质年表，以后又陆续出现不同时间、不同国家、不同学者提出的地质年表。目前比较通用的地质年表见下表。

地质年代表

宙	代	纪	世	距今年数	生物的进化		
显生宙	新生代	第四纪	全新世	1万			现代植物、现代动物和人类时代
			更新世	200万			
		第三纪	上新世	600万			被子植物和兽类时代
			中新世	2200万			
			渐新世	3800万			
			始新世	5500万			
			古新世	6500万			
	中生代	白垩纪		1.37亿			裸子植物和爬行动物时代
		侏罗纪		1.95亿			
		三叠纪		2.30亿			
	古生代	二叠纪		2.85亿			蕨类和两栖类时代
		石炭纪		3.50亿			
		泥盆纪		4.05亿			裸蕨植物鱼类时代
		志留纪		4.40亿			
		奥陶纪		5.00亿			真核藻类和无脊椎动物时代
		寒武纪		6.00亿			
隐生宙	元古代	震旦纪		13.0亿			
				19.0亿			细菌藻类时代
				34.0亿			
	太古代			46.0亿	地球形成与化学进化期		
				>50亿	太阳系行星系统形成期		

此地质年表为一简表，按照生物演化阶段及地层形成的时代顺序，表中列出宙、代、纪和世。其中元古代的晚期，划分出一个震旦纪，目前只适用于中国；古生代划分为寒武纪、奥陶纪、志留纪、泥盆纪、石炭纪和二叠纪；中生代划分为三叠纪、侏罗纪和白垩纪；新生代划分为第三纪和第四纪。纪以下还可以再划分为世，除去震旦纪、二叠纪、白垩纪等是二分法外，其余均按三分法，如寒武纪分为早寒武世、中寒武世、晚寒武世，奥陶纪分为早奥陶世、中奥陶世、晚奥陶世等；但石炭纪原来也是按三分法分为早、中、晚石炭世，近来倾向于按二分法分为早、晚石炭世；至于第三纪和第四纪所划分的世则另有专称，如古新世、始新世……更新世、全新世等。所有与地质时代单位（宙、代、纪、世）相对应的

地层单位(宇、界、系、统),如太古宙形成的地层称太古宇,古生代形成的地层称为太古界,寒武纪形成的地层称为寒武系,早、中、晚寒武世形成的地层分别称为下、中、上寒武统……凡此本表也都从略。

各个地质时代单位都标有英文字母代号,宙(宇)的符号采用两个大写字母,如太古宙(宇)的代号为AR;代(界)的代号也是两个字母,但第一个字母大写,第二个字母小写,如古生代(界)的代号为Pt;纪(系)的代号都是采用一个大写字母,如奥陶纪为O、志留纪为S等,这些代号都是各自英文名称的缩写。地质年表的各有关地质时代都列出"距今年龄值",表的右侧列出与地质时代相应的生物演化阶段。

地质年代的划分和研究,是通过岩石和化石的历史来确定的。

附:第四纪名称来历。最初人们把地壳发展的历史分为第一纪(大致相当前寒武纪,即太古宙元古宙)、第二纪(大致相当古生代和中生代)和第三纪三个大阶段。相对应的地层分别称为第一系、第二系和第三系。1829 年,法国学者德努瓦耶在研究巴黎盆地的地层时,把第三系上部的松散沉积物划分出来命名为第四系,其时代为第四纪。随着地质科学的发展,第一纪和第二纪因细分成若干个纪被废弃了,仅保留下第三纪和第四纪的名称,这两个时代合称为新生代。现第三纪已分为古近纪和新近纪,故仅留有第四纪的名称。

1.1 土的形成、组成、结构和构造

1.1.1 土的形成

1. 土和土体的概念

1) 土(soil)

地球表面 $30\sim80km$ 厚的范围是地壳。原来地球外壳整体坚硬的岩石,经风化、剥蚀搬运、沉积,形成固体矿物、水和气体的集合体称为土。它是第四纪以来地壳表层最新的、未胶结成岩的松散堆积物。

风化作用分为下列 3 种:物理风化、化学风化、生物风化。

岩石经受风、霜、雨、雪的侵蚀,温度、湿度的变化,不均匀膨胀与收缩,使岩石产生裂隙,崩解为碎块。这种风化作用,只改变颗粒的大小与形状,不改变原来的矿物成分,称为物理风化。经物理风化生成的土为巨粒土,呈松散状态,如块石、碎石、砾石与砂石,总称为无黏性土。岩石的碎屑与水、氧气和二氧化碳等物质相接触,使得岩石碎屑逐渐发生化学变化,改变了原来组成矿物的成分,产生一种新的成分——次生矿物,这种风化称为化学风化。经化学风化生成的土为细粒土,具有黏结力,如黏土与粉质黏土,总称为黏性土。由植物、动物和人类活动对岩体的破坏称为生物风化,其矿物成分没有发生变化。

不同的风化作用,形成不同性质的土。土是由固体颗粒以及颗粒间孔隙中的水和气体组成的,是一个多相、分散、多孔的系统,由固相、液相、气相三相物质组成;或者土是由固相、液相、气相和有机质(腐殖质)相四相物质组成。

三相组成物质中,固体部分(土颗粒)一般由矿物质组成,有时含有少量有机质(腐殖质及动物残骸等),其构成土的骨架主体,是最稳定、变化最小的部分。从本质上讲,土的工程地质特性主要取决于组成的土粒大小和矿物类型,即土的颗粒级配与矿物成分,水和气体一般是通过其起作用的。液体部分实际上是化学溶液而不是纯水,土中液体部分对土的性质影响也较大,尤其是细粒土,土粒与水相互作用可形成一系列特殊的物理性质。三相之间的相互作用,固相一般居主导地位,而且还不同程度地限制水和气体的作用,如不同大小土粒与水相互作用,水可呈不同类型。

2) 土体(soil mass)

土经过长期搬运、沉积等地质作用后,形成不同地史时期的土层。土体就是由厚薄不等,性质各异的若干土层,以特定的上、下次序组合在一起的。

土体不是一般土层的组合体，而是与工程建筑的稳定、变形有关的土层的组合体。

2. 土和土体的形成和演变

地壳表面广泛分布着的土体是完整坚硬的岩石经过风化、剥蚀等外力作用而瓦解的碎块或矿物颗粒，再经水流、风力或重力作用、冰川作用搬运，在适当的条件下沉积成各种类型的土体。在搬运过程中，由于形成土的母岩成分的差异，颗粒大小、形态、矿物成分又进一步发生变化，并在搬运及沉积过程中由于分选作用，形成在成分、结构、构造和性质上有规律的变化。

土体沉积后，靠近地表的土体将经过生物化学及物理化学变化，即成壤作用，形成土壤；未形成土壤的土，继续受到风化、剥蚀、侵蚀而再破碎、再搬运、再沉积等地质作用。时代较老的土，在上覆沉积物的自重压力及地下水的作用下，经受成岩作用，逐渐固结成岩，强度增高，成为"母岩"。

土的成因很多，主要有以下几种类型(表1-1)。

表1-1 土的成因及生成

区　　分	土的成因和生成		
残积土	风化作用	花岗岩残积土	
沉积土	搬运作用→堆积作用	重力	崩积土
		流水	河成土、海成土、湖成土
		风力	风积土
		火山	火山性堆积土
		冰河	冰积土
植积土	植物腐朽作用→堆积作用	泥炭、黑泥	

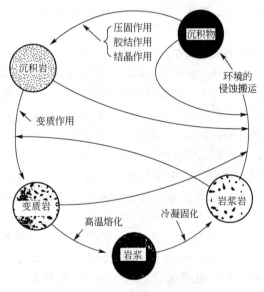

图1.1 土与岩石的相互转化

土的大部分都是由岩石风化而来，称为无机土。但在自然界中常有动、植物腐烂后的有机质和腐殖质混入土中，因此把有机质含量超过5%的土称为有机土。

总之，土体的形成和演化过程，就是土的性质和变化过程，不同的作用处于不同的作用阶段，土体就表现出不同的特点。

土经过搬运和沉积，经过一系列变化(压固脱水、胶结、重结晶)，最后固结成坚硬的岩石(沉积岩)。可以说土与岩石处在不断的相互转化之中，如图1.1所示。

3. 土的基本特征及主要成因类型

1) 土的基本特征

从工程地质观点分析，土有以下共同的基本特征。

(1) 土是自然历史的产物。土是由许多矿物自然结合而成的，它是在一定的地质历史时期内，经过各种复杂的自然因素作用后形成的。各类土的形成时间、地点、环境以及方式不同，各种矿物在质量、数量和空间排列上都有一定的差异，其工程地质性质也就有所不同。

(2) 土是相系组合体。土是由三相(固、液、气)或四相(固、液、气、有机质)所组成的体系(图1.2)。相系组成之间的变化，将导致土的性质的改变。土的相系之间的质和量的变化是鉴别其工程地质性质的一个重要依据。它们存在复杂的物理-化学作用。

按三相的相对含量比例不同土可分为：干土(孔隙中只被空气充满、无水)、饱和土(孔隙中只被水充满、无空气)、湿土(孔隙中有水、有空气)。

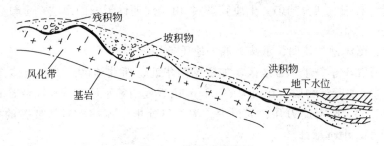

图1.2　土的三相分散系

(3) 土是分散体系。在二相或更多的相所构成的体系中，其一相或一些相分散在另一相中，称为分散体系。土的这3种不同物质之间相互分散存在，故土又称"三相分散系"。根据固相土粒的大小程度(分散程度)，土可分为：①粗分散体系(大于 $2\mu m$)；②细分散体系($2\sim0.1\mu m$)；③胶体体系($0.1\sim0.01\mu m$)；④分子体系(小于 $0.01\mu m$)。分散体系的性质随着分散程度的变化而改变。

粗分散与细分散和胶体体系的差别很大。细分散体系与胶体具有许多共性，可将它们合在一起看成是土的细分散部分。土的细分散部分具有特殊的矿物成分，具有很高的分散性和比表面积，因而具有较大的表面能。

任何土类均储备有一定的能量。在砂土和黏土类土中，其总能量是由内部储量与表面能量之和构成，即

$$E_{总}=E_{内}+E_{表}$$

(4) 土是多矿物组合体。在一般情况下，土含有 $5\sim10$ 种或更多的矿物，其中除原生矿物外，次生黏土矿物是主要成分。黏土矿物的粒径很小(小于 $0.002mm$)，遇水呈现出胶体化学特性。

2) 土的成因类型

按形成土体的地质营力和沉积条件(沉积环境)，可将土体划分为若干成因类型：残积、坡积、洪积等(图1.3)。

图1.3　土的成因类型

现介绍几种土的主要成因类型、土体的性质成分及其工程地质特征。

(1) 残积土体的工程地质特征。残积土体是由基岩风化而成，未经风、水搬运留于原地的岩石碎屑物(土体)。它处于岩石风化壳的上部，是风化壳中剧风化带。残积土一般形成剥蚀平原。

残积物由于未经搬运、分选，故无层理构造、组成不均，厚度在垂直方向和水平方向变化较大；这主要与沉积环境、残积条件有关(山丘顶部因侵蚀而厚度较小；山谷低洼处则厚度较大)。残积物一般透水性强，以致残积土中一般无地下水。可能产生不均匀沉降，应注意边坡稳定性。

影响残积土工程地质特征的因素主要是气候条件和母岩的岩性。

① 气候因素。气候影响着风化作用类型，从而使得不同气候条件不同地区的残积土具有特定的粒度成分、矿物成分、化学成分。

a. 干旱地区：以物理风化为主，只能使岩石破碎成粗碎屑物和砂砾，缺乏黏土矿物，具有砾石类土和工程地质特征。

b. 半干旱地区：在物理风化的基础上发生化学变化，使原生的硅酸盐矿物变成黏土矿物；但由于雨量稀少，蒸发量大，故土中常含有较多的可溶盐类，如碳酸钙、硫酸钙等。

c. 潮湿地区：在潮湿而温暖，排水条件良好的地区，由于有机质迅速腐烂，分解出 CO_2，有利于高岭石的形成；在潮湿温暖而排水条件差的地区，则往往形成蒙脱石。

可见，从干旱、半干旱地区至潮湿地区，土的颗粒组成由粗变细；土的类型从砾石类土过渡到砂类

土、黏土。

② 母岩因素。母岩的岩性影响着残积土的粒度成分和矿物成分：酸性火成岩，含较多的黏土矿物，其岩性为粉质黏土或黏土；中性或基性火成岩，易风化成粉质黏土；沉积岩大多是松软土经成岩作用后形成的，风化后往往恢复原有松软土的特点，如黏土岩（长石）形成黏土；细砂岩（石英）形成细砂土等。

（2）坡积土体的工程地质特征。坡积土体是残积物经雨水或融化了的雪水的片流搬运作用，顺坡移动沉积在平缓的坡上堆积而成的，所以其物质成分与斜坡上的残积物一致。坡积土体与残积土体往往呈过渡状态，其工程地质特征也很相似。

① 岩性成分多种多样，与下卧基岩无关（因为它是从别处搬迁来的），土质疏松、压缩性高，尤其是新近堆积的坡积物。

② 一般见不到层理，沿山坡自上而下，土粒由大到小（因大颗粒自重大，能很快沉积）具有分选现象。

③ 地下水一般属于潜水，有时形成上层滞水。

④ 坡积土体的厚度变化大，由几厘米至一二十米，在斜坡较陡处薄，在坡脚地段厚。一般当斜坡的坡角越陡时，坡脚坡积物的范围越大。

⑤ 常易沿基岩倾斜面滑动，因它是沉落在基面上的，与基面没有很好地结合。

（3）洪积土体的工程地质特征。

① 洪积物分为3个工程地质区，它们有不同的特点。

a. 靠山区地带：质粗、均匀、地下水埋得较深。其土承载力高，属良好天然地基。

b. 远离山区地带：粒细、成分均匀。土质较密实（由于周期性干燥的影响，土粒会出现析出可溶性盐和凝聚作用），属良好天然地基。

c. 中间过渡地带：沼泽地质软弱、承载力低、地质条件复杂。

② 洪积土体多发育在干旱、半干旱地区，如我国的华北、西北地区。洪积土体是暂时性、周期性地面水流——山洪急流带来的碎屑物质，在山沟的出口、山谷或山麓平原上堆积而成，其特征如下。

a. 在冲沟中，流速大、搬运能力强、沉积少。沟谷口处由于流速骤减、被搬的粗粒物（如块石、砾石、粗砂）首先大量堆积、渐远渐细。

b. 距山口越近颗粒越粗，多为块石、碎石、砾石和粗砂，分选差，磨圆度低，强度高，压缩性小，但孔隙大，透水性强。距山口越远颗粒越细，分选好，磨圆度高，强度低，压缩性高。

c. 具有比较明显的层理（交替层理、夹层、透镜体等），由于山洪的不规则周期性，每次规模及堆积物也不一样；同时山洪间歇期，土干燥蒸发，形成表面一层硬壳，以后再沉积，就形成软硬交替现象。洪积土体中地下水一般属于潜水。

（4）湖积土体的工程地质特征。湖积土体在内陆分布广泛，一般分为淡水湖积土和咸水湖积土。

淡水湖积土：分为湖岸土和湖心土两种。湖岸土多为砾石土、砂土或粉质砂土；湖心土主要为静水沉积物，成分复杂，以淤泥、黏性土为主，可见水平层理。

咸水湖积土：以石膏、岩盐、芒硝及碳酸盐岩类为主，有时以淤泥为主。

湖积土体具有以下工程地质特征。

① 分布面积有限，且厚度不大。

② 具独特的产状条件。

③ 黏土类湖积物常含有机质、各种盐类及其他混合物。

④ 具层理性，具各向异性。

（5）冲积土体的工程地质特征。冲积土体是由于河流的流水作用，将两岸基岩及其上的坡积、洪积物碎屑物质搬运堆积在它侵蚀成的河谷内河流坡降平缓地带而形成的（图1.4）。

冲积土体主要发育在河谷内以及山区外的冲积平原中，一般可分为3个相，即河床相、河漫滩相、牛

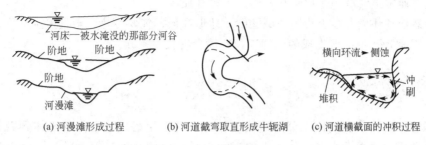

(a) 河漫滩形成过程   (b) 河道截弯取直形成牛轭湖   (c) 河道横截面的冲积过程

图 1.4 冲积土体形成过程

轭湖相。

① 河床相：主要分布在河床地带，冲积土一般为砂土及砾石类土，有时也夹有黏土透镜体。在垂直剖面上土粒由下到上，由粗到细，成分较复杂，但磨圆度较好。

山区河床冲积土厚度不大，一般为 10m 左右；而平原地区河床冲积土则厚度很大，一般超过几十米，其沉积物也较细。河床相沉积物多为中密的砂砾，其承载力高而压缩性低，为水工结构物的良好天然地基。应注意：河流冲刷会使地基毁坏，使岸坡的稳定性受到影响。

② 河漫滩相：冲积土是由洪水期河水将细粒悬浮物质带到河漫滩上沉积而成的。一般为细砂土或黏土，覆盖于河床相冲积土之上。常为上下两层结构，下层为粗颗粒土，上层为泛滥的细颗粒土。

河漫滩地质构造分为上、下两层。上层为河流泛滥的沉积物，颗粒细小，有淤泥，其压缩性高，强度处理后可用；下层为原河床沉积物，多为砂石类土，承载力高。注意：开挖基坑时可能出现流砂现象。

所形成的阶地由于形成时间长、水分得以蒸发、土层强度高，为良好地基。但如黄河中下游的黄土地区，常具有湿陷性(分布于甘、陕、晋大部以及豫、宁、冀部分地区)。

③ 牛轭湖相：冲积土是在废河道形成的牛轭湖中沉积下来的松软土。由含有大量有机质的粉质黏土、粉质砂土、细砂土组成，没有层理。

牛轭湖：河流改道的一个产物(图 1.4)。河道中侧蚀不断发展，河湾曲率越来越大，河流长度越来越长，河床比降减小，流速降低，直至常水位时已无能量发生侧蚀为止，一旦流量增大，水流运动遵照截弯取直、顺捷径而流的原则(侧向冲刷凹岸、堆填凸岸)，水流使弯曲发展，最终淤弯通直 [图 1.4(b)、(c)]。

河口冲积土：由河流携带的悬浮物质，如粉砂、黏粒和胶体物质在河口沉积的一套淤泥质黏土、粉质黏土或淤泥，形成河口三角洲，往往作为港口建筑物的地基。

4. 土的生成与工程特性的关系

1) 土的工程特性

土与其他连续介质的建筑材料相比，具有下列 3 个显著的工程特性。

(1) 压缩性高。反映材料压缩性高低的指标弹性模量，随着材料性质不同而有极大的差别。由于土的弹性模量比较小，所以，当应力数值相同、材料厚度一样时，土的压缩性极高。

(2) 强度低。土的强度特指抗剪强度，而非抗压强度或抗拉强度。无黏性土的强度来源于土粒表面粗糙不平产生的摩擦力；黏性土的强度主要来源于摩擦力和黏聚力。无论摩擦力或黏聚力，均远远小于建筑材料本身的强度，因此，土的强度比其他建筑材料都低得多。

(3) 透水性大。土体中固体矿物颗粒之间具有无数的孔隙，决定了土的透水性要比其他建筑材料大得多。

上述土的 3 个工程特性与建筑工程设计和施工关系密切，需高度重视。

2) 土的生成与工程特性的关系

由于各类土的生成条件不同，它们的工程特性往往相差悬殊。

(1) 搬运、沉积条件：通常流水搬运沉积的土优于风力搬运沉积的土。

（2）沉积年代：通常土的沉积年代越长，土的工程性质越好。

（3）沉积的自然地理环境：由于我国地域辽阔，地形高低、气候冷热、雨量多少在全国各地相差很悬殊，所以在这些自然地理环境下所生成的土的工程特性会有较大差异。

1.1.2　土的组成

土是由固体颗粒、液体水和气体三部分组成，称为土的三相组成。土中的固体颗粒构成骨架，骨架之间贯穿着孔隙，孔隙中充填着水和气体，土的三相组成的比例并不是恒定的，它随着环境的变化而变化。三相比例不同，土的状态和工程性质也不相同。

固体＋气体（液相＝0）为干土，干黏土较硬，干砂松散；固体＋液体＋气体为湿土，湿的黏土多为可塑状态；固体＋液体（气相＝0）为饱和土，饱和粉细砂受震动可能产生液化，饱和黏土地基沉降需很长时间才能稳定。

由此可见，研究土的工程性质，首先从最基本的、组成土的三相（即固体、水和气体）本身开始研究。

1.1.2.1　土的固体颗粒

土中的固体颗粒是土的三相组成中的主体，是决定土的工程性质的主要成分。研究固体颗粒就要分析粒径的大小及其在土中所占的百分数，称为土的颗粒级配（粒度成分）。

此外，还要研究固体颗粒的矿物成分及颗粒的形状。土粒的大小、形状、矿物成分组成，都是决定土的物理力学性质的重要因素。在实用土力学研究中所涉及的土，按照颗粒大小分类即已足够，只是在为了对试验结果进行定性的说明时，才考虑颗粒形状和矿物种类。

1. 颗粒级配（粒度成分）

1）土颗粒的大小与形状

自然界中土的颗粒大小十分不均匀，性质各异。土颗粒大小，通常以其直径大小表示，简称粒径，单位为 mm；土颗粒并非理想的球体，通常为椭球状、针片状、棱角状等不规则形状，因此粒径只是一个相对的、近似的概念，应理解为土颗粒的等效粒径。土颗粒大小变化范围极大，大者可达数千毫米以上，小者可小于万分之一毫米，随着粒径的变化，土颗粒的成分和性质也逐渐发生变化。土一般都是由大小不等的土颗粒混合而组成的，也就是不同大小的土颗粒按不同的比例搭配关系构成某一类土，比例搭配（级配）不一样，则土的性质各异。因此，研究土的颗粒大小组合情况，也是研究土的工程性质一个很重要的方面。

随着土颗粒大小不同，土可以具有很不相同的性质。土颗粒的大小通常以粒径表示。工程上将土颗粒按其大小分为若干粒径范围，每一区段范围为一组，称为粒组，即某一级粒径的变化范围。每个粒组都以土颗粒直径的两个数值作为其上下限，并给予适当的名称，粒组与粒组之间的分界尺寸称为界限粒径（不同国家、部门中，界限粒径不尽相同）。简言之，粒组就是一定的粒径区段，以 mm 表示。

每个粒组之内的土的工程性质相似。通常粗粒土的压缩性低、强度高、渗透性大。至于土颗粒的形状，带棱角的表面粗糙，不易滑动，因此强度比表面圆滑的高。

从土的工程性质角度出发，划分粒组的 3 个原则。

（1）首先考虑到在一定的粒径变化范围内，其工程地质性质是相似的，若超越了这个变化幅度就要引起质的变化，即每个粒组的成分与性质无质的变化，具相同或相似的成分与性质。

（2）要考虑与目前粒度成分的测定技术相适应，即不同大小的土粒可采用不同的适用方法进行分析。

（3）粒组界限值力求服从简单的数学规律，以便于记忆与分析，即各粒组界限值是 200mm、20mm、2mm、$\dfrac{1.5(1)}{20}$mm、$\dfrac{1}{200}$mm。

这 3 条原则中，第一条是最重要的。

粒组划分及详细程度各国并不一致，其中砂粒与粉粒界限有所不同，有 0.075mm、0.06mm 和 0.05mm 3 种方案，但本质上差别不大；20 世纪 80 年代以前，我国以 0.05mm 作为砂粒与粉粒的界限值，与苏联、东欧诸国一致，后经修订改为 0.075mm。粉粒与黏粒的界限值也有 3 种不同的值，即 0.005mm、0.002mm 和 0.001mm，土壤学中以 0.001mm 作为该两组的界限值。小于 0.002mm 土颗粒中很少有未风化矿物，以次生矿物为主；而 0.002～0.005mm 土颗粒中，尚有未风化的原生矿物，所以以 0.002mm 粒径作为黏粒、粉粒两组界限值是有一定依据的，并为许多国家所采用。

我国多年来采用 0.005mm 作为该两粒组的界限值，是根据在工程实际中总结了土的工程性质，以及习惯采用此值作为黏粒组的上限而确定的。目前，我国广泛应用的粒组划分方案见表 1-2。将粒径由大至小划分为 6 个粒组：漂石(块石)组、卵石(碎石)组、砾石、砂粒组、粉粒组、黏粒组。

表 1-2 土的粒组划分方案

粒组统称	粒组名称		粒径 d 范围/mm	分析方法	主要特征
巨粒	漂石(块石)		$d > 200$	直接测定	透水性很大，压缩性极小，颗粒间无黏结，无毛细性
	卵石(碎石)		$60 < d \leqslant 200$	筛分法	
粗粒	砾石	粗砾	$20 < d \leqslant 60$		孔隙大，透水性大，压缩性小，无黏性，有一定毛细性(毛细上升高度很小)，既无可塑造性和黏性，也无胀缩性，压缩性极弱，强度较高
		细砾	$2 < d \leqslant 20$		
	砂粒	粗砂	$0.5 < d \leqslant 2$		
		中砂	$0.25 < d \leqslant 0.5$		
		细砂	$0.075 < d \leqslant 0.25$		
细粒	粉粒		$0.005 < d \leqslant 0.075$	比重计法(静水沉降原理)	透水性小，压缩性中等，毛细上升高度大，易出现冻胀，湿时微黏性，遇水不膨胀，稍有收缩
	黏粒		$d \leqslant 0.005$		透水性极弱，压缩性变化大，具有黏性、可塑性、胀缩性，强度较低，毛细上升高度大且速度慢

为形象表现，把土的粒径按坐标表示，如图 1.5 所示，土的实物形态如图 1.6 所示。

图 1.5 土的粒径分组

图 1.6 土粒分组的形状

实际上，土常是各种大小不一颗粒的混合体，较笼统地说，以砾石和砂砾为主要组成的土为粗粒土，也称无黏性土。以粉粒、黏粒（或胶粒 $\phi<0.002$mm）为主的土称为细粒土，也称为黏性土，主要由原生矿物、次生矿物组成。

2）颗粒级配分析方法

（1）土的颗粒级配。自然界里的天然土，很少是一个粒组的土，往往由多个粒组混合而成，土的颗粒有粗有细。因此，我们如果想对土进行工程分类，就要知道各粒组的搭配比例，从而判定土粒大小的组成性状。

工程中常用土中各粒组的相对含量，通常用各粒组占土粒总质量（干土质量）的百分数表示，称为土的粒径级配。表示土中各个粒组的相对含量，这是决定无黏性土工程性质的主要因素，以此作为土的分类定名标准。

（2）级配分析方法。颗粒级配是通过土的颗粒分析试验测定的，在土的分类和评价土的工程性质时，常需测定土的颗粒级配。工程上，使用的颗粒级配的分析方法有筛分法和水分法两种，互相配合使用。

① 筛分法。筛分法适用于颗粒大于0.1mm（或0.075mm，按筛的规格而言）的土，砾石类土与砂类土采用筛分法。它是利用一套孔径大小不同，筛孔直径与土中各粒组界限值相等的标准筛，将事先称过质量且风干、分散的代表性土样充分过筛，称留在各筛盘上的土粒质量，然后计算相应各粒组的相对百分数。目前我国采用的标准筛的筛子孔径分9级，分别为：20mm、10mm、5mm、2.0mm、1.0mm、0.5mm、0.25mm、0.1mm、0.075mm，如图1.7所示。

【颗粒大小筛析实验】

图1.7 筛分试验用的仪器

取样数量：粒径 $d\approx20$mm，可取2000g；$d<10$mm，可取500g；$d<2$mm，可取200g。将干土样倒入标准筛中，盖严上盖，置于筛析机上振筛10~15min。由上而下顺序称量各级筛上及底盘内试样的质量。少量试验可用人工筛。例如某筛分试验结果如图1.8所示。

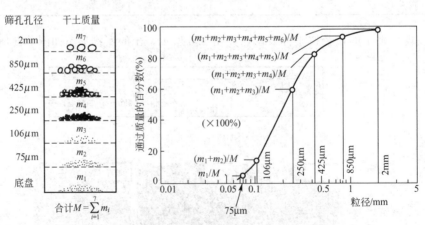

图1.8 筛分试验和颗粒级配曲线

② 水分法（静水沉降法）。水分法适用于分析粒级小于0.1mm的土。根据斯托克斯（stokes）定理，球状的细颗粒在水中的下沉速度与颗粒直径的平方成正比，即

$$v=\frac{g(\rho_s-\rho_w)}{1800\eta}d^2 \tag{1-1}$$

式中　v——土粒在静水中的沉降速度（cm/s）；

　　　d——土粒直径（mm）；

　　　g——重力加速度（cm/s²）；

　　　ρ_s——土粒密度（g/cm³）；

　　　ρ_w——水的密度（g/cm³）；

　　　η——水的动力黏滞系数（10^{-6}kPa·s）（受水温变化的影响）。

式（1-1）中水的密度与水的动力黏滞系数随液体的温度变化而变化，对于某一种土的悬液来说，当悬液温度不变时，公式中 g、ρ_s、ρ_w 和 η 均为定值，故 $\dfrac{g(\rho_s-\rho_w)}{1800\eta}$ 为一常数，用 A 表示，则式（1-1）变为

$$v=A\cdot d^2 \quad 或 \quad d=\sqrt{\frac{v}{A}}=\sqrt{\frac{n}{At}} \tag{1-2}$$

斯托克斯公式是在下列假定条件下推导出来的：悬液的浓度很小，使颗粒相互不碰撞而自由下沉；悬液的黏滞系数是常数；土粒密度相等；土粒呈球形；土粒直径远大于水分子直径；沉速很小；土粒水化膜厚度等于零。

【颗粒大小密度计法试验】

但在实际中，除土粒远大于水分子外，其他条件均无法满足。在应用该原理时，必须在试验技术上采用相应的措施：采用悬液的浓度为1%～3%；悬液温度在试验过程中保持不变；土粒密度取平均密度；土粒为不规则形状，可引用"等效直径"的概念，所谓"等效直径"是指土粒沉降速度与某一粒径的球形颗粒的沉降速度相等，那么这球形颗粒的直径即为该土粒的直径；为保持土粒的沉速较小，一般适用于小于0.075（或0.1）mm的土粒。

利用粗颗粒下沉速度快，细颗粒下沉速度慢的原理，把颗粒按下沉速度进行粗细分组。实验室常用比重计进行颗粒分析，称为比重计法（图1.9）。根据式（1-1）和式（1-2），可从测定不同时间内悬液的相对密度，进而换算土粒的直径。同时，也就可以得到在同一深度悬浮着的颗粒质量对土样干重的百分数。

进行细粒组的测定，是将制备好的悬液（土粒与水）经充分搅拌、停止搅拌后，可测得经某一时间，土粒至悬液表面下沉

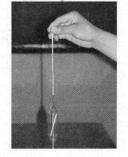

图1.9　比重计法

至某一深度处所对应的颗粒直径，这样就可以将大小不同的土粒分离开来或求得小于某粒径 d 的颗粒在土中的百分含量。虽然在试验技术上采取了相应的措施，仍不免存在一些误差，但一般均能满足实际生产上的精度要求。

此外还有移液管法、比重瓶法等。各种方法的仪器设备有其自身特点，但它们的测试原理均建立在斯托克斯定律基础上。

【例1.1】　从干砂样中取质量1000g的试样，放入0.1～0.2mm的标准筛中，经充分振荡，称量各级筛上留下来的土粒质量，结果见表1-3第二行。试求土粒中各粒组的土粒含量。

表1-3　筛分析试验结果

筛孔径/mm	2.0	1.0	0.5	0.25	0.15	0.1	底盘
各级筛上的土粒质量/g	100	100	250	300	100	50	100
小于各级筛孔径的土粒含量（%）	90	80	55	25	15	10	
各粒组的土粒含量（%）		10	25	10	10	5	

解：

（1）留在孔径2.0mm筛上的土粒质量为100g，则小于2.0mm的土粒质量为1000g－100g＝900g，于是小于该孔径（2.0mm）的土粒含量为900/1000＝90%。

同理可算得小于其他孔径的土粒含量，见表1-3第三行。

（2）因小于2.0mm和小于1.0mm孔径的土粒含量为90%和80%，可得2.0～1.0mm粒组的土粒含量为90%－80%＝10%。

同理可算得其他粒组的土粒含量，见表1-3第四行。

3）粒径级配曲线

为了使颗粒分析成果便于利用和容易看出规律性，需要把颗粒分析资料加以整理并用较好的方法表示出来。目前，常用的方法有图解法与表格法两种。

（1）图解法。图解法有累积曲线图、分布曲线图和三角图法，目前在生产实际中应用最广泛的是累积曲线图。该方法是以土粒直径为横坐标，以粒组的累积百分含量（小于某粒径的所有土粒的百分含量）为纵坐标，将筛分析和比重计试验的结果绘制在以土的粒径为横坐标，小于某粒径之土质量百分数p（%）为纵坐标的坐标系上，在直角坐标中确定点，将所得数据点连线（光滑的曲线），得到的曲线称为土的粒径级配累积曲线。累积曲线有自然数坐标系和半对数坐标系（横坐标为对数）两种，实际中一般以半对数坐标系表示（图1.10）。累积曲线为单调增长。

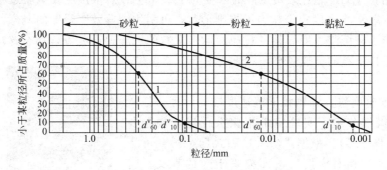

图1.10　土的累积曲线图

（2）表格法。将分析资料（各粒组的百分含量或小于某粒径的累积百分含量）填在已制好的表格内。该方法可以很清楚地用数量说明各粒组的相对含量，可用于按颗粒级配给土分类命名。该法简单，内容具体，但对于大量土样之间的对比有一定的困难。

4）粒径级配累积曲线的应用

土的粒径级配累积曲线是土工上最常用的曲线，从这曲线上可以直接了解土的粗细、粒径分布的均匀程度和级配的优劣。

（1）级配曲线的作用。

① 可求出粒组范围（对土分类有指导作用）及各粒组的含量。

② 颗粒分布情况。从曲线的坡度可大致判断出土的均匀程度。曲线陡表示粒径大小相差不多，土粒均匀；曲线缓表示粒径大小相差悬殊，土粒不均匀，称为土的级配良好。

③ 可以在数量上从不均匀系数来判断均匀程度。利用土的有效粒径和限制粒径可以计算土的不均匀系数（C_u）和曲率系数（C_c）。

（2）不均匀系数。

土的有效粒径（d_{10}）：小于某粒径的土粒质量累计百分数为10%时，相应的粒径称为有效粒径（d_{10}），如图1.11所示。通过该指标可知固结至某种程度的土的孔隙中，比土粒平均粒径小的细粒土的大小程度。

土的控制粒径或称限定粒径（d_{60}）：当小于某粒径的土粒质量累计百分数为60%时，该粒径称为控制粒径，如图1.11所示。

定义土的不均匀系数 C_u 为

$$C_u = \frac{d_{60}}{d_{10}} \qquad (1-3)$$

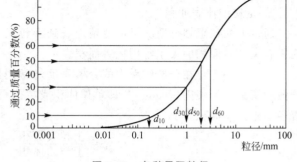

不均匀系数 C_u 为表示土颗粒组成的重要特征，反映大小不同粒组的分布情况。C_u 值越大表示土粒大小的分布范围越大，累积曲线越平缓，颗粒大小越不均匀，其级配越良好，作为填方工程的土料时，则比较容易获得较大的密实度。反之，C_u 值越小，则土粒越均匀，曲线越陡。

图 1.11 各种界限粒径

① 工程上把 $C_u \leqslant 5$ 的土看作均粒土，属级配不良；$C_u > 5$ 时，称为不均粒土；$C_u > 10$ 的土属级配良好。

② 经验证明，当级配连续时，$C_u = 1 \sim 3$；因此当 $C_u < 1$ 或 $C_u > 3$ 时，均表示级配线不连续。

（3）曲率系数。曲率系数 C_c 为表示土颗粒组成的又一特征，定义土的粒径级配累积曲线的曲率系数 C_c 为

$$C_c = \frac{d_{30}^2}{d_{60} \times d_{10}} \qquad (1-4)$$

式中 d_{30}——小于某粒径的土粒质量累计百分数为 30% 时的粒径。

曲线系数 C_c 描写的是累积曲线的分布范围，反映曲线的整体形状或称反映累积曲线的斜率是否连续。工程中常采用 C_c 值来说明累积曲线的弯曲情况或斜率是否连续，累积曲线斜率很大，即急倾斜状，表明某一粒组含量过于集中，其他粒组含量相对较少。

经验表明，当级配连续时，$C_c = 1 \sim 3$；当 $C_c < 1$ 或 $C_c > 3$ 时，均表示级配曲线不连续，这种土一般认为是级配不良的土。

（4）工程上判断土的级配。

① 级配良好的土，大多数颗粒级配曲线主段呈光滑凹面向上的形式，坡度较缓，土粒大小连续，曲线平顺且粒径之间有一定的变化规律，能同时满足 $C_u \geqslant 5$ 且 $C_c = 1 \sim 3$ 的条件，如图 1.12 中 B 线所示。

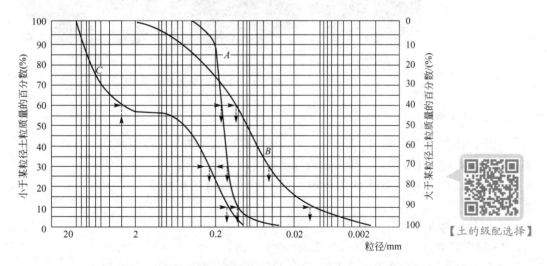

图 1.12 不同级配曲线的对比

【土的级配选择】

② 级配不良的土，土粒大小比较均匀，其颗粒级配曲线坡度较陡；或者土粒大小虽然较不均匀，但也不连续，其颗粒级配曲线呈阶梯状（有缺粒段）。它们不能同时满足 $C_u \geqslant 5$ 且 $C_c = 1 \sim 3$ 两个条件，如图 1.12 中 A、C 线所示。

工程中用级配良好的土作为填土用料时，比较容易获得较大的密实度。

5）土粒的比表面积

通过上面粒组划分情况可以清楚地看到颗粒尺寸变化对土的性质有影响，而这种影响与土颗粒的表面积有关，表面积的大小常用比表面积表示。

不同大小土粒在分散体系中的分散程度通常用比表面积来表示，比表面积就是每立方厘米或每克的分散相所具有的表面积（cm^2），即单位体积或单位质量固体颗粒表面积的总和。假设土粒呈球形，d 为其直径，则比表面积 S 为

$$S = \frac{\text{土粒表面积}}{\text{土粒的体积}} = \frac{\pi d^2}{\frac{1}{6}\pi d^3} = \frac{6}{d} \ (cm^2/cm^3) \tag{1-5}$$

该式表明土粒比表面积与粒径 d 成反比，土粒越小比表面积越大，反之亦然。例如，图1.13所示正方体体积为 $1m^3$，假定体积不变：1块整体时表面积为 $6m^2$，分成8块时表面积为 $12m^2$，分成64块时表面积为 $24m^2$。

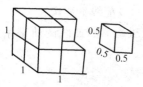

图 1.13 表面积与粒径关系示意

这就是说：总体积不变时，颗粒越大、比表面积越小。对于土体来说，表面积增大，表面能加强，土粒与周围介质（液体、气体）之间的作用（物理、化学）增强，从而使得土的性质变化很大。所以说土粒大小与土性质关系密切。

黏粒的表面性能是因有较大的比表面积而表现出来的。研究表明，比表面积不仅与矿物粒大小有关，而且还与矿物形状有关，板状或片状颗粒较球形颗粒的比表面积要大。不同类型的黏粒，比表面积不同。如黏土矿物中的高岭石 $S = 7 \sim 30 m^2/g$，伊利石 $S = 67 \sim 100 m^2/g$，更细小的蒙脱石可达 $810 m^2/g$，因此它们的性质亦不同（图1.14）。

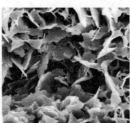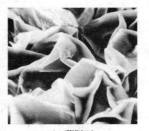

(a) 高岭石　　　　　　(b) 伊利石　　　　　　(c) 蒙脱石

图 1.14 黏土矿物特征

2. 土粒成分

土中固体部分的成分，绝大部分是各种矿物颗粒或矿物集合体组成的，另外或多或少有一些有机质，而土粒的矿物成分主要决定于母岩的成分及其所经受的风化作用。不同的矿物成分对土的性质有着不同的影响，其中以细粒组的矿物成分尤为重要。

土中的矿物成分如图1.15所示。

1）原生矿物

原生矿物由岩石经物理风化破碎而成，其成分没有发生变化，与母岩相同。

（1）单矿物颗粒：一个颗粒为单一的矿物，如常见的石英、长石、云母、角闪石与辉石等，砂土为单矿物颗粒。

（2）多矿物颗粒：一个颗粒中包含多种矿物的母岩碎屑，如漂石、卵石与砾石等颗粒为多矿物颗粒。

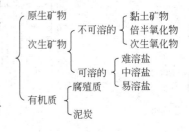

图 1.15 土的矿物组成

但总的来说，土中原生矿物主要有：①硅酸盐类矿物；②氧化物类矿物；③硫化物矿物；④磷酸盐类矿物。原生矿物颗粒一般都较粗大，它们主要存在于卵、砾、砂、粉各粒组中。

2）次生矿物

次生矿物是原生矿物在一定气候条件下岩屑经化学风化而成，使其进一步分解而形成一些颗粒更细小的新矿物，其成分与母岩不同。主要是黏土矿物，粒径 $d<0.005mm$，为鳞片状。

（1）可溶性的次生矿物。可溶性的次生矿物是原生矿物中部分可溶性物质被水溶滤后带到其他地方沉淀下来所形成的，又称水溶盐。主要指各种矿物中化学性质活泼的 K、Na、Ca、Mg 及 Cl、S 等元素，这些元素一般为阳离子及酸根离子，溶于水后，在迁移过程中，因蒸发浓缩作用形成可溶的卤化物、硫酸盐和碳酸盐。

当土中含水少时，这些次生矿物结晶沉淀，在土中起胶结作用，可暂时提高土的力学强度；当含水较多且盐分遇水溶解后，土的联结随之破坏，可使土的性质急剧变差。因此，土中含有一定数量的水溶盐时，土的性质随矿物的结晶或溶解会发生很大变化，尤其是易溶盐和中溶盐，是土中的有害成分，许多水溶盐溶于水后对金属和混凝土有腐蚀、侵蚀性。一些工程设计规范对水溶盐，特别是易溶盐含量有一定的限制。

（2）不可溶性的次生矿物。不可溶性的次生矿物是原生矿物中的可溶部分被溶滤带走后，残留下来的部分改变了原来矿物的成分与结构所形成的，包括次生二氧化硅、倍半氧化物、黏土矿物。

其中黏土矿物是原生矿物长石及云母等硅酸盐类矿物经化学风化作用而形成，是主要的次生矿物，是组成黏粒的主要矿物成分。黏土矿物的微观结构由两种原子层（晶面）构成：一种是具有云母片状的结晶格架，这种层状结晶格架是由 Si - O 四面体构成的硅氧晶层 [图 1.16(b)]；另一种是由 Al - OH 八面体构成的铝氢氧晶层 [图 1.16(a)、(c)]。因这两种晶层结合的情况不同，不同的组合堆叠重复，形成很多不同性质、种类的黏土矿物，其中分布较广且对土性质影响较大的 3 种黏土矿物：蒙脱石、伊利石（水云母）、高岭石。

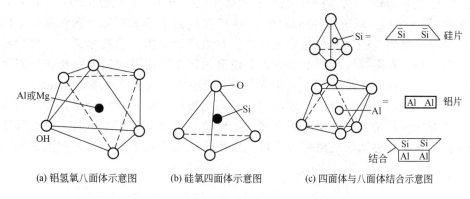

(a) 铝氢氧八面体示意图　　(b) 硅氧四面体示意图　　(c) 四面体与八面体结合示意图

图 1.16　黏土矿物基本构造单元及晶格形成

① 蒙脱石的晶体是由很多互相平行的晶层构成 [图 1.17(a)]，每个晶层都是由顶、底的硅氧四面体和中间的铝氢氧八面体层构成。含有蒙脱石矿物的黏粒具有较强的亲水性、较大的膨胀与收缩性。

② 高岭石的晶体也是由互相平行的晶层构成，每个晶层由一个硅氧四面体和一个铝氢氧八面体层构成 [图 1.17(b)]。其亲水性较弱，可塑性低，胀缩性较小。

③ 伊利石（又称水云母）的晶体与蒙脱石相似，每个晶层也是由顶、底硅氧四面体和中间铝氢氧八面体层构成 [图 1.12(c)]，相邻晶层间也能吸收不定量的水分子。其颗粒大小与特性介于蒙脱石与高岭石之间，亲水性低于蒙脱石。

三大类黏土矿物中，高岭石晶层之间连接牢固，水不能自由渗入，故其亲水性差，可塑性低，胀缩性弱；蒙脱石则反之，晶胞之间连接微弱，活动自由，亲水性强，胀缩性亦强；伊利石的性质介于二者之间。

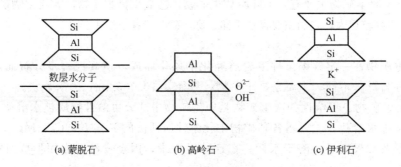

图 1.17　黏土矿物结构示意图

各种不同类型的黏土矿物由于其结晶构造不同，其工程性质的差异较大。

3）有机质

有机质是土中动植物残骸在微生物作用下分解形成的产物，分有机残余物和腐殖质两种。有机残余物在湿度大和空气难以透入的条件下形成泥炭，性质很差。完全分解的腐殖质，呈胶粒，亲水性极强，与水的相互作用比黏粒更强，据研究，土中含量为 1% 的腐殖质相当于含量为 1.5% 的黏粒作用。

有机质是土中有害的矿物成分，腐殖质含量在 1.5% 以上称为淤泥类土，压缩性极高，强度很低，属特殊土类。有机质含量大于 5% 的土称为有机质土。土中腐殖质含量多，会使土的压缩性增大。对有机质含量超过 3% 的土应予注明，不宜作为填筑材料。

4）黏粒双电层

黏粒具有较大的比表面积，与孔隙溶液相互作用时，在其表面形成双电层，黏粒双电层是黏粒表面所带电荷与其吸附的反离子所构成。双电层厚度及其性质的变化将导致黏性土工程性质的变化。了解和掌握这部分理论，就不难理解黏性土一系列工程性质的形成与变化规律，解释某些现象的内在机理。

（1）黏粒表面电荷的形成。实验表明，黏粒在液体中是带电的，片状黏土颗粒表面常带有电荷，净电荷通常为负电荷（图 1.18）。列依斯（Ruess）早于 1807 年通过实验证明黏土颗粒是带电的。其试验时将两根带有电极的玻璃管插入一块潮湿的黏土块内。在玻璃管中撒一些洗净的砂，再加水至相同的高度，接通直流电后发现：在阳极管中，水自下而上地混浊起来，这说明黏土颗粒在向阳极移动，与此同时，管中水位却逐渐下降；在阴极管中，水仍是极其清澈的，但水位在逐渐升高（图 1.18）。如在一块潮湿黏土块上直接插入两个直流电极，通电后会发现阳极周围的土逐渐变干，而阴极周围的土则逐渐变湿，也就是说黏土颗粒带有负电荷，通常把固体颗粒在直流电作用下向某一电极移动的现象称为电泳；而水分子向相反电极移动的现象称为电渗。工程中的电渗排水法，就是利用了黏土颗粒表面的带电现象。

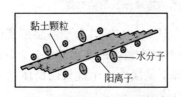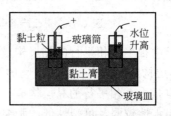

图 1.18　黏土矿物的带电性质及电渗电泳

黏粒表面电荷的形成一般有下面几种情况。

① 选择性吸附。黏粒吸附溶液中的离子具有规律性，它总是选择性地吸附与它本身结晶格架中相同或相似的离子。如将方解石难溶盐碳酸钙 $CaCO_3$ 组成的黏粒置于 $CaCl_2$ 溶液中，因溶液中的 Ca^{2+} 离子与方解石结晶格架中的 Ca^{2+} 离子一致，而 Cl^- 离子则不同，故溶液中的 Ca^{2+} 离子被方解石表面吸附，使方

解石颗粒表面带正电荷，Ca^{2+} 离子形成决定电位离子层，而溶液中多余的 Cl^- 离子被 Ca^{2+} 离子层吸引而在 Ca^{2+} 离子层外形成反离子层。

② 表面分子离解。有些黏粒与水作用后，其表面与溶液发生化学反应，并在表面生成一种新的能够离解的化合物，即离子发生基，而后这种化合物再分解，与矿物结晶格架上性质相同的离子被吸附在黏粒表面而带电。次生二氧化硅(SiO_2)及倍半氧化物(R_2O_3)组成的黏粒表面就是以这种方式形成的。

自然界水溶液 pH 值通常都在 7.0 左右，黏粒的矿物成分主要是黏土矿物，因而绝大多数黏粒表面都带负电荷，只有 Al_2O_3 黏粒及少数有机质表面带正电荷。

③ 同晶替代。同晶替代主要产生于黏土矿物中，且主要是高价离子被低价离子(阳离子)所替代，这种作用可产生负电荷。如硅氧四面体中的 Si^{4+} 被 Al^{3+} 替代，或者铝氢氧八面体中的 Al^{3+} 被 Fe^{2+}、Mg^{2+} 替代，这就产生了过剩的负电荷，这种负电荷的数量取决于晶格中同晶替代的多少，而不受溶液介质 pH 值的影响。

由于同晶替代产生的负电荷数量不受水溶液 pH 值的影响，这种负电荷称为永久性负电荷。它们大部分分布在黏土矿物晶层面上，所吸附的阳离子都是可以交换的。自然界中的黏粒主要由黏土矿物构成，因此黏粒表面的电荷主要由表面分子离解与同晶替代所形成。

(2) 黏粒双电层的结构。由于黏粒表面带电，在其静电引力的作用下，吸附溶液中与它电荷符号相反的离子聚集在其周围形成反离子层。在反离子层中的离子实际上是水化离子。自然界中不存在纯水，都是含有离子成分的水溶液，故黏粒周围的水化膜包含着起主导作用的离子和作为主体的水分子。从起主导作用的离子着眼，称这层为反离子层；如果从作为主体的水分子着眼，则称该层为结合水层。

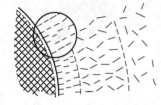

决定电位离子层与反离子层电性相反，共同构成双电层，如图 1.19 所示。

决定电位离子层的电位与正常自由溶液电位的电位差，常称为热力电位(ε 电位)或称为总电位。热力电位在颗粒表面吸附一定数量的自由离子形成固定层后急剧下降。固定层外围与自由溶液电位的电位差称为电动电位(ζ 电位)。

图 1.19 双电层结构示意

1.1.2.2 土中水

组成土的第二种主要成分是土中水。在自然条件下，土中总是含水的。土中水可以处于液态、固态或气态。土中细粒越多，即土的分散度越大，水对土的性质的影响也越大。

固态水是土中温度在冰点(水的凝固点，在此温度下，冰与水可共存。压强大时，冰点低，一个大气压下为 0℃)以下时，水以冰夹层、冰透镜体或粒状冰晶的形态存在。固态水对土性质有影响，如冻土存在固态水时强度增大，融化后强度急剧下降的情形。气态水一般对土的性质影响不太大。

土中的液相部分通常是指液态水。土中水与固体颗粒之间并不是机械相混合，而是有机地参加土的结构，对土的性状产生巨大的影响。土性质的变化不完全与土的湿度变化成正比，而是一种复杂的物理-化学变化。土性质不仅取决于水的绝对含量，而且取决于水的形态、结构，以及介质的物理条件及化学成分。

水具有很多特点，如介电常数高、表面张力小、压缩性低等。特别是水分子是一个极性分子，如图 1.20 所示。氢原子端显示正电荷，氧原子端显示负电荷。因此，它在电场作用下具有定向排列的特性。同时它极易与被溶解的物质(阳离子)结合而成水化离子。

研究土中水，必须考虑到水的存在状态及其与土粒的相互作用。按土中水的存在形式、状态、活动性及其

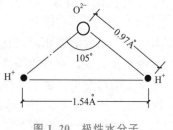

图 1.20 极性水分子

【水分子H_2O】

与土的相互作用将土中水划分为矿物成分水、结合水、自由水等类型。土中除液态水外，还有结晶水存在于矿物晶格中，在105℃高温下可以失去，它直接与矿物颗粒性状有关，通常不参加土中水体力学性质的作用。

1. 矿物成分水

矿物成分水是存在于矿物结晶格架的内部或参与矿物构造的水，又称矿物内部结合水。它只有在比较高的温度（80～680℃，随土粒的矿物成分不同而异）下才能化为气态水而与土粒分离。从土的工程性质上分析，可以把矿物内部结合水当作矿物颗粒的一部分。

在常温条件下，矿物成分水不能以分子形式析出，属于固体部分，它们对土的性质影响不明显。只有在高温条件下，才可能从原来矿物中析出，并形成新矿物，此时，土的性质也随之发生变化。

2. 结合水

土粒表面大多带有负电荷，围绕土粒形成电场，土中极性水分子受电分子吸引力（这种电分子吸引力高达几千到几万个大气压）吸附于土粒表面，在电场中定向排列，水分子和土粒表面牢固的黏结在一起，形成结合水膜，水膜根据距离远近分为固定层、扩散层。这种水称为结合水，如图1.21所示。

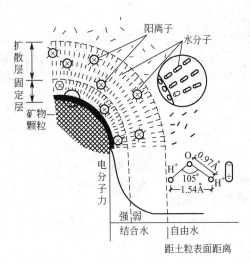

图1.21　土粒与孔隙水的相互作用

结合水因离颗粒表面远近不同，受电场作用力的大小也不同，电场中分子引力随距离土粒表面越远而越小，极性水分子随静电引力减小，活动性增大。所以分为强结合水和弱结合水。结合水不同于其他类型的水，它不受重力影响，密度较大（强结合水 $1.6～2.4g/cm^3$，弱结合水 $1.3～1.74g/cm^3$），有黏滞性和一定的抗剪强度。

黏粒与溶液相互作用后，溶液中的反离子同时受着两种力的作用，一种是黏粒表面的吸引力，使它紧靠土粒表面；另一种是离子本身热运动引起的扩散作用力，使离子有扩散到自由溶液中的趋势。这两种力作用的结果，使黏粒周围的反号离子浓度随着与黏粒表面距离的增加而减小。其中只有一部分紧靠黏粒的反离子被牢固地吸附着排列在黏粒的表面上，电泳时和它一起移动，称之为固定层；另一部分距颗粒表面较远的反离子分布在颗粒周围，具有扩散到自由溶液中的趋势，称之为扩散层。黏粒本身所带的电荷层称决定电位离子层，向外首先是固定层，其次为扩散层，固定层与扩散层统称反离子层。

固定层和扩散层与土粒表面负电荷一起构成所谓双电层。一般来说，黏粒与水相互作用后，双电层中的固定层紧靠土粒表面，排列紧密，连接牢固，厚度较小且较固定，性质类似于土粒本身，其对土的性质影响较小。而反离子层中的扩散层因远离颗粒表面，连接力减弱，在不大的外力作用下就能发生变形或移动，是活动的部分，因此可引起土的一系列工程性质的变化，如黏性土的可塑性与胀缩性等。这种变化主要是由于扩散层厚度的变化所引起，扩散层厚度的变化受颗粒本身的矿物成分、颗粒形状和大小的影响，还受溶液介质的化学成分、浓度及pH值的影响，即是固、液两相相互作用的结果。

扩散层的厚度可随外界条件的变化而变化。扩散层水膜的厚度对黏性土的特性影响很大。水膜厚度大，土的塑性高，易膨胀和收缩；颗粒之间距离大，土的强度低，压缩性大。在工程实践中可利用这一原理来改良土质，增加土的稳定性。影响扩散层厚度的因素主要有以下几个。

（1）土粒的矿物成分与分散程度。土粒越细小，分散程度越高，则比表面积就越大，对一定量的土来说扩散层的总体积越大。颗粒大小、形状与矿物成分有关，因此矿物成分是决定因素。矿物成分决定着黏粒表面带电荷数量，其带电荷数量越多，则扩散层厚度就越大，其亲水性也就越强。黏土矿物中，蒙脱石颗粒细小，一般呈薄片状，比表面积较大，故亲水性较强；高岭石最小；伊利石介于两者之间。因此，一定量的蒙脱石的扩散层总体积最大，伊利石次之，高岭石最小。土粒的矿物成分决定着表面电荷的形成方式与电荷数量，对于扩散层厚度具有重要的意义。

(2) 溶液的化学成分、浓度及 pH 值。当热力电位是某一定值时，溶液中任何一种离子，无论是反号离子还是同号离子(与颗粒表面电荷符号相同的离子)，对电动电位都有影响，特别是反号离子尤甚。在其他条件不变的情况下，反号离子由原来的一价变为二价时，由于带电黏粒对单个离子的吸引力加大了一倍，反号离子更接近黏粒表面，使电动电位降低较快，扩散层厚度变小，所以扩散层中电价高的离子较电价低的离子的扩散层厚度要薄。另外相同电价的离子，随着离子半径的增大，扩散层厚度变薄，这种规律是由于同价离子半径小者水化程度高，在其周围吸附较厚的水分子层，总的半径较大，使扩散层变厚，水化程度低的离子(半径较大)则形成较薄的扩散层。

当溶液中反号离子的浓度增加，对扩散层中的反号离子起着排斥作用，结果使扩散层中的离子被迫进入固定层中，使扩散层变薄，这是因为固定层中的反号离子的增多，有效地补偿了黏粒表面电荷，使热力电位在固定层中迅速下降，电动电位也降低，故扩散层厚度变薄。

溶液的 pH 值决定着黏粒矿物表面分子的离解方式，从而决定黏粒表面所带电荷的符号、数量和热力电位的大小，也就影响到扩散层的厚度。对于次生 SiO_2，溶液的 pH 值越大，其离解程度越高，扩散层厚度就越大，反之亦然。对倍半氧化物与黏土矿物，溶液的 pH 值不仅决定着双电层的厚度，还决定着黏粒表面带电性质。一般情况下，溶液的 pH 值与黏粒矿物的 $pH_{等电}$ 值之间的差值越大，离解程度越高，则扩散层厚度就越大，反之亦然。

1) 强结合水(吸着水)

由于细小的土粒表面带电，而水又是极性水分子(一端类似阴极，另一端类似阳极，形成所谓的"偶极体")。土粒的静电引力强度是随着离开土粒表面的距离增大而逐渐减弱，靠近土粒表面的水分子，受到土粒的强烈吸引(引力可达 $1000 \sim 2000MPa$)整齐地排列起来(图 1.22)而失去活动能力，使强结合水几乎具有固体性质，不能传递静水压力，这部分水称为强结合水或物理结合水。由于土粒可从湿空气中吸附这种水，故而又称吸着水。强结合水层称为吸附层或固定层。

它的特征是：①没有溶解盐类的能力；②不冻结、不能传递静水压力；③极其牢固地结合在土粒表面上，其性质接近于固体，在常温下不能移动，只有吸热变成蒸汽时才能移动(略高于 $100^{\circ}C$ 时可蒸发)；④有极大的黏滞性、弹性和抗剪强度。

这种水厚度只有几个水分子厚，小于 $0.003\mu m$。密度为 $1.2 \sim 2.4g/cm^3$，冰点为 $-78^{\circ}C$，$100^{\circ}C$ 不蒸发。当黏土只含

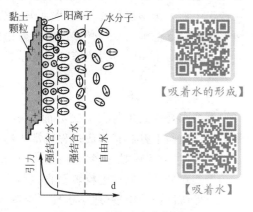

图 1.22 土粒对孔隙水的引力分布及作用形态

有强结合水时，呈固体坚硬风干状态，磨碎后呈粉末状；砂土只含强结合水时，含量很少，呈散粒状态。如果将干燥的土移在天然湿度的空气中，则土的质量将增加，直到土中吸着的强结合水达到最大吸着度为止。土粒越细，土的比表面积越大，则最大吸湿容量就越大。砂土吸湿度为 1%，黏土吸湿度为 17%。

2) 弱结合水(薄膜水)

距离土粒表面稍远的水分子(强结合水的外缘)，受到土粒表面的电分子吸引力减弱，有部分活动能力，排列疏松不整齐，这部分水称为弱结合水，又称薄膜水。弱结合水紧靠于强结合水的外围形成一层结合水膜，在这层水膜中并不受到严格约束，是可以扩散的，称为扩散层。这是因为，引力减小后，假

定物理平衡成立，根据布朗分子运动规律，在单位时间里，被撞开的水粒等于被捕捉到的水粒。这时水分子总量保持不变，但它们是运动交换着的，即扩散的。

弱结合水层厚度小于 $0.5\mu m$，密度 $\rho_w = (1.0 \sim 1.7)g/cm^3$。仍然不能自由流动，不能传递静水压力，呈黏滞体状态，黏滞性从内到外逐渐降低。但水膜较厚的弱结合水能向临近的较薄的水膜缓慢移动。黏性土的很多特性（如可塑性与胀缩性）都是由于土中弱结合水的特性而表现出来的。

弱结合水是一种黏滞水膜，是黏性土在一定含水量范围内具有可塑性的原因。当土中含有较多的弱结合水时，土则具有一定的可塑性，抗剪强度减小。砂土比表面积较小，几乎不具可塑性，而黏土的比表面积较大，其可塑性范围较大。

弱结合水离土粒表面积越远，其受到的电分子吸引力越弱小，并逐渐过渡到自由水。

3. 自由水

自由水是存在于土粒表面电场影响范围以外，服从重力规律（能在重力作用下，在土孔隙中自高处向低处自由流动）的土孔隙中的水，在土粒表面的电场作用以外的水分子自由散乱地排列。它的性质和普通水一样，能传递静水压力，冰点为 $0℃$，有溶解能力。

自由水是距土粒表面较远的水分子，几乎不受或者完全不受土粒表面静电引力的影响，主要受重力或毛细压力作用的控制，能传递静水压力和能溶解盐分，在温度 $0℃$ 左右冻结成冰。按其移动所受到作用力的不同，可以分为重力水和毛细水。

1）重力水

重力水是存在于地下水位以下的透水土层中的地下水，它是在重力或压力差作用下运动的自由水，存在于较大孔隙中，具有自由活动的能力。

它在重力作用下产生由高处向低处流动，为普通液态水，重力水流动时，产生动水压力，能冲刷带走土中的细小土粒，这种作用常称为机械潜蚀作用，如管涌、流土等；重力水还能溶滤土中的水溶盐，这种作用称为化学潜蚀作用。潜蚀作用都将使土的孔隙增大，增大压缩性，降低土的抗剪强度；同时，地下水面以下饱水的土，受重力水浮力作用，土粒及土的质量相对减小。

重力水对土中的应力状态和开挖基槽、基坑，以及修筑地下构筑物时所应采取的排水、防水措施有重要的影响。

2）毛细水

毛细水是受到水与空气交界面处表面张力作用，位于地下水位以上，保持在土的毛细孔隙中的水，受毛细作用而上升。其形成过程通常用物理学中毛细管现象解释。分布在结合水的外围土粒周围相互贯通的孔隙（可以看成是许多形状不一、直径各异、彼此连通的毛细管）。

虽然水分子不能被土粒表面直接吸引住，但仍受土粒表面的静电引力的影响，特别是在固、液、气三相交界弯液面的附近（地下水面以上附近），这种影响尤甚。这种情况下，土粒的分子引力（浸湿力）和水与空气界面的表面张力（毛细力）共同作用而形成毛细水。

按物理学概念，液体总是力图缩小自己的表面积，以使表面自由能达到最小。在毛细管周壁，水膜与空气的分界处存在着表面张力 T。此时相当于对水表面施加压力，水在静止时，可形成弯月面。毛细管管壁的分子和水分子之间有引力作用，这使与管壁接触部分的水面呈向上弯曲状并内凹，称为湿润现象。如果管壁与液体之间不互相吸引，称为不可湿润的，管内液面是外凸的（如毛细管内水银柱面就是凸的）。

在毛细管内的水柱，由于管壁与水分子之间引力很大，形成上举力 P，使液面呈内凹状，表面积增加了；为降低表面自由能，缩小表面积，管内水柱升高；周而复始，湿润现象和水柱升高不断交替；直到升高的水柱重力 G 和管壁与水分子之间的吸引力所产生的上举力平衡为止。

这样，毛细管中的水处于负压作用下，这种水就称为毛细水。在这种负压作用下，就使其他处的水沿毛细管被吸过来，形成毛细水带。这种现象称为毛细现象。毛细水主要存在于粒径为 $0.002 \sim 0.5mm$

的毛细孔隙中，即主要存在于粉细砂与粉土中。孔隙更小时，土粒间主要充满结合水，不能再有毛细水。粗大的孔隙毛细力极弱，也难以形成毛细水。

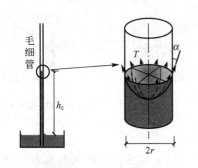

(a) 毛细上升高度　(b) 表面张力和润湿角

图 1.23　毛细水及其作用

水膜表面张力的作用方向与毛细管壁成湿润夹角 α，由于表面张力的作用，毛细管内的水被提升到自由水面以上高 h_c 处，如图 1.23 所示。

分析高度为 h_c 的水柱静力平衡条件，因为毛细管内水面处即为大气压；若以大气压力为基准，则该处压力为 0。

故 $\pi r^2 \cdot h_c \cdot r_w = 2\pi r \cdot T\cos\alpha$，即

$$h_c = \frac{2T\cos\alpha}{r \cdot \gamma_w} \tag{1-6}$$

式中　T——水膜的张力(与温度有关)，10℃时 $T=0.0756\text{g/cm}$，20℃时 $T=0.0742\text{g/cm}$；

　　　α——润湿角，其大小与土颗粒和水的性质有关；

　　　r——毛细管半径；

　　　γ_w——水的重度。

若令 $\alpha=0$，则可求得毛细水上升的最大高度($h_{c,\max}$)：

$$h_{c,\max} = \frac{2T}{r \cdot \gamma_w}$$

上式表明，毛细升高 h_c 与毛细管半径 r 成反比；显然土颗粒的直径越小，孔隙的直径(毛细管直径)越细，则 h_c 越大。

毛细水的工程意义：

(1) 产生毛细压力(u_c)：$u_c = \frac{2T\cos\alpha}{r} = \gamma_w \cdot h_c$ 与一般静水压力的概念相同，它与水头高度 h_c 成正比。但自由水位以上，毛细区域内，颗粒间所受的毛细压力 p_c 是倒三角形分布，弯液面处最大($h_c \cdot \gamma_w$)，自由水面处为零(图 1.24)。毛细压力促使土的强度增高。

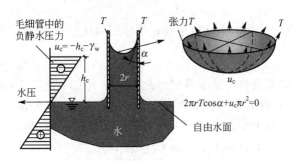

图 1.24　毛细压力分布示意

(2) 毛细水对土中气体的分布与流通起一定作用，常是导致产生密闭气体的原因。

(3) 当地下水埋深浅，由于毛细管水上升，可助长地基土的冰冻现象，在寒冷地区可能会产生严重的冻胀；地下室潮湿；危害房屋基础及公路路面；而且使地基、路基侵蚀，促使土的沼泽化。

(4) 毛细水对土性质的影响，主要是毛细力常使砂类土产生微弱的毛细水联结。在非饱和土中，孔隙中含有水和气，此时水多集中于颗粒间的缝隙处，称为毛细角边水。毛细角边水产生压力是一个负值，毛细水弯液面受张力，它反作用于土的颗粒上，反作用力就是水面拉土粒，使土颗粒受正压力相互被拉紧。相当于增加了一个附加应力。这样从整体来看，土体就相互抱紧，而具有微弱的内聚力，称为毛细内聚力，如图 1.25 所示。这也就是所谓的砂类土的假黏性 [它可使湿砂黏聚成团保持砂堆垂直壁高几十厘米不倒，但浸水或烘干后又变松散，如图 1.25(c)所示]。

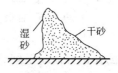

【砂土的假黏性】　　　(a) 土粒间毛细水形状　　(b) 毛细内聚力作用的分解示意　　(c) 砂土的假黏性表现

图 1.25　毛细压力作用在土粒表面上

综上所述，土中水的基本划分如图 1.26 所示。

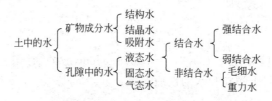

图 1.26　毛细压力分布示意

土中水并非静止不变的状态，而是运动着的。土中水的运动原因很多，同时给工程带来很多问题，如流砂、管涌、冻胀、渗透固结、渗流时的边坡稳定等。具体详见本书有关章节。

1.1.2.3　土中气体

土的孔隙中没有被水占据的部分都是气体。土中气体主要为空气与水蒸气，一般与大气连通，处于动平衡状态，对土的性质影响不大。少数情况下土中存在封闭气体时，对土的性质有一定的影响，主要表现在透水不畅，加固土时不易使土压实等。另外，封闭气体的突然逸出可造成意外的沉陷。总之，土中气体对土性质的影响不如固体颗粒与土孔隙中的水。含气体的土称为非饱和土，其工程性质研究已形成土力学的一个新的分支。

1. 土中气体的来源

土中气体的成因，除来自空气外，也可由生物化学作用和化学反应所生成。

2. 土中气体的特点

(1) 土中气体除 O_2 外，含量最多的是水蒸气，此外还含有 CO_2、N_2、CH_4、H_2S 等气体，并含有一定放射性元素。土中气体中放射性元素的含量比在空气中的含量大 2000 倍。

(2) 土中气体 O_2 含量比空气中少，土中 O_2 为 10.3%，空气中 O_2 为 20.9%。土中气体 CO_2 含量比空气中高很多，空气中 CO_2 为 0.03%，土中气体 CO_2 为 10%。

3. 土中气体的分类

土中气体按其所处状态和结构特点，可分为以下几大类。

1) 吸附气体

由于分子引力作用，土粒不但能吸附水分子，而且能吸附气体，土粒吸附气体的厚度不超过 2~3 个分子层。土中吸附气体的含量决定于矿物成分、分散程度、孔隙率、湿度及气体成分等。在自然条件下，在沙漠地区的表层中可能遇到比较大的气体吸附量。

2) 溶解气体

在土的液相中主要溶解有 CO_2、O_2、水蒸气(H_2O)；其次为 H_2、Cl_2、CH_4；其溶解数值取决于温度、压力、气体的物理化学及溶液的化学成分。溶解气体的作用主要为：改变水的结构及溶液的性质；对土粒施加力学作用；在土中可形成密闭气体；可加速化学潜蚀过程。

3）自由气体

自由气体与大气连通，通常在土层压缩时即逸出，常见于粗粒土中。外力作用时，能很快从土中挤出，对土的工程性质无太大影响。

4）密闭气体

封闭气体是土中气体与大气隔绝而形成的封闭气泡。常见于细粒土中。存在黏性土中的体积与压力有关，压力增大，不易逸出，但可能被压缩或溶于孔隙水中；压力减少，则体积增大或重新游离出来。因此密闭气体的存在增加了土的弹性。

密闭气体可降低地基的沉降量，但当其突然排除时，可导致基础与建筑物的变形。在不可排水的条件下，由于密闭气体可压缩性会造成土的压密。密闭气体的存在能降低土层的透水性和透气性，阻塞土中的渗透通道，减少土的渗透性，是控制填土长期沉降的一个重要因素。

【土中三相间
相互作用】

1.1.3 土的结构和构造

1.1.3.1 土的结构

土颗粒之间的相互排列和联结形式，称为土的结构，主要指组成土的土粒大小、形状、表面特征，土粒间的联结关系和土粒的排列情况，其中包括颗粒或集合体间的距离、孔隙大小及其分布特点。

土的结构是土的基本地质特征之一，也是决定土的工程性质变化趋势的内在依据。土的结构是在成土过程中逐渐形成的，不同类型的土，其结构是不同的，因而其工程性质也各异，土的结构与土的颗粒级配，矿物成分、颗粒形状及沉积条件有关。

1. 土粒间的联结关系

土中颗粒与颗粒之间的联结关系主要有如下几种类型。

（1）接触联结：是指颗粒之间的直接接触，接触处基本上没有黏粒和无定形物质，接触点上的联结强度主要来源于外加压力所带来的有效接触压力。这种联结方式在砂土、粉土中或近代沉积土中普遍存在。

（2）胶结联结：是指颗粒之间存在许多胶结物质，将颗粒胶结联结在一起，一般其联结较为牢固，胶结物质一般有黏土质，可溶盐和无定形铁、铝、硅质等。可溶盐胶结的强度是暂时的，被水溶解后，联结将大大减弱，土的强度也随之降低；无定形物胶结的强度比较稳定。

（3）结合水联结：是指通过结合水膜而将相邻土粒联结起来的联结形式，又称水胶联结。当相邻两土粒靠得很近时，各自的水化膜部分重叠，形成公共水化膜。这种联结的强度取决于吸附结合水膜厚度的变化，土越干燥则结合水膜越薄，强度越高；水量增加，结合水膜增厚，粒间距离增大，则强度就降低。这种联结在一般黏性土中普遍存在。

（4）冰联结：是指含冰土的暂时性联结，融化后即失去这种联结。

2. 常见的土结构

1）单粒结构（particle structure 或 single - grained structure）

粗颗粒土在沉积过程中，每一个颗粒在自重作用下单独下沉，相互支承、架立并达到稳定状态。粗颗粒土如卵石、砂等。巨粒土与粗粒土主要由粒径大于 0.075mm

【土粒的各种结构】

的土粒所组成，由于其颗粒比较粗大，土粒间的分子引力相对很小，粒间几乎没有联结，或者联结很弱，单一颗粒相互堆砌在一起形成单粒结构（图 1.27）。

这类土的性质主要取决于土粒大小和排列的松密程度。根据颗粒排列的紧密程度不同，单粒结构还可以分为松散结构和紧密结构两种类型。紧密状单粒结构的土，由于其土粒排列紧密，在动、静荷载作用下都不会产生较大的沉降，所以强度较大，压缩性较小，是较为良好的天然地基。松散结构孔隙较大，骨架联结很不稳定，当受到振动或其他外力作用时，土粒易发生移动，土中孔隙剧烈减少，引起土体较大的变形。因此这种土层如未经处理，一般不宜作为建筑物的地基，其工程性质较紧密结构要差。

2）蜂窝结构（honeycomb structure）

当土颗粒较细（粒级在 0.02～0.002mm 范围），在水中单个下沉，碰到已沉积的土粒，由于土粒之间的分子吸力大于颗粒自重，则正常下沉的土粒被吸引不再下沉，而凝聚成较复杂的集合体进行沉积，形成细粒土特有的团聚结构。孔隙很大，形成不规则、易破碎。因为它的形状像海绵或蜂窝，所以称蜂窝状结构或海绵状结构（图 1.28），常见于粉粒。

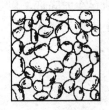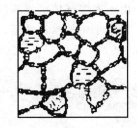

(a) 松散结构　　　(b) 紧密结构

图 1.27　土的单粒结构　　　　图 1.28　土的蜂窝状结构

3）絮状结构（flocculent structure）

粒径极细的（粒径小于 0.005mm）的黏土颗粒，不因自重而下沉，在水中长期悬浮并在水中运动时，相互碰撞而吸引逐渐形成小链环状的土集粒，质量增大而下沉。这种小链环碰到另一小链环被吸引，形成大链状的絮状结构，此种结构在海积黏土中常见（图 1.29）。联结受土粒电场和介质性质影响。因小链环中已有孔隙，大链环中又有更大的孔隙，形象地称为二级蜂窝结构。

由于介质不同，絮状结构又分为分散型结构（盐类电解少，土粒在粒间排斥力作用下定向或半定向排列，呈面-面接触）和絮凝结构（盐类离子浓度大，土粒粒间排斥力减小，致使粒间正负电荷相吸，呈边-面接触），如图 1.30 所示。

面-面　　边-面

图 1.29　土的絮状结构　　　图 1.30　絮状结构土粒接触关系

上述 3 种结构中，以密实的单粒结构土的工程性质最好，蜂窝状其次，絮状结构最差。后两种结构土，土粒之间的联结强度（结构强度）往往由于长期的压密作用和胶结作用而得到加强。如因振动（如施工扰动）破坏天然结构，则强度低，压缩性大，不可用作天然地基。

3. 少见结构形式

(1) 在巨粒土和砾类土中，由于粗、细颗粒含量的不同，因而具有不同的结构形态。若粗粒物质含量高，相互间直接接触，而细粒物质充填在其孔隙中，称之为粗石状结构 [图 1.31(a)]；若粗粒物质含量低，被包围在细粒物质中间而不能直接接触，则称之为假斑状结构 [图 1.31(b)]。粗石状结构的土具有较高的强度，而其透水性则取决于粒间孔隙的充填程度及充填物的性质。假斑状结构土的性质主要取决于组成土的细粒物质的特点。

（2）细粒土的非均粒团聚结构，是由粉粒和砂粒之间充满黏粒团聚体所形成的结构（图 1.32）。

(a) 粗石状结构　　　　(b) 假斑状结构

图 1.31　巨粒土、砾类土的结构　　　　图 1.32　非均粒团聚结构

1.1.3.2　土的构造

同一土层中，物质成分和颗粒大小都相近的各部分之间相互关系的特征称为土的构造。土的构造最主要特征就是成层性，即层理构造（图 1.33）。它是在土的形成过程中，由不同阶段沉积的物质成分、颗粒大小或颜色不同，而沿竖向呈现的成层特征；土的构造的另一特征是土的裂隙性。

常见的土的构造有下列几种。

1. 层状构造

土层由不同颜色，不同粒径的土组成层理，平原地区的层理通常为水平层理，如图 1.34(a) 所示。

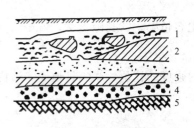

(a) 层状构造　(b) 分散构造　(c) 裂隙状构造　(d) 结核状构造

图 1.33　土的层理构造　　　　　图 1.34　土的构造

1—淤泥夹黏土透镜体；2—黏土尖灭层；

3—砂土夹黏土层；4—砾石层；5—基岩

层状构造反映不同年代、不同搬运条件下形成的土层，平行层理方向的压缩模量和渗透系数往往大于垂直方向的压缩模量和渗透系数，是细粒土的一个重要特征。

2. 分散构造

土层中土粒分布均匀，性质相近，如各种经过分选的砂、砾石、卵石形成的有较大的埋藏厚度、无明显层次的沉积，都为分散构造。图 1.34(b) 所示为典型的各向同性体。通常分散构造的工程性质最好。

3. 裂隙状构造

土体中有很多不连续的小裂隙，裂隙中往往填充有沉淀物。有的硬塑与坚硬状态的黏土为此种构造，如黄土的柱状裂隙。裂隙的存在破坏了土的整体性，使得土体强度低、稳定性差、渗透性高、工程性质差，如图 1.34(c) 所示。

4. 结核状构造

在细粒土中掺有粗颗粒或各种结核（聚集的铁质钙质集合体、贝壳等杂质）、掺合物的存在影响了土的均匀性。如含礓石的粉质黏土、含砾石的冰渍土等。由于掺合物分散在土中，结核状构造的工程性质取决于细粒土部分，如图 1.34(d) 所示。

1.1.3.3 研究方法简介

不同的研究内容有不同的研究方法，因此，土结构研究方法较多，但与土的成分研究方法相比，结构研究方法还很不成熟。

目前常用的方法基本上分两大类：一类为直接方法，即对结构形态特征进行直接观察，如各种显微镜下观察；另一类是间接方法，即通过受试样结构控制的物理、力学性质的测定来分析土结构特征，如 X 射线衍射、声速、电导率、热传导率、磁化系数、弹性模量等。

现将黏性土结构研究主要方法介绍如下。

1. 粒度成分分析(加分散剂)

研究内容主要是土的原始分散程度，说明组成土的原始结构单元体的大小及其百分含量。

2. 团粒成分分析(不加分散剂)

研究内容主要是土的存在状态分散程度，说明土存在状态下结构单元体的大小及其百分含量。

3. 光学显微镜(光片、薄片观察)

研究内容主要是：①单元体的形状，大小；②单元本的排列组合情况，利用双折射率比值测定单元体定向程度；③单元体颗粒及胶结物的矿物成分；④孔隙形状、大小、分布特征。

4. 电子显微镜(透射电镜、样品表面复型薄膜或超薄切片)或扫描电镜

研究内容主要是：①单元体形状、大小；②单元体的排列组合情况；③孔隙形状、大小、分布。

5. X 射线衍射分析

研究内容主要是利用矿物晶体的 001 或 002 和 020 晶面衍射强度的比值，半定量地确定结构单元体的定向程度。

6. 物理-化学力学方法

研究内容主要是通过宏观上土的流变性测定土的结构连接类型，用物理-化学方法研究制约土的性质及结构的物理-化学因素。

7. 化学分析

研究胶结物的成分及其含量等。

1.2　土的三相比例指标

土是土粒(固体相)、水(液体相)和空气(气体相)三者所组成的；自然界中土的性质是千变万化的，在工程实际中具有意义的往往是固、液、气三相的比例关系。土的物理性质就是研究三相的质量与体积间的相互比例关系以及固、液两相相互作用表现出来的性质。前者称为土的基本物理性质，主要研究土的密实程度和干湿状况；后者主要研究黏性土的可塑性、胀缩性及透水性等。

土的物理性质在一定程度上决定了它的力学性质，其指标在工程计算中常被直接应用。土的物理性质指标可分为两类：一类是必须通过试验测定的，如含水量、密度和土粒相对密度；另一类是可以根据试验测定的指标换算的，如孔隙比、孔隙率和饱和度等。

土的三相组成实际上是混合分布的，为了使三相比例关系形象化和阐述方便，将它们分别集中起来，以质量或体积来表示，画出土的三相组成示意图(图 1.35)，其中土中气体质量 m_a 可忽略不计。

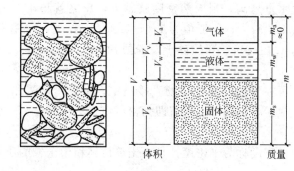

图 1.35 土的三相示意

V—土的总体积(cm³)；m—土的总质量(g)；V_s—土中固体颗粒实体的体积(cm³)；

m_s—土的固体颗粒质量(g)；V_v—土中孔隙体积(cm³)；m_w—土中液体的质量(g)；

V_w—土中液体的体积(cm³)；m_a—土中空气的质量($m_a=0$)；V_a—土中气体的体积(cm³)。

1.2.1 土的质量特征指标

1. 土粒相对密度(particle density)

土粒相对密度是指固体颗粒的质量 m_s 与同体积 V_s 的标准状态下 [一个大气压(标准大气压 1atm＝101325Pa)，4℃条件下] 纯水的质量之比，无单位，即

$$d_s = \frac{m_s}{V_s \rho_w} \tag{1-7}$$

式中 ρ_w——标准状态下纯水的密度(g/cm³)，工程计算中可取 1g/cm³。

土粒相对密度仅与组成土粒的矿物密度有关，而与土的孔隙大小和含水多少无关，它是指土粒的比重，不是指整个土体的密度(即不包括土中水)。实际上是土中各种矿物密度的加权平均值。一情况下，随有机质含量增多而减小，随铁镁质矿物增多而增大。所以同一类土中，相对密度变化幅度很小。各种主要类型土的土粒相对密度：砂土为 2.65 左右、粉质砂土为 2.68 左右、粉质黏土为 2.68～2.72、黏土为 2.7～2.75。

土粒相对密度是实测指标，它一方面可以间接地说明土中矿物成分特征，另一方面主要用来计算其他指标。

2. 土的密度(soil density)

土的密度是指土的总质量 m 与总体积 V 之比，也即为土的单位体积的质量。即

$$\rho = \frac{m}{V} \tag{1-8}$$

按孔隙中充水程度不同，有天然密度、干密度、饱和密度之分。

1) 天然密度(湿密度)(density)

天然状态下土的密度称为天然密度，以下式表示：

$$\rho = \frac{m}{V} = \frac{m_s + m_w}{V_s + V_v} \tag{1-9}$$

【比重实验】

土的密度取决于土粒相对密度、孔隙体积的大小和孔隙中水的质量多少，它综合反映了土的物质组

成和结构特征。土越密实，含水量越高，则天然密度就越大，反之就越小。由于自然界土的松密程度与含水量变化较大，故天然密度变化较大，一般值为 $1.6\sim2.2\text{g/cm}^3$，小于土粒密度值。各种主要类型土的土的天然密度一般有：砂土为 1.4g/cm^3、粉质砂土及粉质黏土为 1.4 g/cm^3、黏土为 1.4g/cm^3、泥炭沼泽土为 1.4g/cm^3。

土的密度是一个实测指标可在室内及野外现场直接测定。室内一般采用"环刀法"测定，称得环刀内土样质量，量取环刀容积，最后求得两者之比值即为密度值。

2）干密度（dry density）

土的孔隙中完全没有水时的密度称为干密度，是指土单位体积中土粒的质量，即

$$\rho_d = \frac{m_s}{V} \tag{1-10}$$

干密度与土中含水多少无关，只取决于土的矿物成分和孔隙性。对于某一种土来说，矿物成分是固定的，则干密度反映了土的孔隙性，所以干密度能说明土的密实程度，它反映土粒排列的紧密程度。其值越大越密实，反之越疏松。土的干密度一般为 $1.4\sim1.7\text{g/cm}^3$。

在工程上包括土坝、路基和人工压实地基，常把干密度作为评定土体紧密程度的标准，以控制填土工程的施工质量。土的干密度越大，表明土体压得越密实，土的工程质量越好。还可用于计算土的孔隙率，它往往通过土的密度及含水量计算得来，但也可以实测。

3）饱和密度（saturatio density）

土的孔隙完全被水充满时的密度称为饱和密度，是指土的孔隙中全部充满液态水时的单位体积质量，即

$$\rho_{sat} = \frac{m_s + V_v \rho_w}{V} \tag{1-11}$$

土的饱和密度的常见值为 $1.8\sim2.30\text{g/cm}^3$。

4）浮密度

土的浮密度是土单位体积中土粒质量与同体积水的质量之差，是指地下水位以下，土体受水的浮力作用时，单位体积的质量，即

$$\rho' = \frac{(m_s - V_s \cdot \rho_w)}{V} = \rho_{sat} - \rho_w \tag{1-12}$$

由此可见，同一种土在体积不变的条件下，它的各种密度在数值上有关系：$\rho_{sat} > \rho > \rho_d > \rho'$。

工程实际中，常将土的密度换算成土的重度（γ），重度等于密度乘以重力加速度 g，即

$$\gamma = \rho \cdot g \tag{1-13}$$

式中的重力加速度常近似取 10m/s^2，当 $\rho = 1.0\text{g/cm}^3$，则 $\gamma = 10\text{kN/m}^3$。重度（重力密度），为土的密度与重力加速度的乘积。与天然密度、干密度、饱和密度和浮密度对应的重度，分别称之为天然重度（γ）、干重度（γ_d）、饱和重度（γ_{sat}）和有效重度（γ'）。

处于地下水位以下的土层，如果土层是透水的，此时土受水的浮力作用，土的实际重力将减小，那么这种处于地水位以下的重度称为有效重度（γ'）。地下水位以下的土受到水的浮力作用，从土的总重力中减去与该土体积相同的水的重力（物体所排开同体积水的重力＝浮力）与总体积的比就是有效重度。从单位体积来考虑，有效重度等于土的饱和重度减去水的重度，即

【浮密度、浮重度及有效重度之争】

$$\gamma' = \gamma_{sat} - \gamma_w \tag{1-14}$$

土的沉降、变形和强度，由除去水压力后土颗粒传递的应力（后面讲述的有效应力）控制。在地下水位以下，有效重度的概念比饱和重度重要。为了理解这一点，应该知道浮力来源于静水压力分布。

如图 1.36 所示，分析作用在单位体积($1 \times 1 \times 1$)土单元上的静水压力，水平方向上的水压力左右平衡，垂直方向上土单元高度是 1，产生了数值为 1 的向上的静水压力差，作用在面积为 1×1 的底面上，这就是浮力。所以，浮力是由静水压力产生的，在这里是作用在单位土体积上的向上的静水压力，其值为

$$静水压力 = \gamma_w \times 1 \times (1 \times 1) = \gamma_w$$

该值与单位土体积排开水的重力(水的单位体积重力)γ_w 相等。由以上可知，浮力是由上下方向的静水压力差产生的，其值与物体排开水的重力相等。

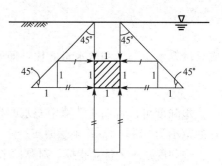

图 1.36 浮力来源于深度方向上的静水压力

1.2.2 土的含水特征指标

土的含水性指土中的含水情况，说明土的干湿程度。

1. 含水量(含水率)

土的含水量定义为土中水的质量与土粒质量之比，以百分数表示，即

$$w = \frac{m_w}{m_s} \times 100\% = \frac{m - m_s}{m_s} \times 100\% \qquad (1-15)$$

室内测定一般用"烘干法"。先称小块原状土样的湿土质量，然后置于烘箱内维持 $100 \sim 105℃$ 烘至恒重，再称干土质量，湿、干土质量之差与干土质量的比值就是土的含水量。

土的含水量由于土层所处自然条件(如水的补给、气候、离地下水位的距离)，土层的结构构造(松密程度)以及沉积历史等的不同，其数值相差较大。如近代沉积的三角洲软黏土或湖相黏土，含水量可达 100% 以上，有的甚至高达 200% 以上，有一种泥炭土最大可达 300%；而有些密实的第四纪老黏土(Q_3 以前沉积)，孔隙体积较小，即使孔隙中全部充满水，含水量也可能小于 20%。干旱地区，土的含水量可能只有百分之几。一般砂类土的含水量都不会超过 40%，以 $10\% \sim 30\%$ 为常见值，干粗砂最小接近于零。

天然状态下土的含水量称为土的天然含水量。一般砂土天然含水量都不超过 40%，以 $10\% \sim 30\%$ 最为常见；一般黏土天然含水量大多为 $10\% \sim 80\%$，常见值为 $20\% \sim 50\%$。天然含水量表示土中含水多少，是标志土的湿度的一个指标。

土的孔隙全部被普通液态水充满时的含水量称饱和含水量，即

$$w_{sat} = \frac{V_v \rho_w}{m_s} \times 100\% \qquad (1-16)$$

饱和含水量又称饱和水密度，它既反映了水中孔隙充满普通液态水时的含水多少，又反映了孔隙的大小。

土的含水量又可分为体积含水量与引用体积含水量。

体积含水量 n_w：土中水的体积与土体体积之比，即

$$n_w = \frac{V_w}{V} \times 100\% \qquad (1-17)$$

引用体积含水量 e_w：土中水的体积与土粒体积之比，即

$$e_w = \frac{V_w}{V_s} \times 100\% \qquad (1-18)$$

2. 饱和度(degree of saturation)

饱和度定义为土中孔隙水的体积与孔隙体积之比，以百分数表示，即

$$s_r = \frac{V_w}{V_v} \times 100\% \tag{1-19}$$

或天然含水量与饱和含水量之比，即

$$s_r = \frac{w}{w_{sat}} \times 100\% \tag{1-20}$$

饱和度可以说明土孔隙中充水的程度，表示土的潮湿程度。饱和度越大，表明土中孔隙中充水越多，它的范围为 $0\sim100\%$；干燥时 $S_r=0$，完全饱和时（孔隙全部为水充填）$S_r=100\%$。

饱和度是一个计算指标，对黏性土，由于主要含结合水，结合水膜厚度的变化将引起土体积的膨胀或收缩，改变原状土中孔隙的体积；结合水的密度大于 1，而计算饱和度时，一般取水的密度为 1.0g/cm^3。因此，最终计算得到的饱和度值常大于 100%，显然与实际不符。所以工程实际中，一般不用饱和度评价黏性土的湿度。

工程上 S_r 作为砂土与粉土的湿度划分的标准：

$S_r < 50\%$　　　稍湿的

$S_r = 50\%\sim80\%$　很湿的

$S_r > 80\%$　　　　饱和的

工程研究中，一般将 $S_r>95\%$ 的天然黏性土视为完全饱和土；而砂土 $S_r>80\%$ 时就认为已达到饱和了。

注意：含水量表示土体的含水数量大小；饱和度表示土含水后的状态。对于不同的土样 1 和土样 2，$S_{r1}>S_{r2}$ 并不一定说明土样 1 比土样 2 含的水多。例如，土很紧密时，孔隙体积很小，吸收很少水后就充满，即达到饱和；但水量对土粒来说很小，即含水量仍很小。

1.2.3　土的孔隙特征指标

孔隙性指土中孔隙的大小、数量、形状、性质以及连通情况，其主要取决于土的颗粒级配与土粒排列的疏密程度。实际上土的孔隙性指标一般反映的是土中孔隙体积的相对含量。

1. 孔隙率(porosity)

孔隙率是土的孔隙体积与土体积之比，或单位体积土中孔隙的体积，以百分数表示，即

$$n = \frac{V_v}{V} \times 100\% \tag{1-21}$$

土的孔隙率取决于土的结构状态，砂类土的孔隙率常小于黏性土的孔隙率。土的孔隙率一般为 $27\%\sim52\%$。新沉积的淤泥，孔隙率可达 80%。土的孔隙率是一个计算指标。

2. 孔隙比(void ratio)

孔隙比为土中孔隙体积与土粒体积之比，以小数表示，即

$$e = \frac{V_v}{V_s} \tag{1-22}$$

土的孔隙比说明土的密实程度，是个重要的物理性指标，按其大小可对砂土或粉土进行密实度分类，用来评价天然土层的密实程度。一般来说 $e<0.6$ 为密实的低压缩性土，$0.6\leqslant e\leqslant1.0$ 为中密或稍密，$e>1.0$ 为疏松的高压缩性土。工程实际中，除了用孔隙比评价砂类土或粉土的密实程度外，还用于地基沉降量的计算。土的孔隙比是计算指标。

用一个指标 e 即可判别砂土的密实度，应用方便。对于同一种土，密砂的孔隙比自然小于松砂的孔隙比。但是也存在缺点，只用一个指标 e 无法反映土的粒径级配的因素。两种级配不同的砂，级配良好的松砂，其孔隙比往往小于颗粒均匀的密砂的孔隙比。黏土的孔隙比差不多是砂土孔隙比的 3 倍，这与直观认识可能正好相反。

孔隙比和孔隙率都是用以表示孔隙体积含量的概念，两者有关系：$n=\dfrac{e}{1+e}$ 或 $e=\dfrac{n}{1-n}$。土的孔隙比或孔隙率都可用来表示同一种土的松密程度。它随土形成过程中所受的压力、粒径级配和颗粒排列的状况而变化。一般来说，粗粒土的孔隙率小，细粒土的孔隙率大。这里，e 或 n 主要取决于颗粒的排列及土受应力历史的变化。因此既使由相同矿物组成的土，它的 e 或 n 也可能不一样（这一点与 d_s 不同，d_s 与组成物质有关）。

饱和含水量是用质量比率来反映土的孔隙性结构指标的，它与孔隙率和孔隙比，有如下关系：

$$n=w_{sat}\cdot\frac{\rho_d}{\rho_w},\quad e=w_{sat}\cdot\frac{d_s}{\rho_w}$$

3. 砂土的土体相对密度

对于砂土，孔隙比有最大值与最小值，即最松散状态和最紧密状态的孔隙比。

砂土的松密程度还可以用土体相对密度来评价，即

$$D_r=\frac{e_{max}-e}{e_{max}-e_{min}}\tag{1-23}$$

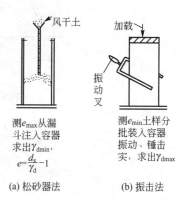

测 e_{max} 从漏斗注入容器 求出 γ_{dmin}，$e=\dfrac{d_s}{\gamma_d}-1$

测 e_{min} 土样分批装入容器振动、锤击实，求出 γ_{dmax}

(a) 松砂器法 　　(b) 振击法

图 1.37 砂土状态试验示意

式中　e_{max}——最大孔隙比，即最疏松状态下的孔隙比，一般用"松砂器法"测定［图 1.37(a)］；

e_{min}——最小孔隙比，即紧密状态下的孔隙比，一般采用"振击法"测定［图 1.37(b)］；

e——天然孔隙比。

砂土的天然孔隙比介于最大和最小孔隙比之间，故 $D_r=0\sim1$；当 $e=e_{max}$ 时，则 $D_r=0$，砂土处于最疏松状态；当 $e=e_{min}$ 时，则 $D_r=1$，砂土处于最紧密状态。

砂土按土体相对密度分类：

$0<D_r\leqslant0.33$　　　疏松

$0.33<D_r\leqslant0.66$　　中密

$0.66<D_r\leqslant1$　　　密实

因为最大或最小干密度可直接求得，通常砂土的相对密度的实用表达式为

$$D_r=\frac{(\rho_d-\rho_{d,min})\rho_{d,max}}{(\rho_{d,max}-\rho_{d,min})\rho_d}$$

相对密度对于土作为土工构筑物和地基的稳定性，特别是在抗震稳定性方面具有重要的意义。D_r 在工程上常应用于评价砂土地基的允许承载力和评价地震区砂体液化。

这种方法理论上讲是表示砂土密实度的好方法，但是：①测定 e_{max} 和 e_{min} 时，例如仪器设备操作方法等人为性误差较大；②原状土样不易采取，天然孔隙比测不准确。所以，D_r 的使用就受到局限。

4. 评价砂土的强度稳定性

用土体相对密度判断无黏性土的物理状态，把土的级配因素考虑在内，理论上比较完善。实际上，由于砂土原状样不易取得，测定天然孔隙比较为困难，加上实验室由人工制备最疏松与最密实的状态不易掌握，测定砂土的 e_{max} 与 e_{min} 精度有限，测定结果与测试人员的素质、劳动态度有关，难以获得科学的数据。因此计算的相对密度值误差较大。因此工程实践中还可以用标准贯入试验为标准进行确定无黏性土的物理状态。

标准贯入试验，是在现场进行的一种原位测试，具体试验方法是：用卷扬机将质量为 63.5kg 的钢锤，提升 76cm 高度，让钢锤自由下落，打击贯入器，使贯入器贯入土中深度达 30cm 所需的锤击数，记为 $N_{63.5}$。锤击数的多少，反映了土的贯入阻力的大小，亦即密实度的大小。这种方法科学而准确。

标准贯入试验如图 1.38 所示，在钻杆底部连接标准贯入试验用的贯入器，用质量为 63.5kg 的重锤，以 76cm 落距自由下落，使贯入器贯入土层，记录贯入器贯入土层 30cm 的锤击数，该锤击数称为标准贯入试验的 N 值，然后取出贯入器对开模中的土样，该土样可以用于确定土的物理性质。标准贯入试验，适用于从软黏土到坚硬的沙质土的几乎所有可能遇到的地基，应用广泛。

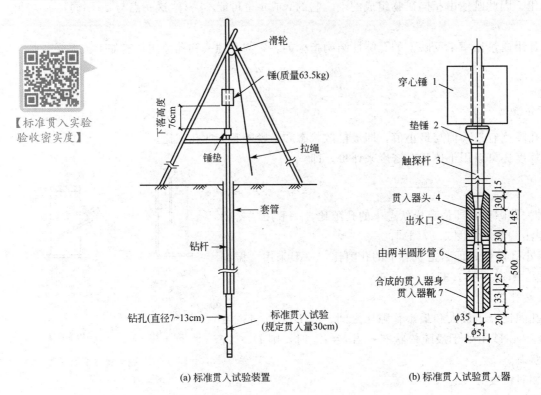

【标准贯入实验
验收密实度】

(a) 标准贯入试验装置   (b) 标准贯入试验贯入器

图 1.38　标准贯入试验

【例 1.2】　某天然砂层，密度为 1.47g/cm^3，含水量 13％，由试验求得该砂土的最小干密度为 1.20g/cm^3；最大干密度为 1.66g/cm^3；问该砂层处于哪种状态？

解：

已知：$\rho = 1.47$，$w = 13\%$，$\rho_{d,\min} = 1.20\text{g/cm}^3$，$\rho_{d,\max} = 1.66\text{g/cm}^3$

由式 $\rho = \dfrac{\rho}{1+w}$ 得 $\rho_d = 1.30\text{g/cm}^3$，则

$$D_r = \frac{(\rho_d - \rho_{d,\min})\rho_{d,\max}}{(\rho_{d,\max} - \rho_{d,\min})\rho_d} = \frac{(1.30 - 1.20) \times 1.66}{(1.66 - 1.20) \times 1.30} = 0.28$$

$$D_r = 0.28 < 0.33$$

该砂层处于疏松状态。

1.2.4　基本物理性质指标间的相互关系

土的三相比例关系的指标一共有 9 个，即土粒相对密度（或重度）、天然密度（或重度）、干密度（或重度）、饱和密度（或重度）、有效重度、含水量、饱和度、孔隙率、孔隙比。它们主要反映了土的密实程度与干湿状态，而且相互之间都有内在联系。其中土粒相对密度、天然密度、含水量是 3 个基本指标，即通过试验直接测定，其余 6 个指标均可由 3 个基本指标换算取得，常称为导出指标或换算指标。3 个基本实

测指标的精度直接影响着各换算指标的精度。为此，在测定 3 个指标的时候应力求原状土样未受扰动，仪器设备可靠，操作过程要认真细致。

1. 孔隙比与孔隙率的关系

设土体内土粒体积 $V_s=1$，则孔隙体积 $V_v=e$，土体体积 $V=V_s+V_v=1+e$，于是有

$$n=\frac{V_v}{V}=\frac{e}{1+e} \quad 或 \quad e=\frac{n}{1-n}$$

2. 干密度与湿密度和含水量的关系

设土体体积 $V=1$，则土体内土粒质量 $m_s=\rho_d$，水的质量 $m_w=w\rho_d$

于是由 $\rho=\frac{m}{V}=\frac{m_s+m_w}{V}=\rho_d(1+w)$，得

$$\rho_d=\frac{\rho}{1+w}$$

3. 孔隙比与土粒相对密度和干密度的关系

设土体内土粒体积 $V_s=1$，则孔隙体积 $V_v=e$，土粒质量 $m_s=d_s$，于是由 $\rho_d=\frac{m_s}{V}$ 得

$$\rho_d=\frac{d_s}{1+e}, \quad e=\frac{d_s}{\rho_d}-1, \quad e=\frac{d_s\rho_w}{\rho_d}-1$$

4. 饱和度与含水量，相对密度和孔隙比的关系

设土体内土粒体积 $V_s=1$，则孔隙体积 $V_v=e$，土粒质量 $m_s=d_s$，孔隙水质量 $m_w=wd_s$

孔隙水体积：$V_w=\frac{wd_s}{\rho_w}$

由 $S_r=\frac{V_w}{V_v}$，得 $S_r=\frac{\frac{wd_s}{\rho_w}}{e}=\frac{wd_s}{e\rho_w}$

当土完全饱和 $S_r=100\%$，且 $\rho_w=1$ 时，则

$$e=w_{sat}d_s$$

【例 1.3】 某原状土样，经试验测得天然密度 $\rho=1.67\text{g/cm}^3$，含水量 $w=12.9\%$，土粒相对密度 $d_s=2.67$，求孔隙比 e、孔隙率 n 和饱和度 S_r。

解：

绘三相草图。

（1）设土的体积 $V=1.0\text{cm}^3$

根据密度定义得 $m=\rho V=1.67\times1\text{g}=1.67\text{g}$

（2）根据含水量定义得 $m_w=wm_s=0.129m_s$

从三相图可知：$m=m_a+m_w+m_s$

因为 $m_a=0$，$m_w+m_s=m$，即 $0.129m_s+m_s=1.67\text{g}$

所以 $m_s=\frac{1.67}{1.129}\text{g}=1.18\text{g}$

$m_w=1.67\text{g}-1.48\text{g}=0.19\text{g}$

（3）根据土粒相对密度定义：土粒的质量与同体积纯蒸馏水在 4℃时质量之比，则

$$V_s=\frac{m_s}{d_s\rho_w}=\frac{1.48}{2.67}\text{cm}^3=0.554\text{cm}^3$$

（4）$V_w = \dfrac{m_w}{\rho_w} = \dfrac{0.190}{1.0}\text{cm}^3 = 0.190\text{cm}^3$

（5）从三相可知：

$V = V_a + V_w + V_s = 1\text{cm}^3$

或 $V_a = 1 - V_w - V_s = 1\text{cm}^3 - 0.554\text{cm}^3 - 0.190\text{cm}^3 = 0.256\text{cm}^3$

所以 $V_v = V - V_s = 1\text{cm}^3 - 0.554\text{cm}^3 = 0.446\text{cm}^3$

（6）根据孔隙比定义：$e = \dfrac{V_v}{V_s}$，得

$$e = \frac{V_a + V_w}{V_s} = \frac{0.256 + 0.19}{0.554} = 0.805$$

（7）根据孔隙率定义：$n = \dfrac{V_v}{V}$，得

$$n = \frac{V_a + V_w}{V} = \frac{0.256 + 0.19}{1} = 0.446 = 44.6\%$$

或 $n = \dfrac{e}{1+e} = \dfrac{0.805}{1 + 0.805} = 0.446 = 44.6\%$

（8）根据饱和度定义：$S_r = \dfrac{V_w}{V_v}$，得

$$S_r = \frac{V_w}{V_a + V_w} = \frac{0.19}{0.256 + 0.19} = 0.426 = 42.6\%$$

1.3 土的水理性质

1.3.1 黏性土的稠度和塑性

1.3.1.1 稠度与液性指数

1. 土的黏性

前面讲"土中水"时知道，土颗粒一般带负电。它表面吸附阳离子和极性水分子，从而形成双电层（内层为土粒的负电荷；外层为阳离子，极性水分子）。两土粒靠近后，它们的双电层重叠，两粒将共同吸引重叠区的阳离子。由于两土粒对阳离子和水分子的相互吸引，使两颗粒相互连接，故产生了黏性。一般情况下，粒间距减小使得引力增大，黏性随之提高。

2. 稠度（consistency）

稠度指土体在各种不同的湿度条件下，受外力作用后所具有的活动程度，也就是黏性土因含水多少而表现出的稀稠软硬程度。黏性土的物理状态常以稠度来表示。因含水多少而呈现出的不同的物理状态称为黏性土的稠度状态。

黏性土的稠度，可以决定黏性土的力学性质及其在建筑物作用下的性状。

在土质学中，常采用下列稠度状态来区别黏性土在各种不同温度条件下所具备的物理状态。因含水多少而呈现出的不同的物理状态称为黏性土的稠度状态。土的稠度状态因含水量的不同，可表现为固态、塑态与流态3种状态，如图1.39所示。目前世界各国普遍应用的是由瑞典土壤学家阿特堡（Atterberg，1911年）制定的稠度状态与相应的稠度界限标准（表1-4）。

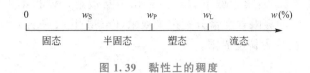

图 1.39 黏性土的稠度

表 1-4 黏性土的标准稠度及其特征

稠 度 状 态		稠 度 的 特 征	稠 度 界 线	含 水 情 况
流态	液流状	呈薄层流动	触变界限（液限 w_L）、黏着性界限（塑限 w_P）、收缩界限（缩限 w_S）	大量自由水
	黏流状（触变状）	呈厚层流动		
塑态	黏塑状	具有塑体的性质，可塑成任意形状，能黏着其他物体		大量弱结合水和部分自由水
	稠塑状	具有塑体的性质，可塑成任意形状，但不黏着其他物体		
固态	半固体状	失掉塑体性质，具有半固体性质，力学强度较大，形状固定，不能揉塑变形		大量强结合水和部分弱结合水
	固体状	具有固体性质，力学强度高，形状大小固定		强结合水

固态：含水量相对较少 [图 1.40(a)]，粒间主要为强结合水联结（强结合水或固定层重叠），联结牢固，土质坚硬，力学强度高，不能揉塑变形，形状大小固定。

塑态：含水量较固态为大 [图 1.40(b)]，粒间主要为弱结合水联结（即弱结合水或扩散层重叠），在外力作用下容易产生变形，可揉塑成任意形状不破裂、无裂纹，去掉外力后不能恢复原状，即可塑性。

流态：含水量继续增加，粒间主要为液态水占据 [图 1.40(c)]，联结极微弱，几乎丧失抵抗外力的能力，强度极低，不能维持一定的形状，土体呈泥浆状，受重力作用即可流动。

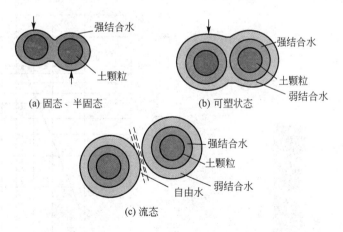

图 1.40 土的工程状态与结合水的关系

相邻两稠度状态，既相互区别又是逐渐过渡的，稠度状态之间的转变界限称为稠度界限，用含水量表示，称为界限含水量（稠度界限），又称阿特堡界限。

如图 1.41 所示，黏性土充分加水搅拌后，像泥浆一样，不能成形，呈"液体状态"。然后使其渐渐干燥，随着含水量降低，水分蒸发、体积减小，逐渐达到容易成形的"塑性状态"；再进一步使其干燥，形成了难以成形的"半固体状态"；继续干燥下去，土颗粒相互接触，体积不再收缩，呈坚硬的"固体状态"。把与以上各种状态相适应的界限含水量分别称为液限（liquid limit）（w_L）、塑限（plastic limit）（w_P）和缩限（shrinkage limit）（w_S），统称为稠度界限。

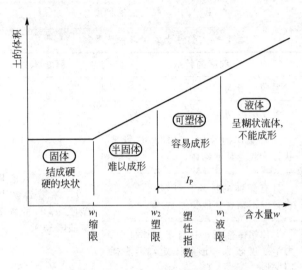

图 1.41　稠度界限

【缩限、塑限、液限是否与土样的含水量有关】

在稠度的各界限值中，塑性上限和塑性下限的实际意义最大，它们是区别三大稠度状态的具体界限。塑限，它是使土颗粒相对位移而土体整体性不破坏的最低含水量；液限，是强结合水加弱结合水的含量。

界限含水量采用液、塑限联合测定法取得，即是采用锥式液限仪以电磁放锥，利用光电方式测读锥入土中深度（图 1.42）。试验时，一般对 3 个不同含水量的试样进行测试，在双对数坐标纸上作出各锥入土深度及相应含水量的关系曲线（大量试验表明其接近于一直线，如图 1.43 所示）。则对应于圆锥体入土深度为 10mm 及 2mm 时土样的含水量就分别为该土的液限和塑限（详见 GB/T 50123—1999《土工试验方法标准》）。

【落锥法液限试验】

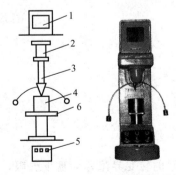

图 1.42　液塑限联合测定仪示意
1—显示屏；2—电磁铁；3—带标尺的圆锥仪；
4—试样杯；5—控制开关；6—升降座

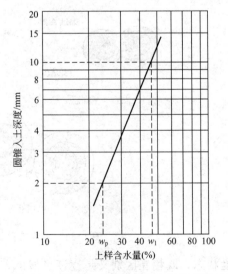

图 1.43　圆锥入土深度与含水量的关系曲线

3. 液性指数

土处于何种稠度状态取决于土中的含水量，但是由于不同土的稠度界限是不同的，因此天然含水量不能说明土的稠度状态。为判别自然界中黏性土所处的稠度状态，一般用液性指数 I_L 来表示。

黏性土的液性指数为天然含水量与塑限的差值和液限与塑限差值之比，又称相对稠度，其大小能反映土的软硬程度，即

$$I_L = \frac{w - w_P}{w_L - w_P} \qquad (1-24)$$

式中　w——天然含水量；

　　　w_L——液限含水量；

　　　w_P——塑限含水量。

按液性指数（I_L）来划分黏性土的物理状态，可分为5种软硬不同的状态，见表1-5。

表1-5　按液性指数划分黏性土的稠度状态

液性指数 I_L	$I_L \leq 0$	$0 < I_L \leq 0.25$	$0.25 < I_L \leq 0.75$	$0.75 < I_L \leq 1$	$I_L > 1.00$
稠度状态	坚硬	硬塑	可塑	软塑	流塑
相当于	$w \leq w_P$ 固态		$w_L \geq w \geq w_P$ 塑态		$w > w_L$ 流态

黏性土随含水量的变化而表现出不同的稠度状态，是一种复杂的物理化学过程，其实质是与黏性土周围水化膜的变化有直接关系。在稠度变化中，土的体积随含水量的降低而逐渐收缩变小，到一定值时，尽管含水量再降低，而体积却不再缩小。

稠度状态能说明黏性土的强度与压缩性，处于坚硬与硬塑状态的，土质较坚硬，强度较高且压缩性较低（变形量较小）；处于流塑与软塑状态的土，土质软弱且压缩性较高；处于可塑状态的土，其性质界于前二者之间。液性指数 I_L 在建筑工程中可作为确定黏性土承载力的重要指标。

必须指出的是，用液性指数判别黏性土稠度状态时，测得的液限与塑限用的是扰动土样（重塑土膏），忽视了自然界原始土层结构的影响。因而有时天然含水量大于液限情况下，原始土层并不表现出流塑状态；或者天然含水量大于塑限时不显示塑态而呈固态。液性指数没有反映土原状结构对强度的影响，在含水量相同时，原状土要比扰动土坚硬。因此，保持原状结构的土，当土的天然结构遭受破坏，如振动、挤压等，土的强度会立即丧失而出现流动的性质，这种特性称为潜流状态。所以，在基础工程施工中，应注意保护基槽，减少对地基土结构的扰动破坏。

黏性土的液限与塑限一般在室内进行测定，液限常采用锥式液限仪，塑限常采用搓条法；也可以采用液塑限联合测定仪测定。

为了避免与实际有出入，有人建议用锥式液限仪直接测定具有天然结构与天然含水量的原状土样的锥体沉入深度（液限与塑限的锥体入土深度都有对应的值），判断其实际的稠度状态。

在公路建设中，有时还用稠度来区分黏性土的状态。土的液限与天然含水量之差和塑性指数之比，称为土的天然稠度，即

$$w_C = \frac{w_L - w}{I_P} \qquad (1-25)$$

稠度可采用直接法和间接法测定。直接法按烘干法测定原状土的天然含水量，用稠度公式计算土的天然稠度。间接法用联合测定仪测定天然结构土体的锥入深度，并用联合测定结果确定土的天然稠度。详见 JTG E40—2007《公路土工试验规程》。

1.3.1.2　塑性（plasticity）和塑性指数（plasticity index）

在黏性土的部分土中，会出现这种现象：①在外力作用下，扩散层极性水分子的定向排列受到破坏，

引力受到干扰，致使黏性降低，土体形状发生改变；②静置后，在内部引力作用下，被打乱了的极性水分子逐渐重新定向排列，使黏性又得到恢复，在改变形状后的基础上恢复，并且形状得以保持。从宏观上看就是土在外力作用下，可以塑成任意形状而不产生裂缝（保持材料的连续性），外力解除后能保持变形后的形状而不恢复原状（不回弹也不坍塌）。这种性质就称为塑性。

塑性的基本特征：①物体在外力作用下，可被塑成任何形态，而整体性不破坏，即不产生裂隙；②外力除去后，物体能保持变形后的形态，而不恢复原状。

有的物体是在一定的温度条件下具有塑性；有的物体在一定的压力条件下具有塑性；而黏性土则是在一定的湿度条件下具有塑性。当然，土的塑性性质要在一定的含水量下才能表现出来。

黏性土具有塑性，砂土没有塑性，故黏性土又称塑性土，砂土又称非塑性土。

黏性土中含水量在液限与塑限两个稠度界限之间时，土处于可塑状态，具有可塑性，这是黏性土的独特性能。由于黏性土的可塑性是含水量界于液限与塑限之间表现出来的，故可塑性的强弱可由这两个稠度界限的差值（省去百分号）大小来反映，这差值称为塑性指数 I_P(plasticity index)，即

$$I_P = w_L - w_P \tag{1-26}$$

塑性指数表示黏性土具有可塑性的含水量变化范围，实际应用中，常将界限含水量的百分符号省去。

从土中水的特点知道：强结合水影响土的固态，弱结合水影响土的塑态，自由水影响土的流动，而这3种水的含量多少，都影响含水量的大小。假设条件具备时，保持土始终不流动（只是结合水含量变化）。这时结合水含量提高，引起含水量升高（但保持可塑状态不变），这意味液限值增大（即塑态界限放宽），这实际上也就是说 I_P 的大小反映土含结合水的能力。

塑性指数数值越大，意味着黏性土处于可塑态的含水量变化范围越大，表明土能吸附结合水越多，并仍处于可塑状态，土的塑性越强；并且说明土中弱结合水膜（扩散层）厚度越大，土中黏粒含量越多（比表面积越大），且含亲水性强的矿物成分越多，土的保水能力强。所以在工程实际中直接按塑性指数大小对一般黏性土进行分类，并作为黏性土与粉土的定名标准。

注意：I_P 指可塑状态的变化范围（表明土的含结合水能力，故可以用 I_P 对土进行分类），I_L 指土所处的软硬状态（故以 I_L 大小来判定黏性土的状态）。含水量对黏性土的状态有很大影响，但对于不同的土，既使具有相同的含水量，也未必处于同样的状态。因为含不同黏土矿物的土在同一含水量下会显出不同的稠度。

【塑性指数和液性指数与土中有多少水有关吗】

由于 I_P 和 I_L 都是用扰动土进行测定的，而天然土一般在自重作用下已有很长的历史，它获得了一定的结构，以致即使 $w>w_L$ 也未必发生流动。$w>w_L$ 只是意味着若土的结构遭到破坏，它将转变为黏滞泥浆。因此用 I_L 判断扰动土的软硬状态合适，而用于原状土则偏于保守了。

【例1.4】 从某地基取原状土样，测得土的液限为37.4%，塑限为23.0%，天然含水量为26.0%，问地基土处于何种状态？

解：

已知：$w_L = 37.4\%$ $w_P = 23.0\%$ $w = 26.0\%$

$$I_P = w_L - w_P = 37.4 - 23 = 14.4$$

$$I_L = \frac{w - w_P}{I_P} = \frac{26 - 23}{14.4} = 0.21$$

因为 $0 < I_L \leqslant 0.25$，所以该地基土处于硬塑状态。

1.3.1.3 影响黏性土可塑性的因素

黏性土可塑性强弱主要取决于粒间弱结合水膜厚度的大小，那么影响弱结合水膜（扩散层）厚度的因素主要是土的成分及孔隙水溶液的性质。土的成分包括土的颗粒级配、矿物成分及交换阳离子成分；孔隙水溶液的性质是指化学成分、浓度及 pH 值。因此，黏性土的可塑性强弱也受到这些因素的影响。

1. 矿物成分

(1) 土的矿物成分不同，其晶格构造各异，对水的结合程度不一样，如蒙脱石具有较大的可塑性。

(2) 矿物成分决定着颗粒的形状与分散程度。只有片状结构的矿物破坏后才表现出可塑性，如黑云母、绿泥石、高岭石等。

(3) 颗粒带电性强、矿物带的不平衡电荷多，吸水性就大，结合水含量也就会提高。

2. 有机质含量

表层土含有机质较多，因有机质的分散度较高，颗粒很细，比表面积大，当有机质含量高时，无论液限值或塑限值均较高。

3. 离子成分和浓度

土中的可溶盐类溶于水后，改变了水溶液的离子成分和浓度，从而影响扩散层厚度的变化，导致土的可塑性的增强或减弱。土粒表面电荷量不变时，若阳离子价高、阳离子浓度提高，平衡负电所需离子越少、双电层越薄，越会致使结合水含量下降。

4. 粒度成分

粒度成分主要取决于土中黏粒含量的多少。颗粒越细，黏粒含量越多，土的比表面越大、分散程度越高，则可能的结合水含量提高，土具有较大的可塑性。

5. 孔隙溶液的化学成分、浓度和 pH 值

它们对可塑性的影响，是通过 ζ 电位、扩散层的厚度的影响表现出来的。一般来说 ζ 增大，厚度增大，黏性土的可塑性增强。

从上述几方面发生变化后的影响情况，表明 I_P 的大小综合反映了影响黏性土的各种重要因素。因此，GB 50007—2011《建筑地基基础设计规范》就用 I_P 的大小来对黏性土进行分类。

1.3.1.4 黏性土的活性指数(活动度)

黏性土的黏性和可塑性被认为是由颗粒表面的吸着水引起的。因此，塑性指数的大小在一定程度上反映了颗粒吸附水能力的强弱。

斯开普顿(Skempton)通过试验发现：对给定的土，其塑性指数与小于 0.002mm 颗粒的含量成正比，并建议用活性指标来衡量土内黏土矿物吸附水的能力。

其定义为

$$A = \frac{I_P}{\text{粒径小于 0.002mm 颗粒的含量百分比}} \tag{1-27}$$

式中 A——活性指数或亲水性指数。

I_P 是一个综合性的分类指标，它反映的是土中许多因素综合后的结果。有时，两种性质完全不同的土，但不同的各方面综合效应后，塑性指数 I_P 可能很接近，以致无法区别开。活性指数反映黏性土中所含矿物的活动性。活性黏土的矿物成分以吸水能力很强的蒙脱石等矿物为主；而非活性黏土中的矿物成分，则以高岭石等吸水能力较差的矿物为主。

活动性高说明虽然土中黏粒含量较少，但仍有很强的活动能力。它可以在一定程度上解决上述问题。

根据活性指数的大小，把黏性土分为：

非活性黏土 $A < 0.75$

正常黏土 $A = 0.75 \sim 1.25$

活性黏土 $A > 1.25$

1.3.1.5 灵敏度(S_t)

天然状态下的黏性土，由于地质历史作用常具有一定的结构性。当土体受到外力扰动作用，其结构遭受破坏时，土的强度降低、压缩性增高，即体现出土的结构性。工程上常用灵敏度来衡量黏性土结构性对强度的影响。

黏性土的原状土无侧限抗压强度（单轴抗压强度）与原土结构完全破坏的重塑土（黏性土经过完全扰动且含水量不变的土）的无侧限抗压强度的比值，称为灵敏度 S_t，灵敏度反映黏性土结构性的强弱，即

$$S_t = \frac{q_u}{q_0} \qquad (1-28)$$

式中　S_t——黏性土的灵敏度；

q_u——原状土的无侧限抗压强度(kPa)；

q_0——与原状土密度、含水量相同，结构完全破坏的重塑土的无侧限抗压强度(kPa)。

对于软土，灵敏度分为下列几类：

$S_t \leqslant 1$，不灵敏　　　　　$S_t = 4 \sim 8$，灵敏

$S_t = 1 \sim 2$，低灵敏　　　　$S_t = 8 \sim 16$，很灵敏

$S_t = 2 \sim 4$，中等灵敏　　　$S_t > 16$，流动

灵敏度越高的土，其结构性越高，受扰动后土的强度降低就越多，施工时应特别注意保护基槽，防止人为践踏基槽，使结构受到扰动，从而降低地基强度。

1.3.1.6 触变性

与结构性相反的是土的触变性。当黏性土结构受扰动时，结构产生破坏，土的强度降低。但静置一段时间，土的强度又逐渐增长，这种性质称为土的触变性。也可以说土的结构逐步恢复而导致强度的恢复。这是由于土粒、离子和水分子体系随时间而趋于新的平衡状态之故。

例如，打桩时会使周围土体的结构扰动，使黏性土的强度降低。而打桩停止后，土的强度会部分恢复，所以打桩时要连续作业，避免土体强度恢复造成后续沉桩困难，这就是受土的触变性影响的结果。

1.3.2　黏性土的胀缩性及崩解性

1.3.2.1　黏性土的胀缩性

黏性土由于含水量的增加而发生体积增大的性能称膨胀性，由于土中水分蒸发而引起体积减小的性能称收缩性，两者统称胀缩性。黏性土的膨胀性和收缩性对基坑、边坡、坑道及地基土的稳定性有着很重要的意义。

1. 膨胀性(expansibility)

一般认为引起土体膨胀的原因主要有以下几方面：黏粒的水化作用、黏性表面双电层的形成、扩散层增厚等因素。

土体膨胀大致分两个阶段：第一阶段，干黏粒表面吸附单层水分子，形成"晶层间膨胀"或"粒间膨胀"；第二阶段，由于双电层的形成，使黏粒或晶层进一步推开，形成"渗透膨胀"。

黏性土的膨胀性常用下列指标表示。

(1)膨胀率 e_p：原状土样膨胀后体积的增量与原体积之比，以百分数表示，即

$$e_p = \frac{\Delta V}{V_0} = \frac{V - V_0}{V_0} \times 100\%$$

常用线膨胀率为

$$e_p = \frac{h - h_0}{h_0} \times 100\%$$ (1-29)

式中 h_0——土样原来的高度(cm);

h——土样膨胀稳定后的高度(cm)。

e_p 直接以小数表示时,称为膨胀系数。

(2)膨胀力 P_p:土样膨胀时产生的最大压力值,即

$$P_p = 10 \times \frac{W}{A}$$ (1-30)

式中 W——施加在试样上的总平衡荷载(N);

A——试件面积(cm^2)。

(3)膨胀含水量 w_{sl}:土样膨胀稳定后的含水量,此时扩散层已达到最大厚度,结合水含量增至极限状态,即

$$w_{sl} = \frac{m_{sl}}{m_s} \times 100\%$$ (1-31)

式中 m_{sl}——土样膨胀稳定后土中水的质量(g);

m_s——干土样的质量(g)。

(4)自由膨胀率 F_s:一定体积的扰动风干土样体积之增量与原体积之比,以百分数表示,即

$$F_s = \frac{V - V_0}{V_0} \times 100\%$$ (1-32)

式中 V_0——烘干土的原始体积;

V——膨胀变形稳定后的体积。

2. 收缩性(shrinkage)

黏性土的收缩性是由于水分蒸发引起的。其收缩过程可分为两个阶段:第一阶段(AB)表示了土体积的缩小与含水量的减小成正比,呈直线关系;土之减小的体积等于水分散失的体积。第二阶段(BC)表示了土体积的缩小与含水量的减少呈曲线关系。土体积的减少量小于失水体积,随着含水量的减少,土体积收缩越来越慢。

若将体积变化与失水体积呈直线部分外推延长至 Y 轴,那么 CE 为空气所占的孔隙容积;EO 为固体颗粒的体积,由 C 点引水平线交 AB 的延长线于 D,则 D 点的含水量即为收缩限 W_s。

当土中含水量小于收缩限 W_s 时,土体积收缩极小;随着含水量的增加,土体积增大,当含水量大于液限时,土体坍塌。所以液限与缩限为土与水相互作用后,土体积随含水量变化之上、下限,以缩性指数 I_s 表示,即

$$I_s = w_L - w_s$$ (1-33)

表征黏性土的收缩性指标有以下几个。

(1)体缩率 e_s:试样收缩减小的体积与收缩前体积的比值,以百分数表示,即

$$e_s = \frac{V_0 - V}{V_0} \times 100\%$$ (1-34)

式中 V_0——收缩前的体积(cm^3);

V——收缩后的体积(cm^3)。

(2)线缩率 e_{sl}:试样收缩后的高度减小量与原高度之比,以百分数表示,即

$$e_{sl} = \frac{l_0 - l}{l_0} \times 100\%$$

(1-35)

式中 l_0——试样原始高度（cm）；

l——试样经收缩后的高度（cm）。

（3）缩限、收缩系数：可用作图法求得。

1.3.2.2 黏性土的崩解性（slaking）

崩解性定义：黏性土由于浸水而发生崩解散体的特性称为崩解性。

黏性土的崩解形式是多种多样的：有的是均匀的散粒状，有的是鳞片状、碎块状或崩裂状等。

崩解现象是由于土水化，使颗粒间联结减弱及部分胶结物溶解而引起的，是表征土的抗水性的指标。

1. 崩解性指标

评价黏性土的崩解性一般采用3个指标：崩解时间（一定体积的土样完全崩解所需的时间）、崩解特征（土样在崩解过程的各种现象，即出现的崩解形式）、崩解速度（土样在崩解过程中质量的损失与原土样质量之比及与时间的关系）。

2. 土崩解性的影响因素

土崩解性的主要影响因素有：物质成分（矿物成分、粒度成分及交换阳离子成分）、土的结构特征（结构连接）、含水量、水溶解的成分及浓度。

一般来说，土的崩解性在很大程度上与原始含水量有关。干土或未饱和土比饱和土崩解得要快得多。

1.4 土的击实性

在建造路堤、土坝等填土工程时，需要了解土的击实性。把土作为材料，采用一定的压实功能和方法，将具有一定级配和含水量的松土压实到具有一定强度的土层。把土压实，土粒子间的孔隙减小、孔隙比减小、土的密度增大。其结果是，在荷载作用下的沉降量减少，土的强度得到提高，透水性降低，土的力学性质得到改善。所以，在建筑、公路、铁路、堤防、填海造田等的填土工程及土坝的筑造等工程中，土方的压实是一个重要的课题。

研究土的击实性（压实性）具有实际意义，土工建筑物，如土坝、土堤及公路填方是用土作为建筑材料而成的。为了保证填料有足够的强度，较小的压缩性和透水性，在施工时常常需要压实，以提高填土的密实度（工程上以干密度表示）和均匀性。

研究土的填筑特性常用现场填筑试验和室内击实试验两种方法。前者是在现场选一试验地段，按设计要求和施工方法进行填土，并同时进行有关测试工作，以查明填筑条件（如土料、堆填方法、压实机械）和填筑效果（如土的密实度）的关系。

1.4.1 土的击实性及其本质

土的击实是指用重复性的冲击动荷载将土压密。研究土的击实性的目的在于揭示击实作用下土的干密度、含水量和击实功三者之间的关系和基本规律，从而选定适合工程需要和最小击实功。土的击实性可以通过击实试验测定。

室内击实试验是近似地模拟现场填筑情况，是一种半经验性的试验。击实试验是把某一含水量的土料填入击实筒内，用击锤按规定落距对土打击一定的次数（图1.44）。试验时，先把过5mm筛的土样3～3.5kg，加水润湿至预计的制备含水量，并充分拌和，然后分3层装入击实筒中；第一层虚土装至2/3筒高，击实至

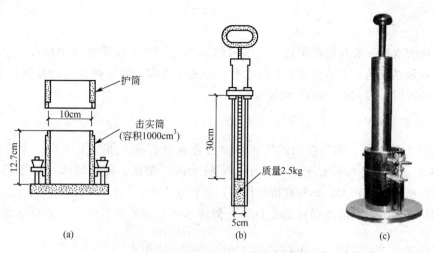

图 1.44 实验室击实试验装置

1/3 处；第二层装至筒高，击实至 2/3 处；第三层先装上套筒，装土至与套筒相平，击实后将土削平；然后称出土样质量并测定其含水量。每次击实功能规定为：锤质量 2.5kg，落距 30cm；砂土击 20 次；黏质粉土击 25 次；粉质黏土击 40 次；黏土击 40 次以上。至少取 4 个以上不同含水量的土样重复试验。

用一定的击实功击实土，测其含水量和干密度的关系曲线，即为击实曲线。击实曲线是一条干密度与含水量的关系曲线，如图 1.45 所示。

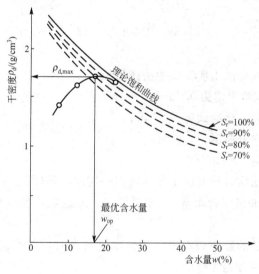

图 1.45 击实曲线和最优含水量

在击实曲线上可找到某一峰值，称为最大干密度 $\rho_{d,max}$，与之相对应的含水量，称为最优含水量 w_{op}。它表示在一定击实功作用下，达到最大干密度的含水量。即当击实土料为最优含水量时，压实效果最好。所以，应事先求出填土的最优含水量，当现场土的天然含水量比最优含水量小的时候，施工时可以边洒水边碾压，并尽量控制填土含水量在最优含水量的附近压实。但是，当现场的天然含水量比最优含水量大的时候，因为没有那样的大型干燥机，在现场要使填土干燥实际上是比较困难的。

试验证明，最优含水量 w_{op} 约与 w_P 相近，大约为 $w_{op}=w_P+2\%$。根据工程经验，在工地现场要判别土料是否在最优含水量附近时，可按下述方法：用手抓起一把土，握紧后松开，如土成团一点都不散开，说明土太潮湿；如土完全散开，说明土太干燥；如土部分散开，中间部分成团，说明土料含水量在最优含水量附近。

1. 黏性土的击实性

黏性土的最优含水量一般在塑限附近，为液限的 $55\%\sim65\%$。在最优含水量时，土粒周围的结合水膜厚度适中，土粒联结较弱，又不存在多余的水分，故易于击实，使土粒靠拢而排列的最密。实践证明，土被击实到最佳情况时，饱和度一般在 80% 左右。

2. 无黏性土的击实性

无黏性土情况有些不同。无黏性土的压实性也与含水量有关，不过不存在一个最优含水量。一般在完全干燥或者充分洒水饱和的情况下容易压实到较大的干密度；潮湿状态，由于具有微弱的毛细水联结，土粒间移动所受阻力较大，不易被挤紧压实，干密度不大。

无黏性土的压实标准，一般用相对密度 D_r。一般要求砂土压实至 $D_r>0.67$，即达到密实状态。

1.4.2　影响土的击实性的主要因素

影响土击实性的因素除含水量的影响外，还与击实功能、土质情况（矿物成分和粒度成分）、所处状态、击实条件以及土的种类和级配等有关。

1.4.2.1　击实功能的影响

击实功能是指击实每单位体积土所消耗的能量，击实试验中的击实功能用下式表示：

$$N=\frac{W\cdot d\cdot n\cdot m}{V} \tag{1-36}$$

式中　W——击锤质量(kg)，在标准击实试验中击锤质量为 2.5kg；

　　　d——落距(m)，击实试验中定为 0.30m；

　　　n——每层土的击实次数，标准试验为 27 击；

　　　m——铺土层数，试验中分 3 层；

　　　V——击实筒的体积，为 $1\times10^{-3}m^3$。

同一种土，用不同的功能击实，得到的击实曲线有一定的差异(图 1.46)。

(1)土的最大干密度 $\rho_{d,max}$ 和最优含水量 w_{op} 不是常量；$\rho_{d,max}$ 随击数的增加而逐渐增大，而 w_{op} 则随击数的增加而逐渐减小。

(2)当含水量较低时，击数的影响较明显；当含水量较高时，含水量与干密度关系曲线趋近于饱和线，也就是说，这时提高击实功能是无效的。

1.4.2.2　土的类型和级配的影响

填土中所含的细粒越多(即黏土矿物越多)，则最优含水量越大，最大干密度越小。

沙质土的土颗粒大，比表面积小，所以最优含水量小，在很少的水分下就可以击实，击实曲线很陡。反之，黏性土土颗粒小，比表面积大，所以最优含水量大，对水的效果不敏感，击实曲线平缓。并且，黏性土的孔隙比砂土的大，通常干密度小，如图 1.47 所示。

有机质对土的击实效果有不好的影响。因为有机质亲水性强，不易将土击实到较大的干密度，且能使土质恶化。

在同类土中，土的颗粒级配对土的击实效果影响很大，颗粒级配不均匀的容易击实，均匀的不易击实。这是因为级配均匀的土中较粗颗粒形成的孔隙很少有细颗粒去充填。

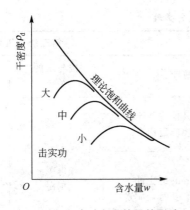

图 1.46 击实功对击实效果的影响

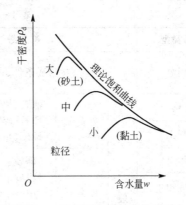

图 1.47 粒径对击实效果的影响

1.5 土的工程分类和特殊土的工程地质特征

土的工程分类是岩土工程学中重要的基础理论课题。对种类繁多、性质各异的土，按一定的原则进行分门别类，给出合适的名称，可以概略评价土的工程性质。

国内外各种土的工程分类方案很多，不同的部门或研究问题的出发点不同时，土的分类也不尽相同。但都是按一定的原则，将客观存在的各种土划分为若干不同的类型。基本原则是所划分的土类能反映土性质的变化规律。

土的工程地质分类，按其具体内容和适用范围，可以概括地分为3种基本类型：一般性分类（比较全面的综合性分类）、局部性分类（仅根据一个或较少的几个专门指标，或仅对部分土进行分类）、专门性分类（根据某些工程部门的具体需要而进行的分类）。

土的工程地质分类的一般原则和形式如下。

在充分认识土的不同特殊性的基础上归纳其共性，将客观存在的各种土划分为若干不同的类或组。

（1）常将成因和形成年代作为最粗略的第一级分类标准，即所谓地质成因分类。如 Q_3 湖积土、Q_4 冲积土等。这种分类可作为编制一般小比例尺概略图划分土类之用，为规划阶段制定规划方案，以说明区域工程地质条件。

（2）将反映土的成分（粒度成分和矿物成分）和与水相互作用的关系特征作为第二级分类标准，即所谓的土质分类。主要考虑土的物质组成（颗粒级配和矿物成分）及其与水相互作用的特点（塑性指标），按土的形成条件和内部联结，将土划分为最常见的"一般土"，以及由于一定形成条件而具有特殊成分和结构，表现出特殊性质的"特殊土"。土质分类可初步了解土的特性及其对工程建筑的适宜性以及可能出现的问题。这种分类可作为大中比例尺工程地质图划分之用。

（3）为了进一步研究土的结构及其所处状态和土的指标变化特征，更好地提供工程设计施工所需要的资料，必须进一步进行第三级分类，即工程建筑分类。主要考虑与水作用的特点（饱和状态、稠度状态、胀缩性、湿陷性等）、土的密实度或压缩固结特点将土进行详细的划分。这些划分必须测得土的专门性试验指标。在实际工程中，这种分类大多体现在对土层的描述与评价中。

上述3种土的工程地质分类中（表1-6），第二级土质分类是土分类的最基本形式，考虑了决定土的工程地质性质的最本质因素，即土的颗粒级配与塑性特性，在实际中应用较广。第一级和第三级分类经常联合运用于土的综合定名，如 GB 50021—2001《岩土工程勘察规范（2009 版）》中规定：对特殊成因和年代的土类尚应结合其成因和年代特征定名，如新近堆积砂质粉土、残坡积碎石土等。对特殊性土，尚应结合颗粒级配或塑性指数综合定名，如淤泥质黏土、弱盐渍砂质粉土、碎石素填土等。

表 1-6 土的工程分类表

第一级 成因类型		第二级 土质类型			第三级 工程建筑类型	
按地质成因划分		按形成条件、颗粒级配或塑性			按与水的关系	按密实度或压缩性
风化残积土	土壤	一般土	碎石土	漂石(块石)、卵石(碎石)、圆砾(角砾) 如含有其他主要土类，应冠以相应定语	饱和 很湿 稍湿	密实 中密 稍密 松散
	残积土					
重力堆积土	坠积土		砂类土	砾砂、粗砂、中砂、细砂、粉砂 当小于0.075mm的土的塑性指数大于10时，应冠以"含黏性土"定语		
	崩塌堆积土					
	滑坡堆积土					
地表流水沉积土	坡积土		粉土	粉土：砂质粉土，黏质粉土	坚硬 硬塑 可塑 流塑 软塑	高压缩性 中压缩性 低压缩性
	洪积土		黏性土	粉质黏土、黏土		
	冲积土		淤泥类土(有机土)	淤泥质土：淤泥质粉土(粉质黏土)，淤泥质黏土，$e=1.0\sim1.5$，$W>W_L$		高灵敏度 中灵敏度 低灵敏度
静水沉积土	湖积土			(典型)淤泥：$e>1.5$，$W>W_L$		
	沼泽土			泥炭：有机质含量大于60%		
海洋沉积土	泻湖沉积土	特殊土	红黏土		同上	
	滨海沉积土		黄土	黄土状土：黄土状粉土(粉质黏土)，黄土状黏土	按湿陷性：非湿陷性、轻湿陷性、中湿陷性、强湿陷性	自重湿陷 非自重湿陷
	浅海沉积土					
	深海沉积土			(典型)黄土		
冰川堆积土	冰积土		盐渍土	氯盐盐渍土、硫酸盐盐渍土、碳酸盐盐渍土	按含盐数量：弱盐渍土、中等盐渍土、强盐渍土、超盐渍土	
	冰水沉积土					
风力堆积土	风积土		膨胀土	自由膨胀率≥40%的黏性土属膨胀土	按膨胀性：弱膨胀性、中膨胀性、强膨胀性	
人工堆积土	人工土		人工填土	素填土：天然土经人类扰动堆积形成 冲填土：人工水力冲填泥沙形成 杂填土：垃圾或工业固体废料堆积形成		按密实度(粗粒土) 按压缩性(细粒土)
			冻土	季节冻土、瞬时冻土、多年冻土：砾质、砂质、黏质	按冻胀性：非冻胀土、弱冻胀土、中冻胀土、强冻胀土	

土的工程地质分类及物理状态

国内外的土质分类方案很多，归纳起来有 3 种不同体系：①按颗粒级配分类；②按塑性指标分类；③综合考虑级配和塑性的影响分类。

1.5.1.1　按地质成因分类

土按地质成因可分为：残积、坡积、洪积、冲积、冰积、风积等类型。在岩土工程勘察中，也经常用到时代成因分类。如《岩土工程勘察规范(2009 版)》将土按堆积年代划分为 3 类。

(1) 老沉积土，第四纪更新世 Q_3 及其以前堆积的土层，一般具有较高的强度和较低的压缩性。

(2) 一般沉积土，第四纪全新世(文化期以前 Q_4)堆积的土层。

(3) 新近沉积土，全新世以后、文化期以来 Q_4 新近堆积的土层，一般呈欠固结状态。

1.5.1.2　按土质分类

影响土的工程性质的 3 个主要因素是土的三相组成、土的物理状态和土的结构。在这三者中，起主要作用的无疑是三相组成。

在三相组成中，关键是土的固体颗粒，首先是颗粒的粗细。按实践经验，工程上以土中粒径 $d > 0.075\text{mm}$(有的规范用 0.1mm)的质量占全部土粒质量的 50% 作为第一个分类的界限，大于 50% 的称为粗粒土，小于 50% 的称为细粒土。

粗粒土的工程性质主要取决于土的颗粒级配，故粗粒土按其颗粒级配再分成细类。

细粒土的工程性质不仅取决于其颗粒级配，而且还与土的矿物成分和形状均有密切关系。直接量测和鉴定土的矿物成分和形状(反映比表面积大小)均较困难，但是它们直接综合表现为土的吸附结合水的能力。因此，目前国内外的各种规范中多用吸附结合水的能力作为细粒土的分类标准。反映土吸附结合水能力的特性指标有液限、塑限或塑性指数。塑性指数 I_P 与液限 w_L 与土的工程性质关系密切，规律性更强。因此国内外对细粒土的分类多用 I_P 或 $w_L + I_P$ 作为分类标准。下面主要介绍我国水利部与住房和城乡建设部颁布的两种应用较广的土质分类。

　1. 我国住房和城乡建设部的土质分类及物理状态标准

《建筑地基基础设计规范》中，作为建筑地基的岩土，可分为岩石、碎石土、砂土、粉土、黏性土和人工填土。

　1) 岩石

岩石指颗粒间牢固联结，呈整体或具有节理裂隙，尚未变成松散颗粒的岩体。作为建筑物地基，除应确定岩石的地质名称外，尚应划分其坚硬程度和完整程度。

(1) 按岩石的坚硬程度。岩石根据岩块的饱和和单轴抗压强度 f_{rk}(未风化岩石的饱和强度)按表 1-7 分为坚硬岩、较硬岩、较软岩、软岩和极软岩。当缺乏饱和单轴抗压强度资料或不能进行该项试验时，可在现场通过观察定性划分，划分标准可按《建筑地基基础设计规范》附录 A.0.1 执行。

表 1-7　岩石坚硬程度的划分

坚硬程度类别	坚硬岩	较硬岩	较软岩	软岩	极软岩
饱和单轴抗压强度标准值 f_{rk}/MPa	$f_{rk} > 60$	$60 \geqslant f_{rk} > 30$	$30 \geqslant f_{rk} > 15$	$15 \geqslant f_{rk} > 5$	$f_{rk} \leqslant 5$
示例	花岗岩	页岩、黏土岩			

(2) 按岩石的风化程度。

① 微风化：岩质新鲜，表面稍有风化迹象。

② 中等风化：结构和构造层理清晰，岩体被节理、裂隙分割成块状，裂隙中填充少量风化物。锤击声脆，且不易击碎，用镐难挖掘。

③ 强风化：结构和构造层理不甚清晰，矿物成分已显著变化。岩体被节理、裂隙分割成碎石状，碎石用手可以折断，用镐可以挖掘。

微风化的硬质岩石为最优良地基，强风化的软质岩石工程性质差，地基承载力低于一般卵石地基承载力。

（3）按岩体完整程度：岩体按表 1-8 划分为完整、较完整、较破碎、破碎和极破碎。当缺乏试验数据时，可按《建筑地基基础设计规范》附录 A.0.2 执行。

表 1-8　岩体完整程度划分

完整程度等级	完整	较完整	较破碎	破碎	极破碎
完整性指数	>0.75	0.75~0.55	0.55~0.35	0.35~0.15	<0.15

注：完整性指数为岩体纵波波速与岩块纵波波速之比的平方。选定岩体、岩块测定波速时应有代表性。

2）碎石土

碎石土为粒径大于 2mm 的颗粒含量超过全重 50% 的土。碎石土根据土的粒径级配中各粒组的含量和颗粒形状两者进行分类定名，可按表 1-9 分为漂石、块石、卵石、碎石、圆砾和角砾。

表 1-9　碎石土的分类

土的名称	颗粒形状	粒组含量
漂石	圆形及亚圆形为主	粒径大于 200mm 的颗粒含量超过 50%
块石	棱角形为主	
卵石	圆形及亚圆形为主	粒径大于 20mm 的颗粒含量超过 50%
碎石	棱角形为主	
圆砾	圆形及亚圆形为主	粒径大于 2mm 的颗粒含量超过 50%
角砾	棱角形为主	

注：分类时应根据粒组含量栏从上到下以最先符合者确定。

碎石土的密实度，可按表 1-10 分为松散、稍密、中密和密实。

表 1-10　碎石土的密实度

重型圆锥动力触探锤击数 $N_{63.5}$	密实度	重型圆锥动力触探锤击数 $N_{63.5}$	密实度
$N_{63.5} \leq 5$	松散	$10 < N_{63.5} \leq 20$	中密
$5 < N_{63.5} \leq 10$	稍密	$N_{63.5} > 20$	密实

注：1. 本表适用于平均粒径小于或等于 50mm 且最大粒径不超过 100mm 的卵石、碎石、圆砾、角砾。对于平均粒径大于 50mm 或最大粒径大于 100mm 的碎石，可按《建筑地基基础设计规范》附录 B 鉴别其密实度。

2. 表内 $N_{63.5}$ 为经综合修正后的平均值。

（1）密实碎石土：骨架颗粒含量大于总重的 70%，呈交错排列，连续接触。锹镐挖掘困难，钻进极困难。这种土为优等地基。

（2）中密实碎石土：骨架颗粒含量为总重的 60%~70%，呈交错排列，大部分接触。锹镐可挖掘，钻进较困难。这种土为优良地基。

（3）稍密碎石土：骨架颗粒含量小于总重的 60%，排列混乱，大部分不接触。锹镐可以挖掘，钻进较容易。这种土为良好地基。

常见的碎石土，强度大，压缩性小，渗透性大，为优良地基。

3) 砂土

砂土为粒径大于2mm的颗粒含量不超过全重50%，且粒径大于0.075mm的颗粒超过全重50%的土。砂土可按表1-11分为砾砂、粗砂、中砂、细砂和粉砂。

表1-11 砂土的分类

土 的 名 称	粒 组 含 量
砾　　砂	粒径大于2mm的颗粒含量占全重25%～50%
粗　　砂	粒径大于0.5mm的颗粒含量超过全重50%
中　　砂	粒径大于0.25mm的颗粒含量超过全重50%
细　　砂	粒径大于0.0075mm的颗粒含量超过全重85%
粉　　砂	粒径大于0.0075mm的颗粒含量超过全重50%

注：分类时应根据粒组含量栏从上到下以最先符合者确定。

【例1.5】 某土样经筛分结果见表1-12，试定该土样的名称。

表1-12 土样筛分结果

粒径/mm	>20	20～10	10～5	5～2	2～0.5	0.5～0.25	0.25～0.075	<0.075
占总土重百分数	9%	2%	2%	7%	41%	21%	11%	7%

解：

先区分大类，再判断亚类，即

$d>20$mm的颗粒重占土总重的9%

$d>10$mm的颗粒重占土总重的$(9+2)\%=11\%$

$d>5$mm的颗粒重占土总重的$(9+2+2)\%=13\%$

$d>2$mm的颗粒重占土总重的$(13+7)\%=20\%$

则$d>2$mm的颗粒重占土总重不到50%，故尚不能定为碎石类土。而$d>0.5$mm的颗粒重占土总重的$(20+41)\%=61\%$，超过50%，显然是砂类土。同时由表1-11可判断出它为粗砂(注意表中注)。

砂土的密实度，可按表1-13分为松散、稍密、中密和密实。

表1-13 砂土的密实度

标准贯入试验锤击数 N	密实度	标准贯入试验锤击数 N	密实度
$N\leq10$	松散	$15<N\leq30$	中密
$10<N\leq15$	稍密	$N>30$	密实

注：当用静力触探探头阻力判定砂土的密实度时，可根据当地经验确定。

(1) 密实与中密状态的砾砂、粗砂、中砂为优良地基；稍密状态的砾砂、粗砂、中砂为良好地基。

(2) 粉砂与细砂要具体分析：密实状态时为良好地基，饱和疏松状态时为不良地基。

碎石类土和砂类土称为无黏性土。无黏性土的工程性质除取决于颗粒粒径及其级配外，密实度状态也是反映这类土工程性质的主要指标。呈密实状态时，强度较大，是良好的天然地基；呈松散状态则是一种软弱地基。尤其是饱和的粉细砂，稳定性很差，容易产生流砂，在振动荷载作用下可能会发生液化。

4) 黏性土

黏性土为塑性指数I_P大于10的土。可按表1-14分为黏土、粉质黏土。

表1-14 黏性土按塑性指数的分类

塑性指数 I_P	土 的 名 称	塑性指数 I_P	土 的 名 称
$I_P>17$	黏土	$10<I_P\leq17$	粉质黏土

注：塑性指数由相应于76g圆锥体沉入土样中深度为10mm时测定的液限计算而得。

经研究表明，黏性土按塑性指数分类比按颗粒级配分类更能反映实际土体的工程特性，因为对于黏性土，其性质不仅与颗粒级配有关，而且还与黏粒的形状、黏粒的亲水性强弱有关，而塑性指数综合反映了黏粒的含量及其亲水性。

黏性土的工程性质与其含水量大小密切相关。密实硬塑状态的黏性土为优良地基；疏松流塑状态的黏性土为软弱地基。

（1）按工程特性分类。具有一定分布区域或工程意义上具有特殊成分、状态和结构特征的土称为特殊性土，根据工程特性分为：湿陷性土、红黏土、软土（包括淤泥和淤泥质土）、多年冻土、膨胀土、盐渍土、混合土、填土、污染土。

（2）根据有机质含量分类，见表1-15。

表1-15 黏性土按有机质含量的分类

分类名称	有机物含量 Q	分类名称	有机物含量 Q
无机土	$Q<5\%$	泥炭质土	$10\%<Q\leq60\%$
有机质土	$5\%\leq Q\leq10\%$	泥炭	$Q>60\%$

黏性土的稠度状态，可按表1-16分为坚硬、硬塑、可塑、软塑、流塑。

表1-16 黏性土的状态

液性指数 I_L	状态	液性指数 I_L	状态
$I_L\leq0$	坚硬	$0.75<I_L\leq1$	软塑
$0<I_L\leq0.25$	硬塑	$I_L>1$	流塑
$0.25<I_L\leq0.75$	可塑		

注：当用静力触探探头阻力或标准贯入试验判定黏性土的状态时，可根据当地经验确定。

5）粉土

粉土为介于砂土与黏性土之间，塑性指标 $I_P\leq10$ 且粒径大于 0.075mm 的颗粒含量不超过全重50%的土，见表1-17。

表1-17 粉土按级配的分类

土的名称	颗粒级配
砂质粉土	粒径小于 0.005mm 的颗粒含量不超过全重10%
黏质粉土	粒径小于 0.005mm 的颗粒含量超过全重10%

粉土的密实度以孔隙比 e 为划分标准：$e>0.90$ 为稍密；$0.90\geq e\geq0.75$ 为中密；$e<0.75$ 为密实。密实的粉土为良好地基；饱和稍密的粉土，地震时易产生液化，为不良地基。

6）人工填土

由人类活动堆填形成的各类土称为人工填土。

（1）按人工填土的组成物质分类。

① 素填土：由碎石土、砂土、粉土、黏性土等组成的填土。经过压实或夯实的素填土为压实填土。

② 杂填土：含有建筑垃圾、工业废料、生活垃圾等杂物的填土。

③ 冲填土：由水力冲填泥沙形成的填土。

（2）按人工填土的堆积年代分类。

① 老填土：黏性土填筑时间超过10年，粉土填筑时间超过5年的，称为老填土。

② 新填土：黏性土填筑时间小于10年，粉土填筑时间少于5年的，称为新填土。

通常人工填土的工程性质不良，强度低，压缩性大且不均匀。其中，压实填土相对较好；杂填土因成分复杂，平面与立面分布很不均匀、无规律，工程性质最差。

2. 我国原建设部的土质分类标准

我国原建设部发布的 GB/T 50145—2007《土的工程分类标准》将土分为巨粒土、粗粒土和细粒土三个大类，并应符合下列分类规定。

① 巨粒类土应按粒组划分。

② 粗粒类土应按粒组、级配、细粒土含量划分。

③ 细粒类土应按塑性图、所含粗粒类别以及有机质含量划分。

土的工程分类体系如图 1.48 所示。

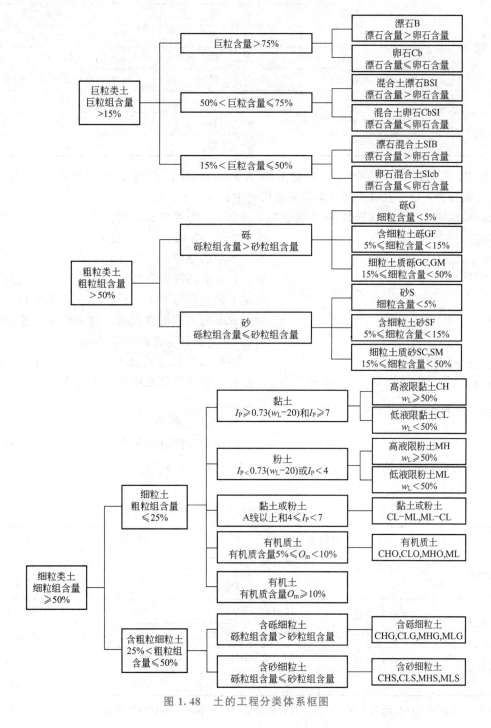

图 1.48　土的工程分类体系框图

1）分类指标

（1）土的粒组划分。按表1-18规定的土颗粒粒径范围划分粒组。

表1-18　粒组划分

粒　组	颗　粒　名　称		粒径 d 的范围/mm
巨　粒	漂石（块石）		$d>200$
	卵石（碎石）		$60<d\leqslant200$
粗　粒	砾　粒	粗　砾	$20<d\leqslant60$
		中　砾	$5<d\leqslant20$
		细　砾	$2<d\leqslant5$
	砂　粒	粗　砂	$0.5<d\leqslant2$
		中　砂	$0.25<d\leqslant0.5$
		细　砂	$0.075<d\leqslant0.25$
细　粒	粉　粒	粉　粒	$0.005<d\leqslant0.075$
	黏　粒	黏　粒	$d\leqslant0.005$

（2）塑性图。塑性图是由美国学者卡萨格兰德（A. Casagrande）于20世纪30年代提出的，尔后应用于对细粒土的土质分类，目前在欧美和日本普遍推广使用。

塑性图的基本图式是以塑性指数 I_P 为纵坐标，液限 w_L 为横坐标，图上绘有两条（或两条以上）的直线，如 A、B 线。A、B 线将图分为4个区域，可区分出不同类型的细粒土，如图1.49所示。为了与国际标准接轨，又考虑到我国的实际情况，《土的工程分类标准》中规定了取质量为76g、锥角为30°的液限仪锥尖入土深度为17mm时对应的含水量，或卡氏碟式液限仪测定的含水量（欧美和日本普遍使用）为液限。

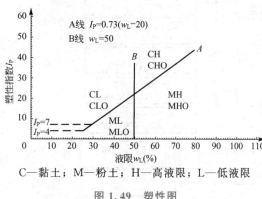

C—黏土；M—粉土；H—高液限；L—低液限

图1.49　塑性图

图中 A 线以上为黏土，以下为粉土；B 线右侧为高液限的，左侧为低液限的；虚线之间区域为黏土与粉土过渡区。

2）巨粒土的分类

试样中巨粒组质量多于总质量的50%的土称为巨粒土；巨粒组质量为总质量的15%～75%的土称为含巨粒的土。它们的分类定名方法，应符合表1-19的规定。

表1-19　巨粒土和含巨粒土的分类

土　类	粒组含量		土类代号	土类名称
巨粒土	巨粒含量 75%～100%	漂石粒>50%	B	漂石
		漂石粒≤50%	Cb	卵石
混合巨粒土	巨粒含量 50%～75%	漂石粒>50%	BSI	混合土漂石
		漂石粒≤50%	CbSI	混合土卵石
巨粒混合土	巨粒含量 15%～50%	漂石多于卵石	SIB	漂石混合土
		漂石少于卵石	SICb	卵石混合土

注：定名时，应根据颗粒级配由大到小以最先符合者确定。巨粒混合土可根据所含粗粒或细粒的含量进行细分。

3）粗粒类土

试样中粗粒组含量大于 50% 的土称为粗粒类土。粗粒土进一步细分为砾类土和砂类土。砾粒组质量多于总质量的 50% 的土称为砾类土；砾粒组质量少于或等于总质量的 50% 的土称为砂类土。

试样中巨粒组含量不大于 15% 时，可扣除巨粒，按粗粒类土或细粒类土的相应规定分类；当巨粒对土的总体性状有影响时，可将巨粒计入砾粒组进行分类。

此外，对粗粒土的划分应考虑细粒含量和颗粒级配，因细粒含量和颗粒级配不同时，其物理力学性质差异很大。如细粒含量增加时，其亲水性与强度将增加，而渗透性则降低几千倍。因此，对粗粒土必须考虑其细粒含量和颗粒级配进行进一步的划分，详细划分标准见表 1-20。

表 1-20 粗粒土分类

土 类		粒 组 含 量		土代号	土名称
砾类土	砾	细粒含量<5%	级配 $C_u \geq 5$，$1 \leq C_c \leq 3$	GW	级配良好砾
			级配不同时满足上述要求	GP	级配不良砾
	含细粒土砾	5%≤细粒含量<15%		GF	含细粒土砾
	细粒土质砾	15%≤细粒含量<50%	细粒组中粉粒含量不大于 50%	GC	黏土质砾
			细粒组中粉粒含量大于 50%	GM	粉土质砾
砂类土	砂	细粒含量<5%	级配 $C_u \geq 5$，$1 \leq C_c \leq 3$	SW	级配良好砂
			级配不同时满足上述要求	SP	级配不良砂
	含细粒土砂	5%≤细粒含量<15%		SF	含细粒土砂
	细粒土质砂	15%≤细粒含量<50%	细粒组中粉粒含量不大于 50%	SC	黏土质砂
			细粒组中粉粒含量大于 50%	SM	粉土质砂

4）细粒类土

试样中细粒组含量不少于 50% 的土，称为细粒类土。

试样中粗粒组少于 25% 的土，称为细粒土；粗粒组大于 25% 且不大于 50% 的土称为含粗粒的细粒土；试样中有机质含量小于 10% 且不小于 5% 的土称为有机土。土的含量或指标等于界限值时，可根据使用目的按偏于安全的原则分类。

（1）细粒土。细粒土可以按塑性图进行分类，应符合表 1-21 的规定。

表 1-21 细粒土分类

土的塑性指标在塑性图中的位置		土类代号	土类名称
塑性指数 I_P	液限 w_L		
$I_P \geq 0.73(w_L - 20)$ 和 $I_P \geq 10$	≥50%	CH	高液限黏土
	<50%	CL	低液限黏土
$I_P < 0.73(w_L - 20)$ 和 $I_P < 10$	≥50%	MH	高液限粉土
	<50%	ML	低液限粉土

（2）含粗粒的细粒土。按所含粗粒的类别进行划分，如砾粒含量大于砂粒含量，称含砾细粒土，应在细粒土代号后缀以代号 G，如 CHG、CLG、MHG、MLG 等；如砂粒占优，称含砂细粒土，应在细粒土代号后缀以代号 S，如 CHS、CLS、MHS、MLS 等。

（3）有机土。可按表 1-21 划分，在各相应土类代号之后应缀以代号 O，如 CHO、CLO、MHO、MLO 等。

《土的工程分类标准》还规定了土的简易鉴别方法。用目测法代替实验室筛分法确定土的粒径大小及各类组含量。用干强度、手捻、搓条、韧性和摇振反应等定性方法代替用仪器测定细粒土的塑性。这种方法特别适用于野外的工程地质勘察，对土进行野外定名与描述。这种方法的具体操作可详见该规范。

目前，国内外使用的土名和土的分类法并不统一。一方面是由于土的复杂性，另一方面是由于各个部门实际应用时侧重点不同，一时难以改变。但其共同点多于不同点。在实际应用中，可根据各部门的需要和实际情况选择合适的分类方案。

1.5.2 特殊土的工程地质特性

特殊土是指某些具有特殊物质成分和结构，而工程地质性质也较特殊的土。特殊土的种类甚多，常见的有淤泥类土、膨胀土、红黏土、黄土类土、人工填土等。

1.5.2.1 淤泥类土

1. 形成条件和成分结构特点

淤泥类土是指在静水或水流缓慢、不通畅、缺氧和饱水条件下的环境中沉积，有微生物参与生物化学作用的条件下，含较多的有机质，疏松软弱的粉质黏性土。

淤泥：天然含水量 $w>w_L$，天然孔隙比 $e\geq1.5$；淤泥质土：天然含水量 $w>w_L$，天然孔隙比 $1.0\leq e<1.5$。

1）物质组成和结构特点

（1）粒度上主要是粉质黏土和粉质砂土。

（2）含大量黏土矿物和部分石英、长石、云母；有机质含量较多（5%～15%）。

（3）呈灰、灰蓝、灰绿和灰黑等暗淡的颜色，污染手指并有臭味。

（4）结构常为蜂窝状、疏松多孔，定向排列明显、层理较发育，常具薄层状构造。

2）类型

我国淤泥类土基本上可以分为两大类：一类是沿海沉积淤泥类土；另一类是内陆和山区湖盆地及山前谷地沉积地淤泥类土。

沿海沉积的淤泥类土大致可分为 4 个类型：泻湖相沉积、溺湖相沉积、滨海相沉积、三角洲相沉积。该类淤泥类土分布较稳定，厚度较大，土质较疏松软弱。

分布在内陆平原地区淤泥类土主要有：湖泊、河漫滩、牛轭湖相。

2. 工程地质性质的基本特点

（1）高孔隙比、饱水、天然含水量大于液限：孔隙比常见值为 1.0～2.0；液限一般为 40%～60%，饱和度一般大于 90%，天然含水量多为 50%～70%。未扰动时，处于软塑状态；一经扰动，结构破坏，处于流动状态。

（2）透水性极弱：一般垂直方向地渗透系数较水平方向小些。

（3）高压缩性：$a_{1\sim2}$ 一般为 0.7～1.5MPa^{-1}，且随天然含水量的增大而增大。

（4）抗剪强度很低，且与加荷速度和排水固结条件有关：不排水条件下，三轴快剪试验结果 $\varphi\approx0$；直剪试验结果 $\varphi=2°\sim5°$，$c=0.02$MPa；在排水条件下，抗剪强度随固结程度提高而增大，固结快剪的 $\varphi=10°\sim15°$，$c=0.02$MPa。

（5）较显著的触变性和蠕变性。

1.5.2.2 膨胀土

在工程建设中，经常会遇到一种具有特殊变形性质的黏性土，其中黏粒成分主要由亲水性矿物组成。它的体积随含水量增加而膨胀，随含水量减少而收缩，并且这种作用循环可逆，具有这种膨胀和收缩性的土，称为膨胀土。

1. 分布和成因

膨胀土一般分布在盆地内岗，山前丘陵地带和二、三级阶地上。大多数是上更新世及以前的残坡积、冲积、洪积物，也有晚第三纪至第四纪的湖泊沉积及其风化层。

2. 成分和结构特征

(1) 从岩性上看，以黏土为主，具有黄、红、灰、白等色，土中含有较多黏土，黏土占总数的98%，黏土矿物多为蒙脱石、伊利石和高岭石。蒙脱石含量越多，膨胀性越强烈。

(2) 结构致密，呈坚硬-硬塑状态，强度较高，内聚力较大。

(3) 裂隙发育，竖向、斜交和水平3种均有，可见光滑镜面和擦痕。

(4) 富含铁、锰结核和钙质结核。

3. 一般工程地质特征

膨胀土的液限、塑限和塑性指数都较大：液限为40%～68%，塑限为17%～35%，塑性指数为18～33。膨胀土的饱和度一般较大，常在80%以上，天然含水量较小，为17%～30%。

4. 膨胀土的判别和胀缩性分级

1) 膨胀土的判别

凡是具有前面所述的特征，且自由膨胀率 $F_s \geqslant 40\%$ 者，应判定为膨胀土。

"自由膨胀率 F_s" 是指人工制备的烘干土，在水中增加的体积与原体积的比，以百分数表示。

2) 土的胀缩性分级

膨胀土的胀缩性，根据胀缩总率 e_{ps} 划分为强、中等和弱3级。

$e_{ps} > 4$ 胀缩性强

$e_{ps} = 2 \sim 4$ 胀缩性中等

$e_{ps} = 0.7 \sim 2$ 胀缩性弱

胀缩总率以 e_{ps} 表示，并按下式计算：

$$e_{ps} = e_{p0.5} + c_{sL}(w - w_m) \tag{1-37}$$

式中 $e_{p0.5}$ ——在压力 0.5MPa 时的膨胀率(%)；

     c_{sL} ——土的收缩系数；

     w ——土的天然含水量；

     w_m ——土在收缩过程中含水量的下限值(%)。

如式(1-37)中 e_{ps} 为负值时，按负值考虑；如 $(w - w_m)$ 大于 8% 时，按 8% 考虑；小于零时按零考虑。式中收缩系数 c_{sL} 可通过收缩试验测得收缩曲线，它是土的收缩曲线的直线部分的斜率，即

$$c_{sL} = \frac{\Delta e_{sL}}{v} \tag{1-38}$$

式中 Δe_{sL} ——与 Δw 相应的收缩率之差；

     w_m ——反映了地基土的收缩变形受大气降雨和蒸发的综合影响，可按下式计算：

$$w_m = k w_p$$

式中 k ——条件系数；

     w_p ——土的塑限。

1.5.2.3 红黏土

红黏土是指出露区碳酸盐类岩石（石灰岩、白云岩、泥质泥岩等），在北纬33°以南亚热带温湿气候条件下，经红土化（在湿热条件下，经长期一系列的地球化学演变的成土过程）作用而成的残积、坡积或残-坡积的褐红色、棕红色或黄褐色的高塑性黏土。

次生红黏土是指经再搬运后，仍保留基本特征，$w_L > 45\%$ 的红黏土。

1. 成因和分布

成因类型：残积、坡积和残-坡积。上部为坡积，下部为残积的情况居多。主要分布在云南、贵州、广西、安徽、四川东部等。

2. 成分和结构特征

红黏土的黏粒组分（粒径 <0.005mm）含量高，一般可达 55%～70%，粒度较均匀，高分散性。黏土颗粒主要认多水高岭石和伊利石类黏土矿物为主。常呈蜂窝状结构，常有很多裂隙（网状裂隙）、结核和土洞。

3. 工程地质性质的基本特点

（1）高塑性和分散性：液限一般为 50%～80%，塑限为 30%～60%，塑性指数一般为 20～50。

（2）高含水量、低密度：天然含水量一般为 30%～60%，饱和度大于 85%，密实度低，大孔隙明显，孔隙比＝1.1～1.7；液性指数一般都小于 0.4；坚硬和硬塑状态。

（3）强度较高，压缩性较低：固结快剪的 ϕ 值为 8°～18°、c 值可达 0.04～0.09MPa；多属中压缩性土或低压缩性土，压缩模量为 5～15MPa。

（4）不具湿陷性，但收缩性明显，失水后强烈收缩，原状土体缩率可达 25%。

红黏土具有这些特殊性质，是与其生成环境及其相应的组成物质有关。沿深度上，随着深度的加大，红黏土的天然含水量、孔隙比、压缩系数都有较大的增高，状态由坚硬、硬塑可变为可塑、软塑，而强度则大幅度降低。在水平方向上，由于地形地貌和下伏基岩起伏变化，性质变化也很大。地势较高的，由于排水条件好，天然含水量和压缩性较低，强度较高；而地势较低的则相反。

1.5.2.4 湿陷性黄土

黄土在一定压力作用下受水浸湿，土结构迅速破坏而发生显著附加下沉，导致建筑物破坏，具有这一特性的黄土，称为湿陷性黄土。

1. 分布与特征

作为湿陷性土的典型代表——黄土，在全世界分布比较广泛，据某些学者估计，黄土的覆盖面积在整个欧洲约占 10%，亚洲约占 30%；以前苏联的黄土分布最广，约占其国土面积的 15%；我国黄土分布面积达 60 万 km²，其中有湿陷性的约为 43 万 km²，主要分布在黄河中游的甘肃、陕西、山西、宁夏，以及黄河下游和上游的河南、青海等省区。地理位置属于干旱与半干旱气候地带，其物质主要来源于沙漠与戈壁。

我国黄土的粒度成分具有自西北向东南逐渐变细的规律，并可大致分 3 个弧形带。从物质的主导来源而言，应认为绝大部分黄土是风成的。固有特征有：黄色、褐黄色、灰黄色；粒度成分以粉土颗粒（0.05～0.005mm）为主，约占 60%；孔隙比 e 一般在 1.0 左右或更大；含有较多的可溶性盐类，如重碳酸盐、硫酸盐、氯化物；具垂直节理；一般具肉眼可见的大孔。

其工程特征：塑性较弱；含水较少；压实程度很差，孔隙较大；抗水性弱，遇水强烈崩解，膨胀量较小，但失水收缩交明显；透水性较强；强度较高，因为压缩中等，抗剪强度较高。

2. 地质年代

黄土在整个第四纪的各个世中均有堆积，而各世中黄土由于堆积年代长短不一，上覆土层厚度不一，其工程性质不一。一般湿陷性黄土（全新世早期到晚更新期）与新近堆积黄土（全新世近期）具有湿陷性。而比上两者堆积时代更老的黄土，通常不具湿陷性。

3. 湿陷性评价

在黄土地区勘察中，湿陷性评价正确与否直接影响设计措施的采取。

黄土的湿陷性计算与评价，按一般的工作顺序，其内容主要有：判别湿陷性与非湿陷性黄土；判别自重与非自重湿陷性黄土；判别湿陷性黄土场地的湿陷类型；判别湿陷等级；确定湿陷起始压力；等等。

1）湿陷性与非湿陷性黄土

黄土的湿陷性试验是在室内的固结仪内进行的，其方法是：分级加荷至规定压力，当下沉稳定后，使土样浸水直至湿陷稳定为止。

2）自重与非自重湿陷性黄土

自重湿陷性：当某一深处的黄土层被水浸湿后，仅在其上覆土层的饱和自重压力（饱和度 $S_r = 85\%$）下产生湿陷变形的，称自重湿陷性。

非自重湿陷性黄土：当某一深度处的黄土层浸水后，除上覆土的饱和自重外，尚需要一定的附加荷载（压力）才发生湿陷的，称非自重湿陷性。

黄土的湿陷性一般是自地表以下逐渐减弱，埋深七八米以上的黄土湿陷性较强。不同地区、不同时代的黄土是不同的，这与土的成因、固结成岩作用、所处的环境等条件有关。

自重与非自重湿陷性黄土测定方法，也是在室内固结仪上进行。即分级加荷至上覆土层的饱和自重压力，当下沉稳定后，使土样浸水湿陷达稳定为止。

3）湿陷性黄土场地的湿陷类型

在黄土地区地基勘察中，应按照实测自重湿陷量或计算自重湿陷量制定建筑物场地的湿陷类型。实测自重湿陷量应根据现场试坑浸水试验确定。实际工程中，当计算自重湿陷量 $\Delta_{zs} \leqslant 7cm$ 时，定为非自重湿陷性黄土场地；当 $\Delta_{zs} > 7cm$ 时，定为自重湿陷性黄土。

4）黄土地基的湿陷等级

湿陷等级应根据基底下各土层累积的总湿陷量 Δ_s 和计算自重湿陷量 Δ_{zs} 的大小等因素按表 1-22 判定。

表 1-22　湿陷性黄土地基的湿陷等级

湿陷类型计算自重湿陷量/cm　总湿陷量/cm	非自重湿陷性场地	自重湿陷性场地	
	$\Delta_{zs} \leqslant 7$	$7 < \Delta_{zs} \leqslant 35$	$\Delta_{zs} > 35$
$\Delta_s \leqslant 30$	Ⅰ（轻微）	Ⅱ（中等）	—
$30 < \Delta_s \leqslant 60$	Ⅱ（中等）	Ⅱ 或 Ⅲ	Ⅲ（严重）
$\Delta_s > 60$	—	Ⅲ（严重）	Ⅳ（很严重）

1.5.2.5　人工填土

人工填土是一种特殊性土。它是由于人类活动任意堆填而成的土。在我国大多数古老城市的地表面，普遍覆盖一层人工杂土堆积层。这种填土的物质组成、分布特征和工程性质均相当复杂，且具有地区性特点。

人工填土的工程性质与天然沉积土比较起来有很大不同：性质很不均匀，分布和厚度变化上缺乏规律性；物质成分异常复杂。有天然土颗粒，有砖瓦碎片和石块，以及人类活动和生产所抛弃的各种垃圾；是一种欠压密土，一般具有较高的压缩性，孔隙比很大；往往具有浸水湿陷性。

根据其成分和成因，将人工填土分为3类。

（1）素填土：由碎石、砂土、黏性土等组成的填土。根据孔隙比指标判定其类型。若经过分层夯实，则称为压实填土。

① 黏性老素填土：堆积年限在10年以上，或孔隙比≤1.10。

② 非黏性老素填上：堆积年限在5年以上，或孔隙比≤1.10。

③ 新素填土：堆积年限少于上述年限或指标不满足上列数据的素填土。

（2）杂填土：含有建筑垃圾、工业废料、生活垃圾等杂物的填土。

（3）冲填土：由水力充填泥沙形成的填土。含大量水，比自然沉积的饱和土强度低，压缩性高，常呈流塑状态，扰动易发生触变现象。

此外，还有冻土、盐滞土等。

背景知识

什么是土？

《说文解字》上说：土，地之吐生物者也。"二"象地之上，地之中；"｜"物出形也（图1.50）。

土字包括地上植物部分、表土层、植物地下部分和底土层4个层次。

土地是指由地形、水文、局地气候、岩石圈的上层、土壤和生物有机体等相互作用组成的自然地域综合体，是地球表层历史发展的产物。

管仲说："地者，万物之本原，诸生之根菀也。"

土壤是岩石圈、大气圈、水圈和生物圈综合作用形成的产物。其上界通常是绿色植物层顶，下界达植物根分布层。其垂直范围，恰好是岩石圈的上层、大气圈的下层、水圈及生物圈相互接触的地方，是生物生命及人类生产活动最集中的地方。土壤有非常复杂的形成过程，并具有独特的层状构造。土壤剖面一般包含枯枝落叶层、腐殖质层、淀积层和母质层4个基本层次（图1.51）。

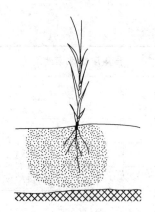

图1.50 土字的形成

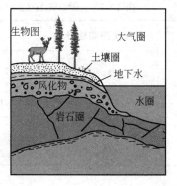

图1.51 土壤的分布位置

工程与土力学中的土，一般来说就是地球表面的整体岩石在大气中经受长期的风化作用而形成的、覆盖在地表上碎散的、没有胶结或胶结很弱的颗粒堆积物。

土是工程中应用最广泛的建筑材料。

小　　结

　　本章主要学习的内容是土的三相组成，土的基本物理性质、黏性土的稠度与可塑性、土的透水性、土的工程分类。这些内容是学习土力学原理和基础工程设计与施工技术所必需的基本知识，也是评价土的工程性质、分析与解决土的工程技术问题时讨论的最基本的内容。

　　土是由固体颗粒以及颗粒间孔隙中的水和气体组成的，是一个多相、分散、多孔的系统，一般为三相体系，即固态相、液态相与气态相，有时是二相的(干燥或饱水)。三相组成物质中，固体部分构成土的骨架主体。

　　土的物理性质，是指三相的质量与体积之间的相互比例关系及固、液二相相互作用表现出来的性质。土的物理性质在一定程度上决定了它的力学性质，其指标在工程计算中常被直接应用。土的工程分类应能反映土性质的变化规律。

　　重点掌握的内容，是各种物理性质指标的定义、影响各指标大小的因素、各指标的单位与常见值、各指标之间的关系及求取方法、各指标的实际应用；工程分类中的土质分类原则、住房和城乡建设部的土质分类标准。

思考题及习题

一、思考题

1.1　土是怎样形成的？为何说土是三相体系？

1.2　黏土颗粒表面哪一层水膜对土的工程性质影响最大？为什么？

1.3　何谓土粒粒组？土粒六大粒组划分标准是什么？

1.4　土的结构通常分为哪几种？它和矿物成分及成因条件有何关系？

1.5　何谓土的级配？土的级配曲线是怎样绘制的？为什么土的级配曲线用半对数坐标？

1.6　土粒相对密度(比重)与天然密度(重度)的区别是什么？

1.7　含水量、孔隙比、孔隙率、饱和度几个指标值能否超过 1 或 100%？

1.8　在土的三相比例指标中，哪些指标是直接测定的？用何方法？

1.9　液性指数是否会出现 $I_L > 1.0$ 和 $I_L < 0$ 的情况？土体相对密度是否会出现 $D_r > 1.0$ 和 $D_r < 0$ 的情况？

1.10　判断砂土松密程度有哪几种方法？

1.11　地基土分几大类？各类土的划分依据是什么？

1.12　土的压实性与哪些因素有关？何谓土的最大干密度和最优含水率？

1.13　在实际工程中如何凭经验判断土料是否处于最优含水量附近？

二、习题

1.1　薄壁取样器采取的土样，测出其体积 V 与质量分别为 $38.4cm^3$ 和 $67.21g$，把土样放入烘箱烘干，并在烘箱内冷却到室温后，测得质量为 $49.35g(d_s = 2.69)$。试求土样的天然密度、干密度、含水量、孔隙比、孔隙率、饱和度。

（1.750g/cm³、1.285g/cm³、36.19%、1.093、52.22%、89.07%）

1.2 某地基土试验中，测得土的干重度 $\gamma_d=15.7\text{kN/m}^3$，含水量 $w=19.3\%$，土粒相对密度 $d_s=2.71$。液限 $=w_L\,28.3\%$，塑限 $w_P=16.7\%$。

求：（1）该土的孔隙比、孔隙率及饱和度。

（2）该土的塑性指数 I_P、液性指数 I_L，并定出该土的名称及状态。

（0.726、42%、72%、11.6、0.224、粉质黏土、硬塑）

1.3 某砂土试样，通过试验测定土粒相对密度 $d_s=2.7$，含水量 $w=9.43\%$。天然密度 $\rho=1.66/\text{cm}^3$。已知砂样最密实状态时称得干砂质量 $m_{s1}=1.62\text{kg}$，最疏松状态时称得干砂质量 $m_{s2}=1.45\text{kg}$。试求此砂土的相对密度 D_r，并判断砂土所处的密实状态。

1.4 某土样经试验测得体积为 100cm^3，湿土质量为 187g，烘干后的干土质量为 167g。若土的相对密度 d_s 为 2.66，试求该土样的含水量 w、密度 ρ、孔隙比 e、饱和度 S_r。

1.5 某碾压土坝的土方量为 20 万 m³，设计填筑干密度为 1.65g/cm³。料场的含水率为 12.0%，天然密度为 1.70g/cm³，液限为 32.0%，塑限为 20.0%，土粒相对密度为 2.72。问：

（1）为满足填筑土坝的需要，料场至少要有多少立方米土料？

（2）如每日坝体的填筑量为 3000m³，该土的最优含水率为塑限的 95%，为达到最佳碾压效果，每天共需加水多少？

（3）土坝填筑后的饱和度是多少？

第2章
土的应力

📚 教学目标与要求

- **概念及基本原理**

【掌握】自重应力、附加应力、基底压力、基底附加压力、有效应力、孔隙水压力，影响自重应力的因素，产生附加应力的条件。

【理解】附加应力计算基本假定，基底压力的分布规律，附加应力分布规律，太沙基有效应力原理。

- **计算理论及计算方法**

【掌握】均匀满布荷载及自重作用下地基应力的计算；刚性基础基底压力简化算法的基本假定及计算；垂直集中荷载、垂直线状荷载及带状荷载作用下地基应力的简化计算法；角点法。

【理解】线性分布荷载作用下地基应力计算方法。

📚 导入案例

某码头软黏土边坡的破坏

某软黏土地基上修建码头时，在岸坡开挖的过程中发生了大规模的边坡滑动破坏。边坡的滑动开始于上午 10：00，整个滑坡过程历时 40min 才趋于稳定，滑动体长约 210m，宽 190m，上千吨的土体滑入海港。

该处地基土表层 1m 分布着强度相对较高的硬壳层，以下为深厚的软黏土层，具有很高的含水量，强度低，压缩性和灵敏度却很高。

发生事故的原因主要是滑坡的当天分别经历了高潮位和低潮位，由于水位的变化使岸坡土中应力发生了较大变化。另外，岸坡区域的打桩施工工期为 9 月 5—15 日，而岸坡的滑坡发生于 17 日。此打桩施工和交通荷载的作用对边坡的稳定性也会产生不利影响，打桩施工不可避免的会导致地基中孔隙水应力的增高，致使黏土层中抗剪强度降低，边坡的抗滑力降低。而且地基土具有较高的灵敏度，打桩对土体的扰动同样会降低地基土的强度。施工中的交通荷载作用于岸坡坡顶，不仅增加了坡体中的附加应力，而且同样导致地基土体孔隙水应力升高，边坡稳定的安全系数减小，多种原因导致了边坡的破坏。

问题：

1. 土中的应力是怎样产生的？
2. 建筑物的稳定为什么需要地基满足强度的要求？
3. 地基事故属于隐蔽工程，与地上结构比较哪种更容易发现？进行处理时哪一个更容易？

接吻的仓库——应力叠加问题

如下图所示的两个筒仓是农场用来储存饲料的，建于加拿大红河谷的 Lake Agassiz 黏土层上，由于两筒仓之间的距离过近，在地基中产生的应力发生叠加，使得两筒之间地基土层的应力水平较高，从而导致内侧沉降大于外侧沉降，筒仓向内倾斜。

加拿大红河谷某料仓地基应力叠加

在土体本身的质量、建筑荷载、交通荷载或其他因素的作用下，均可产生土中应力。土中应力将引起地基发生沉降、倾斜变形甚至破坏等，如果地基变形过大，将会危及建筑物的安全和正常使用。因此，为了保证建筑物的安全和正常使用，需对地基变形问题和强度问题进行计算分析，进行此项工作的基础就是确定地基土体中的应力。土中应力计算是研究和分析土体变形、强度和稳定等问题的基础和依据。

在实际工程中，土中应力主要包括自重应力与附加应力两种，由土体重量引起的应力称为自重应力。附加应力是在外荷载（如建筑物荷载、车辆荷载、水在土中的渗流力、地震荷载）作用下，在土中产生的应力增量等。

土体中任意点 M 的应力状态，可用一个正六面单元体上的应力来表示。若采用笛卡尔直角坐标系，如图 2.1 所示，则作用在单元体上的 3 个法向应力（又称正应力）分量为 σ_x、σ_y、σ_z，六个剪应力分量为 $\tau_{xy} = \tau_{yx}$、$\tau_{yz} = \tau_{zy}$、$\tau_{xz} = \tau_{zx}$。剪应力的脚标，前一个表示剪应力作用面的法线方向，后一个表示剪应力的作用方向。应该注意，在土力学中法向应力以压应力为正，拉应力为负。剪应力的规定是当剪应力作用面为正面（法线压应力方向与坐标轴的正方向一致）时，则剪应力的方向与坐标轴正方向一致时为正，反之为负；若剪应力作用面为负面（法线压应力方向与坐标轴正向相反）时，则剪应力的方向与坐标轴正方向相反时为正，反之为负。图 2.1 所示的法向应力及剪应力均为正值。

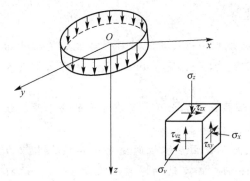

图 2.1 土中一点的应力状态

由于土是自然历史的产物，具有分散性、多相性等特点，使得实际土的准确应力计算困难，因此，必须根据实际情况和所计算问题的特点对土的特征进行必要的简化。

目前为止，计算土中应力主要采用弹性力学解法，把土体看作连续的、完全弹性的、均质的和各向同性的介质。这种假定同实际土体之间是有差异的，其合理性应通过考虑下述 3 方面的影响进行评判。

（1）土的分散性影响。连续性是指整个物体所占据的空间都被介质填满不留任何空隙。土是三相体系，而不是连续介质，土中存在孔隙，土中应力是通过颗粒间的接触而传递的。但是，由于建筑物的基础尺寸远远大于土颗粒尺寸，而所研究的是计算平面的平均应力，而不是土颗粒间的实际受力状态。所以，可忽略土分散性的影响，近似地把土体作为连续体考虑。

（2）非理想弹性的影响。土体的应力-应变之间存在明显的非线性关系，变形后的土体，当外力卸除后，不能完全恢复原状，存在较大的残余变形，表明土是具有弹塑性或黏滞性的介质。但是，在工程中土中应力水平较低，工程实践表明采用弹性理论计算土中应力是可行的。

（3）土的非均质性和各向异性的影响。土是自然历史产物，在其形成过程中，形成各种结构和构造，使土呈现不均匀性，也常常是各向异性的。将实际土看作均质各向同性体，会产生一定的误差。

【土的材料性质及假定】

2.1 土的自重应力

将地基作为半无限弹性体来考虑，地面以下任一深度处竖向自重应力都是均匀无限分布的，地基中的自重应力状态属于侧限应力状态，其内部任一水平面和垂直面上，均只有正应力而无剪应力。自重应力是由于地基土体本身的有效质量而产生的。

2.1.1 均质土的自重应力

在深度 z 处水平面上，土体竖向自重应力 σ_{cz} 等于单位面积上土柱体的重力 W，如图 2.2(a) 所示，即

$$\sigma_{cz} = W/F = \gamma F z/F = \gamma z \qquad (2-1)$$

式中　F——土柱的截面积（m^2）；

　　　γ——土的重度（kN/m^3）。

由式（2-1）知，自重应力随深度 z 线性增加，呈三角形分布，如图 2.2(b) 所示。

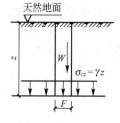
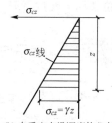

(a) 自重应力计算单元示意　(b) 自重应力沿深度的分布

图 2.2　均质土中竖向自重应力

2.1.2 成层土的自重应力

地基通常为成层土，各层土具有不同的重度，在自然地面下 z 深度处的自重应力 σ_{cz}，可按下式计算，即

$$\sigma_{cz} = \gamma_1 h_1 + \gamma_2 h_2 + \cdots = \sum_{i=1}^{n} \gamma_i h_i \qquad (2-2)$$

式中　n——从天然地面起到深度 z 处的土层数；

　　　γ_i，h_i——第 i 层土的重度及厚度。

从（2-2）可知，成层土的自重应力分布是折线形的。

2.1.3 地下水位以下土中自重应力

当计算地下水位以下土的自重应力时，应根据土的透水性质来考虑地下水对土粒的浮力作用。对于粗颗粒土可按阿基米德定律计算浮力大小，而黏性土则视其物理状态而定。当水下黏性土的液性指数 $I_L \geqslant 1$ 时，土处于流动状态，土颗粒间有大量自由水存在，土颗粒受到水的浮力作用；当其液性指数 $I_L < 0$ 时，土处于固态或半固态，土中水主要以结合水膜的形式存在而不能传递静水压力，此时土体颗粒不受水的浮力作用；而当

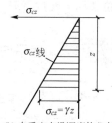
【孔隙水应力和
有效应力】

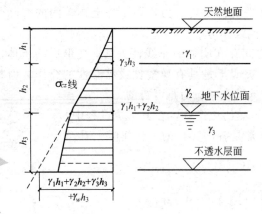

【不同工况下的自重应力计算】

图2.3　成层土中竖向自重应力沿深度的分布

0<I_L<1时，土处于塑性状态，此时很难确定土颗粒是否受到水的浮力的作用，在实践中一般按不利状态来考虑。

如果地下水位以下的土层受到水的浮力作用，则计算自重应力时水下部分土的重度应按有效重度γ'计算，其计算方法同成层土的情况，如图2.3所示。

如果地下水位以下埋藏有不透水层（如岩层或只含结合水的坚硬黏土层），此时不透水层可理解为不存在连续的透水通道，不能传递静水压力，因而其土颗粒不受水的浮力作用，上覆水土总压力只能依靠土颗粒承担。所以不透水层顶面及以下的自重应力计算时，上覆土层按水土总重计算。这样，上覆土层与不透水层交界面处的自重应力将发生突变。

自然界中的天然土层，形成至今一般已有很长的地质年代，它在自重作用下的变形早已完成。但对于新近沉积或人工堆填的土层，应考虑它们在自重应力作用下的变形。

此外，地下水位的升降会引起土中自重应力的变化。例如，许多城市因大量抽取地下水，以致地下水位长期大幅度下降，使地基中原水位以下土层的有效自重应力增加，而造成地表大面积下沉。

2.1.4　水平向自重应力计算

根据广义胡克定律，土中一点应力-应变间有以下关系：

$$\varepsilon_x = \frac{1}{E}[\sigma_{cx} - \mu(\sigma_{cz} + \sigma_{cy})] \tag{2-3}$$

式中　　E——弹性模量（土力学中一般用地基变形模量E_0代替）；

μ——泊松比；

σ_{cx}、σ_{cy}——水平向沿x、y轴的自重应力；

σ_{cz}——竖向的自重应力；

ε_x、ε_y——x、y轴向的应变。

对均匀半无限体，土体处于侧限应力状态，有$\varepsilon_x = \varepsilon_y = 0$，代入式（2-3）有

$$\frac{1}{E}[\sigma_{cx} - \mu(\sigma_{cz} + \sigma_{cy})] = 0 \tag{2-4}$$

再利用$\sigma_{cx} = \sigma_{cy}$，可得土体水平向自重应力$\sigma_{cx}$和$\sigma_{cy}$为

$$\sigma_{cx} = \sigma_{cy} = \frac{\mu}{1-\mu}\sigma_{cz} = K_0\sigma_{cz} \tag{2-5}$$

式中　　K_0——土的静止侧压力系数或静止土压力系数。$K_0 = \frac{\mu}{1-\mu}$，K_0和μ根据土的种类和密度不同而异，可按经验取值，也可通过试验来确定。

【例2.1】　如图2.4所示，土层的物理性质指标为：第一层土为粉土，重度$\gamma_1 = 18.0$kN/m^3，相对密度$d_s = 2.70$，含水量$w = 35\%$；第二层土为黏土，$\gamma_2 = 16.8$kN/m^3，$d_s = 2.68$，$w = 50\%$，液限$w_L = 48\%$，塑限$w_P = 25\%$，并有地下水存在。试计算土中自重应力。

解：

第一层土为粉土，地下水位以下的粉土要考虑浮力的作用，其浮重度 γ' 为

$$\gamma' = \frac{d_s - 1}{1 + e} = \frac{(d_s - 1)\gamma}{d_s(1 + w)} = \frac{(2.70 - 1) \times 18.0}{2.70 \times (1 + 0.35)} \text{kN/m}^3 = 8.4 \text{kN/m}^3$$

第二层为黏土层，其液性指数 $I_L = \frac{w - w_P}{w_L - w_P} = \frac{50 - 25}{48 - 25} = 1.09 > 1$；故可认为该黏土层受到水的浮力作用，其浮重度为

$$\gamma' = \frac{(d_s - 1)\gamma}{d_s(1 + w)} = \frac{(2.68 - 1) \times 16.8}{2.68 \times (1 + 0.5)} \text{kN/m}^3$$
$$= 7.1 \text{kN/m}^3$$

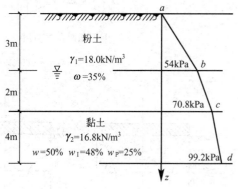

a 点：$z = 0$，$\sigma_z = \gamma z = 0$

b 点：$z = 2$，$\sigma_z = (18 \times 3)\text{kPa} = 54 \text{kPa}$

c 点：$z = 5$，$\sigma_z = \sum \gamma_i h_i = (18 \times 3)\text{kPa} + (8.4 \times 2)\text{kPa} = 70.8 \text{kPa}$

d 点：$z = 9$，$\sigma_z = (18 \times 3)\text{kPa} + (8.4 \times 2)\text{kPa} + (7.1 \times 4)\text{kPa} = 99.2 \text{kPa}$

土层中的自重应力分布如图 2.4 所示。

图 2.4　例 2.1 图

2.2　基底压力计算

建筑物荷载通过基础传递给地基，在基础底面与地基之间便产生了接触应力。基底压力分布形式将对土中应力产生直接的影响。计算地基中的附加应力以及进行基础结构设计时，都必须研究基底压力的分布规律。

2.2.1　基底压力的分布

基底压力分布问题涉及上部结构、基础和地基土的共同作用问题，是一个十分复杂的课题。基底压力分布与基础的大小、刚度、形状、埋深、地基土的性质及作用在基础上荷载的大小和分布等许多因素有关。

当基础为绝对柔性基础(无抗弯刚度)时，基础随着地基一起变形，中部沉降大，两边沉降小，其压力分布与荷载分布相同［图 2.5(a)］。如果要使柔性基础各点沉降相同，则作用在基础上的荷载必须是两边大、中间小［图 2.5(b)］。当基础为绝对刚性(抗弯刚度无限大)的，基础在受荷后仍保持平面，各点沉降相同，由此可知基底压力分布必是两边大中间小，才能保证地基均匀变形，如图 2.6 所示。由此可见，刚性基础能使上部荷载由中部向边缘转移，这一现象称为刚性基础的"架越作用"。实际上刚性基础基底压力与荷载分布形式无关，只与合力作用点位置有关。这与柔性基础截然不同。

黏性土地基上相对刚度很大的基础，由于基础边缘应力很大，边缘处土体发生塑性变形以致破坏，部分应力将向中间转移，而形成如图 2.7(b)所示的马鞍形的基底压力。对于无黏性土，由于没有黏聚力，且基础埋深较浅时，基础边缘很快破坏而不能承受荷载，从而出现如图 2.7(a)所示的抛物线性地基反力。当基础有一定埋置深度或两边有超载时，可限制塑性区的发展，基础边缘处地基能承受更大的压力，硬黏土地基反力呈反抛物线形，无黏性土基础边缘处地基反力不为零［图 2.7(c)、(d)］。

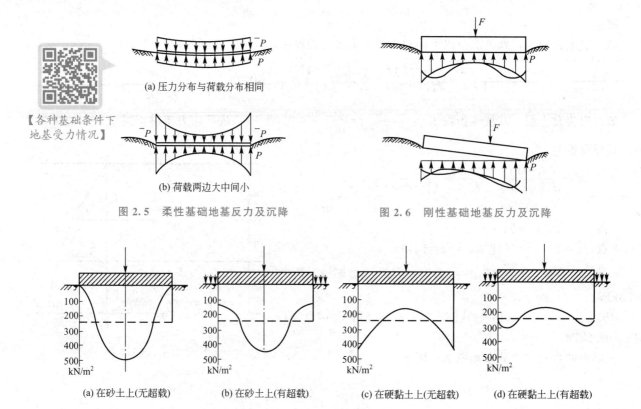

(a) 压力分布与荷载分布相同

(b) 荷载两边大中间小

图 2.5　柔性基础地基反力及沉降

图 2.6　刚性基础地基反力及沉降

(a) 在砂土上(无超载)　　(b) 在砂土上(有超载)　　(c) 在硬黏土上(无超载)　　(d) 在硬黏土上(有超载)

图 2.7　圆形刚性基础底面反力分布图

【各种基础条件下地基受力情况】

【刚性基础受弯破坏图】

　　实际上，基础本身的刚度一般介于上述两种情况之间，在荷载作用下，基底压力的实际分布取决于基础与地基的相对刚度、土的压缩性以及基底下塑性区的大小。基础刚度较大而地基土较软，则架越作用就强，而随着荷载的增大，塑性区的发展，基底压力趋向于均匀近乎直线分布，而岩石或低压缩性地基上基础，基底压力则与荷载分布相一致。

　　常规设计法地基反力假设为直线分布，以静力分析的方法进行计算，只有当基础的刚度很大，地基土相对软弱时才比较符合实际。所以常规设计又称为"刚性设计"。

2.2.2　基底压力的简化计算

1. 中心荷载下的基底压力

　　当荷载作用在基础平面形心处时，依据基底压力直线分布的假定，基底压力假设为均匀分布，此时，基底平均压力 P 可按材料力学中的中心受压公式计算(图 2.8)，即

$$P = \frac{F+G}{A} \tag{2-6}$$

式中　F——作用在基础上的竖向力；

　　　　A——基底面积；

　　　　G——基础自重及其上回填土的总重；$G = \gamma_G A d$，其中 γ_G 为基础及回填土平均重度，一般取 20kN/m³，地下水位以下土层采用有效重度，d 为基础埋深。

　　对于荷载沿长度方向均匀分布的条形基础，则沿长度方向截取一单位长度的截条进行基底平均压力 P 的计算。

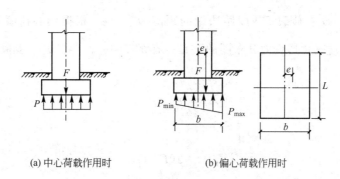

(a) 中心荷载作用时　　　　(b) 偏心荷载作用时

图 2.8　基底压力简化计算方法

2. 偏心荷载下的基底压力

对于单向偏心荷载下的矩形基础，基底压力 P 可按材料力学中的偏心受压公式计算 [图 2.8(b)]，即

$$\begin{cases} P_{max} = \dfrac{F+G}{A} + \dfrac{M}{W} \\ P_{min} = \dfrac{F+G}{A} - \dfrac{M}{W} \end{cases} \qquad (2-7)$$

式中　M——作用于矩形基底的力矩；

　　　W——基础底面的抵抗矩，对矩形基础 $W = \dfrac{1}{6}b^2 l$，b 为荷载偏心方向基础长度，l 为基础宽度。

把偏心距 $e = \dfrac{M}{F+G}$ 引入式(2-7)，得

$$\begin{cases} P_{max} = \dfrac{F+G}{lb}\left(1 + \dfrac{6e}{b}\right) \\ P_{min} = \dfrac{F+G}{lb}\left(1 - \dfrac{6e}{b}\right) \end{cases} \qquad (2-8)$$

由式(2-8)可知，根据荷载偏心距 e 的大小，基底压力的分布可能会出现 3 种情况。

(1) 当 $e < \dfrac{b}{6}$ 时，$P_{min} > 0$，基底压力呈梯形分布，如图 2.9(a)所示。

(2) 当 $e = \dfrac{b}{6}$ 时，$P_{min} = 0$，基底压力呈三角形分布，如图 2.9(b)所示。

(3) 当 $e > \dfrac{b}{6}$ 时，$P_{min} < 0$，表明距偏心荷载较远的基底边缘压力为负值，为拉应力，如图 2.9(c)所示。

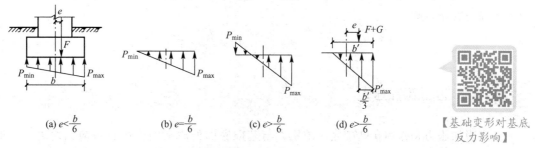

(a) $e < \dfrac{b}{6}$　　　(b) $e = \dfrac{b}{6}$　　　(c) $e > \dfrac{b}{6}$　　　(d) $e > \dfrac{b}{6}$　　　【基础变形对基底反力影响】

图 2.9　偏心荷载作用时基底压力分布的几种情况

由于基础与地基之间不能承受拉力，出现拉应力时基底与地基之间将局部脱开，而使基底压力重分布。取重分布后基底压力分布宽度为 b' [图 2.9(b)]，基底压力最大值为 P_{max}，则总的基底压力为 $\dfrac{1}{2}P_{max}$

b'，其作用点位置距边缘 $\frac{1}{3}b'$。荷载 $F+G$ 距边缘的距离为 $\frac{b}{2}-e$。根据偏心荷载与基底反力相平衡的条件，荷载合力 $F+G$ 应通过三角形反力分布图的形心，有 $b'/3=b/2-e$。进一步根据受力平衡条件（$F+G$ 与地基总反力相等），有

$$F+G=\frac{1}{2}P_{max}3l\left(\frac{b}{2}-e\right)$$

由此式得

$$P_{max}=\frac{2(F+G)}{3l\left(\frac{b}{2}-e\right)} \tag{2-9}$$

矩形基础在双向偏心荷载作用下（图2.10），如基底最小压力 $P_{min}>0$，则矩形基底边缘4个角点处的压力 P_a、P_b、P_c、P_d，可按下列公式计算：

$$\begin{cases} P_c=\dfrac{F+G}{lb}+\dfrac{M_x}{W_x}+\dfrac{M_y}{W_y} \\[2mm] P_a=\dfrac{F+G}{lb}-\dfrac{M_x}{W_x}-\dfrac{M_y}{W_y} \end{cases} \tag{2-10}$$

$$\begin{cases} P_b=\dfrac{F+G}{lb}-\dfrac{M_x}{W_x}+\dfrac{M_y}{W_y} \\[2mm] P_d=\dfrac{F+G}{lb}-\dfrac{M_x}{W_x}+\dfrac{M_y}{W_y} \end{cases} \tag{2-11}$$

式中　M_x、M_y——荷载合力分别对矩形基底 x、y 轴的力矩；

　　　W_x、W_y——基础底面分别对 x、y 轴的抵抗矩。

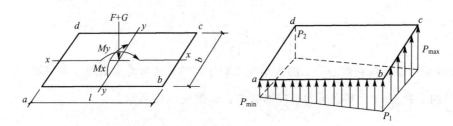

图 2.10　矩形基础双向偏心下基底压力分布

3. 水平荷载作用

对于承受水压力或土压力等水平荷载作用的建筑物，假定由水平荷载 F_h 引起的基底水平应力 P_h 均匀分布于基础底面，则有

$$P_h=\frac{F_h}{A} \tag{2-12}$$

2.2.3　基底附加压力

基底附加压力是作用在基础底面的压力与基础底面处原来的土中自重应力之差。一般浅基础总是置于天然地面下一定的深度，该处原有的自重应力由于基坑开挖而卸除。将建筑物建造后的基底压力扣除基底标高处原有的土自重应力后，才是基底平面处新增加于地基的基底附加压力。一般天然地层在自重作用下的变形早已结束，因此，只有基底附加压力引起的地基附加应力会产生地基变形。

当基底压力为均匀时，附加应力为

$$P_0 = P - \sigma_{cz} = P - \gamma_0 d \tag{2-13}$$

当基底压力为梯形分布时，有

$$\begin{cases} P_{0,\max} = P_{\max} - \gamma_0 d \\ P_{0,\min} = P_{\min} - \gamma_0 d \end{cases} \tag{2-14}$$

式中 P——基底平均压力；

σ_{cz}——基础底面处的自重压力；

γ_0——基础底面标高以上天然土层的厚度加权平均重度，$\gamma_0 = (\gamma_1 h_1 + \gamma_2 h_2 + \cdots)/(h_1 + h_2 + \cdots)$，其中地下水位下的重度取有效重度；

d——基础埋深，应从天然地面算起，对于有填方和挖方的情形，应从原天然地面起算。

计算出地基附加压力后，可将其看做是作用在弹性半空间表面上的局部荷载，根据弹性力学方法求解地基中的附加应力。实际上基础一般均具有一定的埋深，因此，假定附加应力作用于地表面上，而运用弹性力学解答所得结果只是近似的，但对一般的浅基础来说，这种假设所造成的误差，可以忽略不计。

当基础的平面尺寸和深度较大时，基坑开挖会引起坑底的明显回弹，在沉降计算时，为考虑这种因素和再压缩而增加的沉降，适当增加基底附加应力，改取 $P_0 = P - \alpha\sigma_{cz}$，其中 α 为系数取值为 $0\sim1$。

2.3 土的有效应力原理

有效应力概念已成为饱和土力学的重要基础，饱和土的所有力学性质均由有效应力控制。体积变化和强度变化均取决于有效应力的变化。换言之，有效应力变化将改变饱和土的平衡状态，有效应力已被证实是控制饱和土性状的唯一应力状态变量。

2.3.1 土的有效应力原理

土体中任意点的应力可以从作用于该点的总应力计算出来，如果土体处于饱和状态，孔隙中充满水，则总应力由两种介质承担：一种是孔隙水中的孔隙水压力，另一种是土颗粒形成的骨架上的有效应力。

图 2.11 所示是饱和土中荷载和力的传递情况。作用在面积 A 上的总垂直荷载是 P，它由土中的颗粒间接触压力 P' 和静水压力 $(A - A_c)u$ 来共同承担，即

$$P = P' + (A - A_c)u \tag{2-15}$$

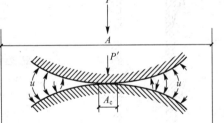

【孔隙水压力的静与超静】

图 2.11 土颗粒间的接触和有效应力原理示意图

式中 A_c——颗粒间接触面积。

上式两侧分别除以总面积，得

$$\frac{P}{A} = \frac{P'}{A} + \frac{(A - A_c)u}{A} \tag{2-16}$$

又可表示为

$$\sigma = \sigma' + (1 - \alpha)u \tag{2-17}$$

式中 α——颗粒间接触面积与总面积之比，即 $\alpha = \dfrac{A_c}{A}$。

由于颗粒间的接触可近似为点接触，故 α 近似为零，则式（2-17）可近似表达为

$$\sigma = \sigma' + u \tag{2-18}$$

式(2-18)是最早为太沙基所提出的饱和土体有效应力原理的一种表达式。可见所谓的有效应力 σ' 实际上是一个虚拟的物理量。它并不是颗粒间的接触应力，实际的接触应力可能非常大，并且各接触点的接触应力方向和大小各不相同，有效应力 σ' 只是土体单位面积上的所有颗粒间接触力的垂直分量之和。颗粒间接触应力用有效应力来表示，对于砂土和砾石是比较清楚的。对于黏土矿物，由于它是片状的，并为结合水所包围，所谓颗粒间接触应力和孔隙水压力很难分清和解释。但实验和分析都表明，式(2-18)这一简单表达式对于砂土和黏土都是适应的。

土的有效应力原理对以下两种情况不适用：一是对于非饱和土，式(2-18)不适用；二是对有一些孔隙介质，它们的固体不是颗粒状存在，而是连续的，这样无法取一个截面而不切固体本身，式(2-17)中的 α 就不能忽略。所以式(2-18)的简单形式不能直接用于如混凝土、岩石和轻质泡沫等材料，除非是存在连通裂隙的强风化破碎岩体。

2.3.2 毛细水上升时土中有效应力计算

水汽间表面的张力形成了表面的收缩膜，是由收缩膜内水分子受到的不平衡力造成的。在固体、水、气的表面上，由于一般固体的密度大，水被固体所吸引而上升，收缩膜有被拉伸趋势，从而带动水上升。在内径很小的玻璃管中，由于收缩膜的作用，水将沿着玻璃管上升，形成弯月面，如图2.12所示。可见如取自然水平面的压力为零，则毛细管中的水位上部的水压力 σ_w 为负值，即

$$u = \sigma_w = -h_c \gamma_w \qquad (2-19)$$

由于土颗粒之间的孔隙形成了很多弯曲的类似毛细管的封闭区间，地下水位以上某高度区范围内就出现毛细饱和区［图2.13(a)］。土中毛细水的情况远比玻璃管中的复杂。首先土中孔隙分布不均匀；另外土中含有不同矿物，由于其密度不同，与水间的吸引力也不同。因而土的组成、状态和结构都对这种毛细水及其分布有重大影响。而且实验表明，土中毛细区不存在完全饱和区，即饱和度达不到100%。

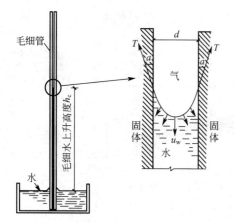

图2.12 毛细水上升

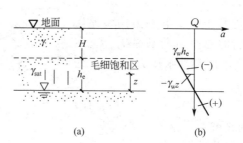

图2.13 毛细区内的 u、σ'、σ 分布图

毛细水压力分布规律与静水压力分布相同，任一点 $u = -z\gamma_w$，z 为该点到地下水位（自由水面）之间的垂直距离，离开地下水位越高，毛细负孔压绝对值越大，其孔隙水压力分布如图2.13(b)所示。由于 u 是负值，按照有效应力原理，毛细饱和区的有效应力 σ' 将会比总应力增大，即 $\sigma' = \sigma - u = \sigma + \gamma_w z$，画出的有效应力 σ' 与总应力 σ 分布如图2.13(c)所示，图中实线为 σ' 分布，虚线为 σ 分布。

【例2.2】 某土层剖面，地下水及其相应的重度如图2.14所示。试求：(1)地下水位以上无毛细饱和区时垂直方向总应力 σ、孔隙水压力 u 和有效应力 σ' 沿深度 z 的分布；(2)若砂层中地下水位以上1m范围内为毛细饱和区时，求 σ、u 和 σ' 沿深度 z 的分布。

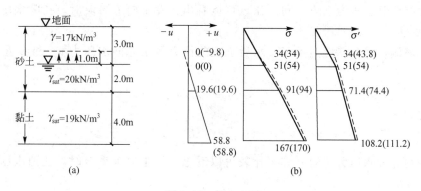

图 2.14 例 2.2 图

解:

(1) 地下水位以上无毛细饱和区时的 σ、u 和 σ' 分布值见表 2-1。

表 2-1 无毛细饱和区的应力值

深度 z/m	σ/kPa	u/kPa	σ'/kPa
2	$2 \times 17 = 34$	0	34
3	$3 \times 17 = 51$	0	51
5	$(3 \times 17) + (2 \times 20) = 91$	$2 \times 9.8 = 19.6$	71.4
9	$91 + (4 \times 19) = 167$	$6 \times 9.8 = 58.8$	108.2

σ、u 和 σ' 沿深度分布值如图 2.14(b) 中的实线所示。

(2) 当地下水位以上 1m 以内为毛细饱和区时，σ、u 和 σ' 分布值见表 2-2。

表 2-2 毛细饱和区的应力值

深度 z/m	σ/kPa	u/kPa	σ'/kPa
2	$2 \times 17 = 34$	-9.8	43.8
3	$2 \times 17 + 1 \times 20 = 54$	0	54
5	$54 + 2 \times 20 = 94$	$2 \times 9.8 = 19.6$	74.4
9	$91 + (4 \times 19) = 167$	$6 \times 9.8 = 58.8$	111.2

σ、u 和 σ' 沿深度分布值如图 2.14(b) 中的虚线所示。

2.3.3 渗流时土中孔隙应力与有效应力计算

当土中发生向上或向下的稳定渗流时，土体所受到的有效应力是不同的。对土、水整体进行分析，如果土体某点上下两侧的压力水头差为 Δh，则该点处的孔隙水受的渗透压力为 $\gamma_w \Delta h$，孔隙水受的渗透压力方向与渗透方向相同，当水向上渗流时，总应力一定，水所承担的压力等于原静水压力 u_{w1} 和渗透压力 $\gamma_w \Delta h$ 之和，即孔隙水压力等于静水压力和渗透压力之和，即

$$u = u_{w1} + \gamma_w \Delta h \tag{2-20a}$$

故该点的有效应力 σ' 为

$$\sigma' = \sigma - u = \sigma - (u_{w1} + \gamma_w \Delta h) = \sigma - u_{w1} - \gamma_w \Delta h \tag{2-20b}$$

将式(2-20b)与原静水压力下的 u 和 σ' 比较可以看出，发生向上渗流时，孔隙水压力增加了 $\gamma_w \Delta h$，有效应力减少了 $\gamma_w \Delta h$。

如果发生向下渗流，此时总应力不变，水所承担的压力等于原静水压力 u_{w1} 和渗透压力 $\gamma_w \Delta h$ 之差，即孔隙水压力为

$$u = u_{w1} - \gamma_w \Delta h \tag{2-21a}$$

故该点的有效应力 σ' 为

$$\sigma' = \sigma - u = \sigma - (u_{w1} - \gamma_w \Delta h) = \sigma - u_{w1} + \gamma_w \Delta h \tag{2-21b}$$

将式(2-21b)与原静水压力下的 u 和 σ' 比较可以看出，发生向下渗流时，孔隙水压力减少了 $\gamma_w \Delta h$，有效应力增加了 $\gamma_w \Delta h$。

2.4 土中附加应力

【土拱作用】

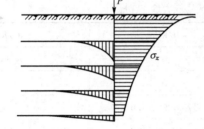

图 2.15 土中附加应力扩散

土中附加应力是建筑物荷载在地基内引起的应力，通过土粒之间的传递，向水平与深度方向扩散，附加应力逐渐减小。如图 2.15 所示集中应力作用于地面处，图左半部分表示各深度处水平面上各点垂直应力大小，图右半部分为各深度处的垂直应力大小。

土中附加应力的计算方法一般有两种：一种是弹性理论方法；另一种是应力扩散角法。本节介绍弹性理论方法，假定地基为半空间均质弹性体，用弹性力学的公式求解土中附加应力。

2.4.1 竖向集中力下的地基附加应力

【自重应力与附加应力之争】

虽然集中力只在理论上有意义，实践中并不存在集中力，但集中力作用下土中应力解是一个最基本的公式，利用这一解答，通过叠加原理可以得到各种分布荷载作用下土中应力的计算公式。

2.4.1.1 竖向集中力作用在地表

在均匀各向同性半无限空间体表面作用有竖向集中力 F 时(图 2.16)，在地基中任意一点 M 产生的应力分量及位移分量由法国数学家布辛奈斯克(Boussinesq)在 1885 年用弹性理论解出。当采用直角坐标时，其 6 个应力分量和 3 个位移分量如下。

（1）正应力为

$$\sigma_z = \frac{3FZ^3}{2\pi R^5} \tag{2-22}$$

$$\sigma_x = \frac{3F}{2\pi}\left\{\frac{zx^2}{R^5} + \frac{1-2\mu}{3}\left[\frac{R^2-Rz-z^2}{R^3(R+z)} - \frac{x^2(2R+z)}{R^3(R+z)^2}\right]\right\} \tag{2-23}$$

$$\sigma_y = \frac{3F}{2\pi}\left\{\frac{zy^2}{R^5} + \frac{1-2\mu}{3}\left[\frac{R^2-Rz-z^2}{R^3(R+z)} - \frac{y^2(2R+z)}{R^3(R+z)^2}\right]\right\} \tag{2-24}$$

图 2.16 竖向集中荷载作用下土中应力计算

（2）剪应力为

$$\tau_{xy} = \tau_{yx} = \frac{3F}{2\pi}\left[\frac{xyz}{R^5} - \frac{1-2\mu}{3} - \frac{xy(2R+z)}{R^3(R+z)^2}\right] \tag{2-25}$$

$$\tau_{yz} = \tau_{zy} = -\frac{3Fyz^2}{2\pi R^5} \tag{2-26}$$

$$\tau_{zx} = \tau_{xz} = -\frac{3Fxz^2}{2\pi R^5} \tag{2-27}$$

【土力学中应力
方向规则】

（3）x、y、z 轴方向的位移为

$$u = \frac{F(1+\mu)}{2\pi E}\left[\frac{xz}{R^3} - (1-2\mu)\frac{x}{R(R+z)}\right] \tag{2-28}$$

$$v = \frac{F(1+\mu)}{2\pi E}\left[\frac{yz}{R^3} - (1-2\mu)\frac{y}{R(R+z)}\right] \tag{2-29}$$

$$w = \frac{F(1+\mu)}{2\pi E}\left[\frac{z^2}{R^3} + 2(1-\mu)\frac{1}{R}\right] \tag{2-30}$$

式中　x、y、z——M 点坐标，$R = \sqrt{x^2+y^2+z^2}$；

　　　E、μ——地基土的弹性模量、泊松比。

当采用极坐标时，如图 2.17 所示，求得 M 点的应力为

$$\sigma_z = \frac{3F}{2\pi z^2}\cos^5\theta \tag{2-31}$$

$$\sigma_r = \frac{F}{2\pi z^2}\left[3\sin^2\theta\cos^3\theta - \frac{(1-2\mu)\cos^2\theta}{1+\cos\theta}\right] \tag{2-32}$$

$$\sigma_\theta = -\frac{F(1-2\mu)}{2\pi z^2}\left[\cos^3\theta - \frac{\cos^2\theta}{1+\cos\theta}\right] \tag{2-33}$$

$$\tau_{rz} = \frac{3F}{2\pi z^2}(\sin\theta\cos^4\theta) \tag{2-34}$$

$$\tau_{\theta r} = \tau_{\theta z} = 0 \tag{2-35}$$

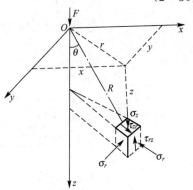

图 2.17　用极坐标表示的
土中应力状态

上述的应力及位移分量计算公式，在集中力作用点处是不适用的，因为当 $R \to 0$ 时，应力及位移趋于无穷大，这是不合理的。实际上不论多大的荷载都是通过一定的接触面积传递的，点荷载客观上并不存在；其次，当局部土承受足够大的应力时，土体已发生塑性变形，此时弹性理论已不再适用。

在应力及位移分量中，最常用的是竖向正应力 σ_z 及竖向位移 w 的计算，为了方便起见，式(2-22)可改写为

$$\sigma_z = \frac{3FZ^3}{2\pi R^5} = \frac{3F}{2\pi z^2}\frac{1}{[1+(r/z)^2]^{\frac{5}{2}}} = \alpha\frac{F}{z^2} \tag{2-36}$$

式中的应力系数 $\alpha = \frac{3}{2\pi}\cdot\frac{1}{[1+(r/z)^2]^{\frac{5}{2}}}$ 是 r/z 的函数，可按表 2-3 取用，r 为计算点距点荷载 F 的距离。

表 2-3　集中荷载作用下的应力系数 α 值

r/z	α	r/z	α	r/z	α	r/z	α	r/z	α
0.00	0.4775	0.50	0.2733	1.00	0.0844	1.50	0.0251	2.00	0.0085
0.05	0.4745	0.55	0.2466	1.05	0.0744	1.55	0.0224	2.20	0.0058
0.10	0.4657	0.60	0.2214	1.10	0.0658	1.60	0.0200	2.40	0.0040
0.15	0.4516	0.65	0.1978	1.15	0.0581	1.65	0.0179	2.60	0.0029
0.20	0.4329	0.70	0.1762	1.20	0.0513	1.70	0.0160	2.80	0.0021
0.25	0.4103	0.75	0.1565	1.25	0.0454	1.75	0.0144	3.00	0.0015
0.30	0.3849	0.80	0.1386	1.30	0.0402	1.80	0.0129	3.50	0.0007
0.35	0.3577	0.85	0.1226	1.35	0.0357	1.85	0.0116	4.00	0.0004
0.40	0.3294	0.90	0.1083	1.40	0.0317	1.90	0.0105	4.50	0.0002
0.45	0.3011	0.95	0.0956	1.45	0.0282	1.95	0.0095	5.00	0.0001

在点荷载的作用下，若需计算地面某一点的沉降量，只需将该点的坐标 $z=0$、$R=r$ 代入式（2-29）可得该点的垂直位移，即

$$s=w=\frac{F(1-\mu^2)}{\pi Er} \tag{2-37}$$

2.4.1.2 竖向集中力作用在土体内部

工程实际中经常遇到集中力作用在土体内部的情况，此时采用布辛奈斯克解和实际情况就不一致了。集中力作用在土体内深度 c 处，土体内任意点 M 处（图 2.18）的应力和位移解由明德林（R. D. Mindlin）于 1936 年求得：

$$\sigma_x=\frac{Q}{8\pi(1-\mu)}\left\{-\frac{(1-2\mu)(z-c)}{R_1^3}+\frac{3x^2(z-c)}{R_1^5}-\frac{(1-2\mu)\left[3(z-c)-4\mu(z+c)\right]}{R_2^3}+\right.$$

$$\frac{3(3-4\mu)x^2(z-c)-6c(z+c)\left[(1-2\mu)z-2\mu c\right]}{R_2^5}+\frac{30cx^2z(z+c)}{R_2^7}+$$

$$\left.\frac{4(1-\mu)(1-2\mu)}{R_2(R_2+z+c)}\left(1-\frac{x^2}{R_2(R_2+z+c)}-\frac{x^2}{R_2^2}\right)\right\} \tag{2-38}$$

$$\sigma_y=\frac{Q}{8\pi(1-\mu)}\left\{-\frac{(1-2\mu)(z-c)}{R_1^3}+\frac{3y^2(z-c)}{R_1^5}-\frac{(1-2\mu)\left[3(z-c)-4\mu(z+c)\right]}{R_2^3}+\right.$$

$$\frac{3(3-4\mu)y^2(z-c)-6c(z+c)\left[(1-2\mu)z-2\mu c\right]}{R_2^5}+\frac{30cy^2z(z+c)}{R_2^7}+$$

$$\left.\frac{4(1-\mu)(1-2\mu)}{R_2(R_2+z+c)}\left(1-\frac{y^2}{R_2(R_2+z+c)}-\frac{y^2}{R_2^2}\right)\right\} \tag{2-39}$$

$$\sigma_z=\frac{Q}{8\pi(1-\mu)}\left\{\frac{(1-2\mu)(z-c)}{R_1^3}-\frac{(1-2\mu)(z-c)}{R_2^3}+\frac{3(z-c)^3}{R_1^5}+\right.$$

$$\left.\frac{3(3-4\mu)z(z+c)^2-3c(z+c)(5z-c)}{R_2^5}+\frac{30cz(z+c)^3}{R_2^7}\right\} \tag{2-40}$$

$$\tau_{yz}=\frac{Qy}{8\pi(1-\mu)}\left\{\frac{1-2\mu}{R_1^3}-\frac{1-2\mu}{R_2^3}+\frac{3(z-c)^2}{R_1^5}+\frac{3(3-4\mu)z(z+c)-3c(3z+c)}{R_2^5}+\right.$$

$$\left.\frac{30cz(z+c)^2}{R_2^7}\right\} \tag{2-41}$$

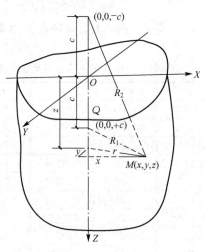

图 2.18　竖向集中力作用在弹性半无限体内引起的内力

$$\tau_{xz} = \frac{Qx}{8\pi(1-\mu)}\left\{\frac{1-2\mu}{R_1^3} - \frac{1-2\mu}{R_2^3} + \frac{3(z-c)^2}{R_1^5} + \frac{3(3-4\mu)z(z+c)-3c(3z+c)}{R_2^5} + \right.$$

$$\left. \frac{30cz(z+c)^2}{R_2^7}\right\} \tag{2-42}$$

$$\tau_{xy} = \frac{Qxy}{8\pi(1-\mu)}\left\{\frac{3(z-c)}{R_1^5} + \frac{3(3-4\mu)(z-c)}{R_2^5} - \frac{4(1-\mu)(1-2\mu)}{R_2^2(R_2+z+c)}\times \right.$$

$$\left. \left(\frac{1}{R_2+z+c} + \frac{1}{R_2}\right) + \frac{30cz(z+c)}{R_2^7}\right\} \tag{2-43}$$

式中 $R_1 = \sqrt{x^2+y^2+(z-c)^2}$、$R_2 = \sqrt{x^2+y^2+(z+c)^2}$

c——集中力作用点的深度（m）；

Q——集中力。

竖向位移解为

$$w = \frac{Q(1+\mu)}{8\pi E(1-\mu)}\left[\frac{3-4\mu}{R_1} + \frac{8(1-\mu)^2-(3-4\mu)}{R_2} + \frac{(z-c)^2}{R_1^3} + \right.$$

$$\left. \frac{(3-4\mu)(z+c)^2-2cz}{R_2^3} + \frac{6cz(z+c)^2}{R_2^5}\right] \tag{2-44}$$

当集中力作用点移至地表面，且求解集中力作用点外地表面任一点的沉降，只要令 $c=0$，$z=0$，则式（2-44）与式（2-37）是完全相同的。此时布辛奈斯克解可看做是明德林解的特例。

2.4.1.3 多个集中力作用在地表

如图 2.19 所示，当地基表面作用有 n 个集中力时，欲求地基中任意点 M 处的附加应力 σ_z，可先利用式（2-36）求出各集中力对该点引起的附加应力，然后根据弹性体应力叠加原理求出附加应力总和，即可得

$$\sigma_z = \alpha_1\frac{F_1}{z^2} + \alpha_2\frac{F_2}{z^2} + \cdots + \alpha_n\frac{F_n}{z^2} = \frac{1}{z^2}\sum_{i=1}^{n}\alpha_iF_i \tag{2-45}$$

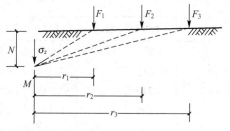

图 2.19 多个集中力作用下的附加应力

2.4.2 矩形荷载和圆形荷载下的地基附加应力

工程实际中，荷载一般是通过一定面积的基础传给地基的。如果基础底面的形状和荷载（基底附加压力）分布规律已知，则可通过积分的方法求得相应的土中附加应力。土中附加应力计算一般分空间问题和平面问题来讨论。

若作用荷载分布在有限面积范围内，那么土中应力与计算点处的空间坐标 (x, y, z) 有关，这类问题属于空间问题。集中荷载作用下的布辛奈斯克课题及下面将介绍的矩形面积分布荷载、圆形面积分布荷载下的解均为空间问题。

1. 矩形面积上作用均布荷载时土中竖向应力计算

1）角点下土中竖向附加应力的计算

图 2.20 所示为在弹性半空间地基表面 $l\times b$ 面积上作用有均布荷载 p（基底附加压力）的作用。为了计算矩形面积角点下某深度处 M 点的竖向附加应力值 σ_z，可在基底范围内取单元面积 $\mathrm{d}A=\mathrm{d}x\mathrm{d}y$，作用在单元面积上的分布荷载可以用集中力

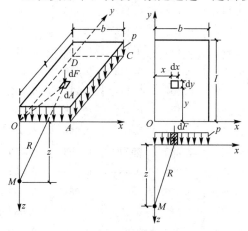

图 2.20 矩形面积均布荷载作用下角点处
竖向应力 σ_z 的计算

dF 表示，即有 $dF = p\mathrm{d}x\mathrm{d}y$。集中力 dF 在土中 M 点处引起的竖向附加应力 $\mathrm{d}\sigma_z$ 为

$$\mathrm{d}\sigma_z = \frac{3\mathrm{d}F}{2\pi} \times \frac{z^3}{R^5} = \frac{3}{2\pi} \frac{pz^3}{(x^2+y^2+z^2)^{5/2}}\mathrm{d}x\mathrm{d}y \tag{2-46}$$

则在矩形面积均布荷载 p 作用下，土中 M 点的竖向附加应力 σ_z 值，可以在基础面积范围内进行积分求得，即

$$\sigma_z = \iint_A \mathrm{d}\sigma_z = \frac{3z^3}{2\pi}p\int_0^l\int_0^b \frac{1}{(x^2+y^2+z^2)}\mathrm{d}x\mathrm{d}y$$

$$= \frac{p}{2\pi}\left[\frac{mn(1+n^2+2m^2)}{(m^2+n^2)(1+m^2)\sqrt{1+m^2+n^2}} + \arctan\frac{n}{m\sqrt{1+n^2+m^2}} \right]$$

$$= \alpha_\mathrm{a} p \tag{2-47}$$

$$\alpha_\mathrm{a} = \frac{1}{2\pi}\left[\frac{mn(1+n^2+2m^2)}{(m^2+n^2)(1+m^2)\sqrt{1+m^2+n^2}} + \arctan\frac{n}{m\sqrt{1+n^2+m^2}} \right]$$

式中　α_a——角点附加应力系数，是 $n = \dfrac{l}{b}$ 和 $m = \dfrac{z}{b}$ 的函数，即

$$\alpha_\mathrm{a} = \frac{1}{2\pi}\left[\frac{mn(1+n^2+2m^2)}{(m^2+n^2)(1+m^2)\sqrt{1+m^2+n^2}} + \arctan\frac{n}{m\sqrt{1+n^2+m^2}} \right]$$

可查表 2-4 选用，其中 l 为矩形面积的长边，b 为短边，z 为计算点的深度。

表 2-4　矩形面积上作用均布荷载角点下竖向附加应力系数 α_a 值

$m = \dfrac{z}{b}$	$n = \dfrac{l}{b}$										
	1.0	1.2	1.4	1.6	1.8	2.0	3.0	4.0	5.0	10.0	条形
0	0.250	0.250	0.250	0.250	0.250	0.250	0.250	0.250	0.250	0.250	0.250
0.2	0.249	0.249	0.249	0.249	0.249	0.249	0.249	0.249	0.249	0.249	0.249
0.4	0.240	0.242	0.243	0.243	0.244	0.244	0.244	0.244	0.244	0.244	0.240
0.6	0.223	0.228	0.230	0.232	0.232	0.233	0.234	0.234	0.234	0.234	0.223
0.8	0.200	0.208	0.212	0.215	0.217	0.218	0.220	0.220	0.220	0.220	0.200
1.0	0.175	0.185	0.191	0.196	0.198	0.200	0.203	0.204	0.204	0.205	0.175
1.2	0.152	0.163	0.171	0.176	0.179	0.182	0.187	0.188	0.189	0.189	0.152
1.4	0.131	0.142	0.151	0.157	0.161	0.164	0.171	0.173	0.174	0.174	0.131
1.6	0.112	0.124	0.133	0.140	0.145	0.148	0.157	0.159	0.160	0.160	0.112
1.8	0.097	0.108	0.117	0.124	0.129	0.133	0.143	0.146	0.147	0.148	0.097
2.0	0.084	0.095	0.103	0.110	0.116	0.120	0.131	0.135	0.136	0.137	0.084
2.2	0.073	0.083	0.092	0.098	0.104	0.108	0.121	0.125	0.126	0.128	0.073
2.4	0.064	0.073	0.081	0.088	0.093	0.098	0.111	0.116	0.118	0.119	0.064
2.6	0.057	0.065	0.072	0.079	0.084	0.089	0.102	0.107	0.110	0.112	0.057
2.8	0.050	0.058	0.065	0.071	0.076	0.080	0.094	0.100	0.102	0.105	0.050
3.0	0.045	0.052	0.058	0.064	0.069	0.073	0.087	0.093	0.096	0.099	0.045
3.2	0.040	0.047	0.053	0.058	0.063	0.067	0.081	0.087	0.090	0.093	0.040
3.4	0.036	0.042	0.048	0.053	0.057	0.061	0.075	0.081	0.085	0.088	0.036
3.6	0.033	0.038	0.043	0.048	0.052	0.056	0.069	0.076	0.080	0.084	0.033
3.8	0.030	0.035	0.040	0.044	0.048	0.052	0.065	0.072	0.075	0.080	0.030
4.0	0.027	0.032	0.036	0.040	0.044	0.048	0.060	0.067	0.071	0.076	0.027

（续）

$m=\dfrac{z}{b}$	$n=\dfrac{l}{b}$										
	1.0	1.2	1.4	1.6	1.8	2.0	3.0	4.0	5.0	10.0	条形
4.2	0.025	0.029	0.033	0.037	0.041	0.044	0.056	0.063	0.067	0.072	0.025
4.4	0.023	0.027	0.031	0.034	0.038	0.041	0.053	0.060	0.064	0.069	0.023
4.6	0.021	0.025	0.028	0.032	0.035	0.038	0.049	0.056	0.061	0.066	0.021
4.8	0.019	0.023	0.026	0.029	0.032	0.035	0.046	0.053	0.058	0.064	0.019
5.0	0.018	0.021	0.024	0.027	0.030	0.033	0.043	0.050	0.055	0.061	0.018
6.0	0.013	0.015	0.017	0.020	0.022	0.024	0.033	0.039	0.043	0.051	0.013
7.0	0.010	0.011	0.013	0.015	0.016	0.018	0.025	0.031	0.035	0.043	0.009
8.0	0.007	0.009	0.010	0.011	0.013	0.014	0.020	0.025	0.028	0.037	0.007
9.0	0.006	0.007	0.008	0.009	0.010	0.011	0.016	0.020	0.024	0.032	0.006
10.0	0.005	0.006	0.007	0.007	0.008	0.009	0.013	0.017	0.020	0.028	0.005
12.0	0.003	0.004	0.005	0.005	0.006	0.006	0.009	0.012	0.014	0.022	0.003
14.0	0.002	0.003	0.003	0.004	0.004	0.005	0.007	0.009	0.011	0.018	0.002
16.0	0.002	0.002	0.003	0.003	0.003	0.004	0.005	0.007	0.009	0.014	0.002
18.0	0.001	0.002	0.002	0.002	0.003	0.003	0.004	0.006	0.007	0.012	0.001
20.0	0.001	0.001	0.002	0.002	0.002	0.002	0.004	0.005	0.006	0.010	0.001
25.0	0.001	0.001	0.001	0.001	0.001	0.002	0.002	0.003	0.004	0.007	0.001
30.0	0.001	0.001	0.001	0.001	0.001	0.001	0.002	0.002	0.003	0.005	0.001
35.0	0.000	0.000	0.001	0.001	0.001	0.001	0.001	0.002	0.002	0.004	0.000
40.0	0.000	0.000	0.000	0.001	0.001	0.001	0.001	0.001	0.001	0.003	0.000

上述先确定角点系数 α_a，再计算角点下附加应力的方法，称为角点法。

2）土中任意点的竖向附加应力的计算

如图 2.21 所示，矩形面积 $abcd$ 上作用有均布荷载 p，计算任意点处的竖向附加应力 σ_z。该点的垂直投影点 O 可以在矩形面积 $abcd$ 范围之内，也可能在矩形面积 $abcd$ 范围之外。此时可以用式（2-47）按下述叠加方法进行计算。

如图 2.21(a) 所示，O 点在矩形边线上，可将面积分为两个矩形，求出两个矩形交点的附加应力，再相加即可，即

$$\sigma_z = \sum \sigma_{zi} = \sigma_{z,\mathrm{I}} + \sigma_{z,\mathrm{II}}$$

如图 2.21(b) 所示，若 O 点在矩形面积范围之内，则计算时可以通过 O 点将受荷面积划分为 4 个小矩形面积。这时 O 点分别在 4 个小矩形面积的角点上，这样就可以分别计算 4 个小矩形面积均布荷载在角点 O 引起的竖向附加应力，叠加后得

$$\sigma_z = \sum \sigma_{zi} = \sigma_{z,\mathrm{I}} + \sigma_{z,\mathrm{II}} + \sigma_{z,\mathrm{III}} + \sigma_{z,\mathrm{IV}}$$

同理，对 O 点在受荷面积之外边的情况也可计算，对于图 2.21(c) 所示情况，有

$$\sigma_z = \sum \sigma_{zi} = \sigma_{z,ogbf} - \sigma_{z,ogae} + \sigma_{z,ohcf} - \sigma_{z,ohde}$$

【角点法的几种工况】

对于图 2.21(d) 所示情况，有

$$\sigma_z = \sum \sigma_{zi} = \sigma_{z,ofbh} - \sigma_{z,ofag} - \sigma_{z,oech} + \sigma_{z,oedg}$$

【附加应力的分布
与变化】

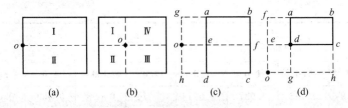

图 2.21　角点法计算的荷载面积划分示意

2. 矩形面积上作用三角形分布荷载时土中竖向附加应力计算

如图 2.22 所示，在地基表面矩形面积 $l \times b$ 上作用有三角形分布荷载（最大值等于 P），计算荷载为 0 的角点下深度 z 处 M 点的竖向附加应力 σ_z 值。为此，将坐标原点取在荷载为 0 的角点上，z 轴通过 M 点。取单元面积 $\mathrm{d}A = \mathrm{d}x\,\mathrm{d}y$，其上作用集中力 $\mathrm{d}F = \dfrac{x}{b}p\,\mathrm{d}x\,\mathrm{d}y$，则同样可利用式（2-34）在基底面积范围内进行积分，求得 σ_z 为

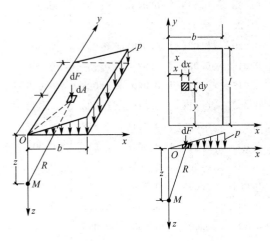

图 2.22　矩形面积上作用三角行
分布荷载时 σ_z 计算

$$
\begin{aligned}
\sigma_z &= \frac{3z^3}{2\pi}p \int_0^l \int_0^b \frac{x/b}{(x^2+y^2+z^2)^{5/2}}\mathrm{d}x\,\mathrm{d}y \\
&= \frac{mn}{2\pi}\left[\frac{1}{\sqrt{n^2+m^2}} - \frac{m^2}{(1+m^2)\sqrt{1+n^2+m^2}} \right]p \\
&= \alpha_1 p
\end{aligned}
\tag{2-48}
$$

式中　α_1——荷载为零的角点上应力系数，是 $n = \dfrac{l}{b}$ 和 $m = \dfrac{z}{b}$ 的函数。

同理，也可以求出荷载为 p 的角点上的应力系数 α_2。此两种系数可由表 2-5 查得。

表 2-5　矩形面积上三角形分布荷载作用角点的竖向附加应力系数值

$\dfrac{l}{b}$ $\diagdown$ $\dfrac{z}{b}$	0.2		0.4		0.6		0.8		1.0	
	1	2	1	2	1	2	1	2	1	2
0.0	0.0000	0.2500	0.0000	0.2500	0.0000	0.2500	0.0000	0.2500	0.0000	0.2500
0.2	0.0223	0.1821	0.0280	0.2115	0.0296	0.2165	0.0301	0.2178	0.0304	0.2182
0.4	0.0269	0.1094	0.0420	0.1604	0.0487	0.1781	0.0517	0.1844	0.0531	0.1870
0.6	0.0259	0.0700	0.0448	0.1165	0.0560	0.1405	0.0621	0.1520	0.0654	0.1575
0.8	0.0232	0.0480	0.0421	0.0853	0.0553	0.1093	0.0637	0.1232	0.0688	0.1311
1.0	0.0201	0.0346	0.0375	0.0638	0.0508	0.0852	0.0602	0.0996	0.0666	0.1086
1.2	0.0171	0.0260	0.0324	0.0491	0.0450	0.0673	0.0546	0.0807	0.0615	0.0901
1.4	0.0145	0.0202	0.0278	0.0386	0.0392	0.0540	0.0483	0.0661	0.0554	0.0751
1.6	0.0123	0.0160	0.0238	0.0310	0.0339	0.0440	0.0424	0.0547	0.0492	0.0628
1.8	0.0105	0.0130	0.0204	0.0254	0.0294	0.0363	0.0371	0.0457	0.0435	0.0534
2.0	0.0090	0.0108	0.0176	0.0211	0.0255	0.0304	0.0324	0.0387	0.0384	0.0456
2.5	0.0063	0.0072	0.0125	0.0140	0.0183	0.0205	0.0326	0.0265	0.0284	0.0318
3.0	0.0046	0.0051	0.0092	0.0100	0.0135	0.0148	0.0176	0.0192	0.0214	0.0223

（续）

$\dfrac{l}{b}$	0.2		0.4		0.6		0.8		1.0	
$\dfrac{z}{b}$	1	2	1	2	1	2	1	2	1	2
5.0	0.0018	0.0019	0.0036	0.0038	0.0054	0.0056	0.0071	0.0074	0.0088	0.0091
7.0	0.0009	0.0010	0.0019	0.0019	0.0028	0.0029	0.0038	0.0038	0.0047	0.0047
10.0	0.0005	0.0004	0.0009	0.0010	0.0014	0.0014	0.0019	0.0019	0.0023	0.0024
0.0	0.0000	0.2500	0.0000	0.2500	0.0000	0.2500	0.0000	0.2500	0.0000	0.2500
0.2	0.0306	0.2185	0.0306	0.2196	0.0306	0.2186	0.0306	0.2186	0.0306	0.2186
0.4	0.0547	0.1892	0.0548	0.1894	0.0549	0.1894	0.0549	0.1894	0.0549	0.1894
0.6	0.0696	0.1633	0.0701	0.1638	0.0702	0.1639	0.0702	0.1640	0.0702	0.1640
0.8	0.0764	0.1412	0.0773	0.1423	0.0775	0.1424	0.0776	0.1426	0.0776	0.1426
1.0	0.0774	0.1225	0.0790	0.1244	0.0794	0.1248	0.0795	0.1250	0.0796	0.1250
1.2	0.0749	0.1069	0.0774	0.1096	0.0779	0.1103	0.0782	0.1105	0.0783	0.1105
1.4	0.0707	0.0937	0.0739	0.0973	0.0748	0.0982	0.0752	0.0986	0.0753	0.0987
1.6	0.0656	0.0826	0.0697	0.0870	0.0708	0.0882	0.0714	0.0887	0.0715	0.0889
1.8	0.0604	0.0730	0.0652	0.0782	0.0666	0.0797	0.0673	0.0805	0.0675	0.0808
2.0	0.0553	0.0649	0.0607	0.0707	0.0624	0.0726	0.0634	0.0734	0.0636	0.0738
2.5	0.0440	0.0491	0.0504	0.0559	0.0529	0.0585	0.0543	0.0601	0.0548	0.0605
3.0	0.0352	0.0380	0.0419	0.0451	0.0449	0.0482	0.0469	0.0504	0.0476	0.0511
5.0	0.0161	0.0167	0.0214	0.0221	0.0248	0.0256	0.0283	0.0290	0.0301	0.0309
7.0	0.0089	0.0091	0.0124	0.0126	0.0152	0.0154	0.0186	0.0190	0.0212	0.0216
10.0	0.0046	0.0046	0.0066	0.0066	0.0084	0.0083	0.0111	0.0111	0.0139	0.0141

注：b 为三角形荷载分布方向的基础边长，l 为矩形另一方向的边长。

【例 2.3】　如图 2.23 所示，有一矩形面积基础 $l \times b = 5\text{m} \times 3\text{m}$，三角形分布的荷载作用在地基表面，荷载最大值 $p = 100\text{kPa}$。试计算在矩形面积内 O 点下深度 $z = 2\text{m}$ 处的竖向应力 σ_z 值。

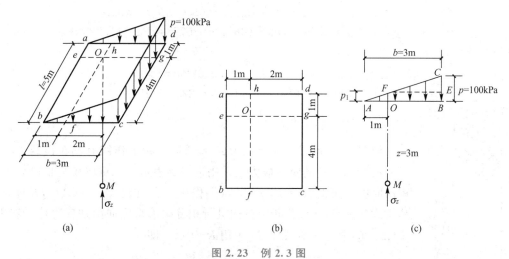

图 2.23　例 2.3 图

解：

求解时需要通过两次叠加计算。第一次是荷载作用面积的叠加，可利用角点法计算；第二次是荷载分布图形的叠加。

如图 2.23 所示，由于 O 点位于矩形 $abcd$ 面积内。通过 O 点将矩形面积划分为 4 块，荷载 $Oeah$ 和 $Oebf$ 为三角形分布的交点法求得；荷载 $Ohdg$ 和 $Ofcg$ 假定其上作用均布荷载 p_1，即图中的荷载 $OBEF$，$p_1=100/3\text{kPa}=33.3\text{kPa}$，然后叠加三角形分布的荷载 FEC 得到。则在 M 点处产生的竖向应力可用前面介绍的角点法计算，即

$$\sigma_z=\sigma_{z,oeah}+\sigma_{z,oebf}+\sigma_{z,ohdg}+\sigma_{z1,ofcg}$$

（1）荷载 $Oeah$ 和 $Oebf$ 为三角形分布，其附加应力系数为：

荷载作用面积 $Oeah$，$\dfrac{l}{b}=\dfrac{1}{1}=1$，$\dfrac{z}{b}=\dfrac{2}{1}=2$，$\alpha_{z,oeah}=0.0456$

则

$$\sigma_{z,oeah}=p_1\times\alpha_{z,oeah}=(33.3\times0.0456)\text{kPa}=1.518\text{kPa}$$

荷载作用面积 $Oebf$，$\dfrac{l}{b}=\dfrac{4}{1}=4$，$\dfrac{z}{b}=\dfrac{2}{1}=2$，$\alpha_{z,oebf}=0.0726$

则

$$\sigma_{z,oebf}=p_1\times\alpha_{z,oebf}=(33.3\times0.0726)\text{kPa}=2.418\text{kPa}$$

（2）荷载 $Ohdg$ 和 $Ofcg$ 是由均布荷载 p_1 叠加三角形分布的荷载 FEC 引起的，荷载 $Ohdg$ 由均布荷载 p_1 引起的附加应力系数为：

$$\frac{l}{b}=\frac{2}{1}=2，\quad \frac{z}{b}=\frac{2}{1}=2，\quad \alpha_{z1,ohdg}=0.120$$

三角形分布的荷载 FEC 引起的附加应力系数为：

$$\frac{l}{b}=\frac{1}{2}=0.5，\quad \frac{z}{b}=\frac{2}{2}=1，\quad \alpha_{z2,ohdg}=0.0442$$

$$\sigma_{z,ohdg}=\sigma_{z1,ohdg}+\sigma_{z2,Ohdg}=p_1\times\alpha_{z1,ohdg}+(100-p_1)\times\alpha_{z2,ohdg}$$
$$=(33.3\times0.120)\text{kPa}+(66.7\times0.0442)\text{kPa}=6.944\text{kPa}$$

荷载 $Ofcg$ 由均布荷载 p_1 引起的附加应力系数为：

$$\frac{l}{b}=\frac{4}{2}=2，\quad \frac{z}{b}=\frac{2}{2}=1，\quad \alpha_{z1,ofcg}=0.200$$

三角形分布的荷载 FEC 引起的附加应力系数为：

$$\frac{l}{b}=\frac{4}{2}=2，\quad \frac{z}{b}=\frac{2}{2}=1，\quad \alpha_{z2,ofcg}=0.0774$$

$$\sigma_{z,ofcg}=\sigma_{z1,ofcg}+\sigma_{z2,Ofcg}=p_1\times\alpha_{z1,ofcg}+(100-p_1)\times\alpha_{z2,ofcg}$$
$$=(33.3\times0.200)\text{kPa}+(66.7\times0.0774)\text{kPa}=11.823\text{kPa}$$

（3）该点的附加应力：

$$\sigma_z=\sigma_{z,oeah}+\sigma_{z,oebf}+\sigma_{z,ohdg}+\sigma_{z1,ofcg}=1.518\text{kPa}+$$
$$2.418\text{kPa}+6.944\text{kPa}+11.823\text{kPa}=22.703\text{kPa}$$

3. 圆形面积上作用均布荷载时土中竖向附加应力计算

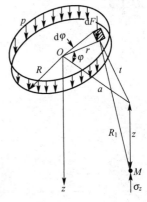

图 2.24　圆形面积均布荷载
作用下土中应力

如图 2.24 所示，在半径为 R 的圆形面积上作用有均布荷载 p，计算土中任一点 $M(a,z)$ 的竖向应力。采用极坐标表示，原点取圆心 O 处。在圆形面积内取单元面积 $dA=Rd\varphi dr$，其上作用集中荷载 $dF=pdA=pRd\varphi dr$。同样可利用式（2-36）在圆面积范围内进行积分，求得竖向附加应力值。这里应注意，式（2-36）中的 R 在图 2.24 中用 R_1 表示，即

$$R_1=\sqrt{l^2+z^2}=(R^2+a^2-2Ra\cos\varphi+z^2)^{1/2} \tag{2-49}$$

竖向附加应力 σ_z 值为

$$\sigma_z=\frac{3pz^3}{2\pi}\int_0^{2\pi}\int_0^R\frac{RdRd\varphi}{(R^2+a^2-2Ra\cos\varphi+z^2)^{5/2}}=\alpha_c p \tag{2-50}$$

式中 α_c——应力系数,它是$\dfrac{a}{R}$和$\dfrac{z}{R}$的函数,可由表2-6查得;

R——圆半径;

a——应力计算点M到z轴的水平距离。

表2-6 圆形面积上均布荷载作用下的竖向应力系数α_c值

z/R \ a/R	0	0.2	0.4	0.6	0.8	1.0	1.2	1.4	1.6	1.8	2.0	3.0	4.0
0.0	1.000	1.000	1.000	1.000	1.000	0.500	0.000	0.000	0.000	0.000	0.000	0.000	0.000
0.2	0.992	0.991	0.987	0.970	0.890	0.468	0.077	0.015	0.005	0.002	0.001	0.000	0.000
0.4	0.949	0.943	0.920	0.860	0.712	0.435	0.181	0.065	0.026	0.012	0.006	0.001	0.000
0.6	0.864	0.852	0.813	0.733	0.591	0.400	0.224	0.113	0.056	0.029	0.016	0.002	0.000
0.8	0.756	0.742	0.699	0.619	0.504	0.366	0.237	0.142	0.083	0.048	0.029	0.004	0.001
1.0	0.646	0.633	0.593	0.526	0.134	0.332	0.235	0.157	0.102	0.065	0.042	0.007	0.002
1.2	0.547	0.535	0.502	0.447	0.377	0.300	0.226	0.162	0.113	0.078	0.053	0.010	0.003
1.4	0.461	0.452	0.425	0.383	0.329	0.270	0.212	0.161	0.118	0.088	0.062	0.014	0.004
1.6	0.390	0.383	0.362	0.330	0.288	0.243	0.197	0.156	0.120	0.090	0.068	0.017	0.005
1.8	0.332	0.327	0.311	0.285	0.254	0.218	0.182	0.148	0.118	0.092	0.072	0.021	0.006
2.0	0.285	0.280	0.268	0.248	0.224	0.196	0.167	0.140	0.114	0.092	0.074	0.024	0.008
2.2	0.246	0.242	0.233	0.218	0.198	0.176	0.153	0.131	0.109	0.090	0.074	0.026	0.009
2.4	0.214	0.211	0.203	0.192	0.176	0.159	0.146	0.122	0.101	0.087	0.073	0.028	0.011
2.6	0.187	0.185	0.179	0.170	0.158	0.144	0.129	0.113	0.098	0.084	0.071	0.030	0.012
2.8	0.165	0.163	0.159	0.151	0.141	0.130	0.118	0.105	0.092	0.080	0.069	0.031	0.013
3.0	0.146	0.145	0.141	0.135	0.127	0.118	0.108	0.097	0.087	0.077	0.067	0.032	0.014
3.4	0.117	0.116	0.114	0.110	0.105	0.098	0.091	0.084	0.076	0.068	0.061	0.032	0.016
3.8	0.096	0.095	0.093	0.091	0.087	0.083	0.078	0.073	0.067	0.061	0.053	0.032	0.017
4.2	0.079	0.079	0.078	0.076	0.073	0.070	0.067	0.063	0.059	0.054	0.050	0.031	0.018
4.6	0.067	0.067	0.066	0.064	0.063	0.060	0.058	0.055	0.052	0.048	0.045	0.030	0.018
5.0	0.057	0.057	0.056	0.055	0.054	0.052	0.050	0.048	0.046	0.043	0.041	0.028	0.018
5.5	0.048	0.048	0.047	0.046	0.045	0.044	0.043	0.041	0.039	0.038	0.036	0.026	0.017
6.0	0.040	0.040	0040	0.039	0.039	0.038	0.037	0.036	0.034	0.033	0.031	0.024	0.017

2.4.3 线荷载和条形荷载下的地基附加应力

如图2.25所示,在半无限体表面作用有无限长的条形荷载,荷载在宽度方向的分布是任意的,但在长度方向的分布规律是相同的。此时土中任一点M的应力只与该点的平面坐标(x,z)有关,而与荷载长度方向y轴坐标无关,属于平面应变问题。实际上,在工程实践中不存在无限长条形分布荷载,但一般把路堤、土坝、挡土墙及长宽比$l/b \geqslant 10$的条形基础等视作平面应变问题来进行分析,其计算结果能满足工程需要。

1. 线荷载作用下土中应力计算

如图 2.26 所示，在弹性半空间地基土表面无限长直线上作用有竖向均布线荷载 p，通过布辛奈斯克公式在线荷载分布方向上进行积分来计算地基土中任一点 M 处的附加应力。该课题的解答首先由弗拉曼（Flamant）得到，故又称弗拉曼解。

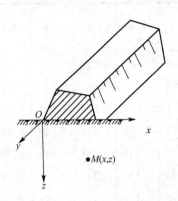
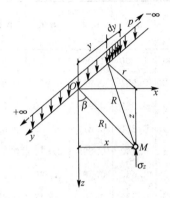

图 2.25　平面应变问题实例　　　　图 2.26　均布线荷载作用时土中应力计算

具体求解时，在线荷载上取微分长度 $\mathrm{d}y$，可以将作用在上面的荷载 $p\mathrm{d}y$ 看成是集中力，它在地基 M 点处引起的附加应力按布辛奈斯克解求得，进一步沿线荷载方向积分，可得线荷载在 M 点引起的附加应力，即

$$\sigma_z = \int_{-\infty}^{+\infty} \frac{3pz^3\,\mathrm{d}y}{2\pi(x^2+y^2+z^2)^{5/2}} = \frac{2pz^3}{\pi R^4} = \frac{2p}{\pi z}\cos^4\beta = \frac{2pz^3}{\pi(x^2+z^2)^2} \qquad (2-51)$$

由于平面问题需要计算的独立应力分量只有 σ_z、σ_x 和 τ_{xz}，类似地得

$$\sigma_x = \frac{2px^2z}{\pi(x^2+z^2)^2} \qquad (2-52)$$

$$\tau_{xz} = \tau_{zx} = \frac{2pxz^2}{\pi(x^2+z^2)^2} \qquad (2-53)$$

如图 2.26 所示，当采用极坐标表示时，将 $z = R_1\cos\beta$、$x = R_1\sin\beta$ 代入式(2-51)、式(2-52)、式(2-53)，可得

$$\sigma_z = \frac{2p}{\pi R_1}\cos^3\beta \qquad (2-54)$$

$$\sigma_x = \frac{p}{\pi R_1}\sin\beta\sin2\beta \qquad (2-55)$$

$$\tau_{xz} = \frac{p}{\pi R_1}\cos\beta\sin2\beta \qquad (2-56)$$

虽然线荷载只在理论意义上存在，但可以把它看做是条形面积在宽度趋于 0 时的特殊情况。以线荷载为基础，通过积分即可以推导出条形面积上作用有各种分布荷载时地基土附加应力的计算公式。

2. 均布条形荷载作用下土中应力 σ_z 计算

1) 土中任一点竖向应力的计算

如图 2.27 所示，在土体表面宽度为 b 的条形面积上作用均布荷载 p，计算土中任一点 $M(x,z)$ 的竖向应力 σ_z。为此，在条形荷载的宽度方向上取微分宽度 $\mathrm{d}\xi$，将其上作用的荷载 $\mathrm{d}p = p\mathrm{d}\xi$ 视为线荷载，$\mathrm{d}p$ 在 M 点处引起的竖向附加应力为 $\mathrm{d}\sigma_z$，利用式(2-51)求得，然后在荷载分布宽度范围 b 内进行积分，即可求得整个

条形荷载在 M 点处引起的附加应力 σ_z 为

$$\sigma_z = \int_0^b \mathrm{d}\sigma_z = \int_0^b \frac{2z^3 p \mathrm{d}\xi}{\pi[(x-\xi)^2 + z^2]^2}$$

$$= \frac{p}{\pi}\left[\arctan\frac{n}{m} + \arctan\frac{n-1}{m} + \frac{mn}{m^2+n^2} - \frac{n(m-1)}{n^2+(m-1)^2}\right] = \alpha_u p \qquad (2-57)$$

式中 α_u——应力系数，它是 $n = \dfrac{x}{b}$ 和 $m = \dfrac{z}{b}$ 的函数，可查表 2-7 求得。

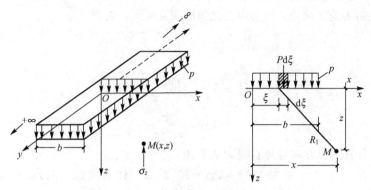

图 2.27 均布条形荷载作用下土中应力计算

表 2-7 均布条形荷载应力系数 α_u 值

x/b	z/b											
	0.0	0.2	0.4	0.6	0.8	1.0	1.2	1.4	2.0	3.0	4.0	5.0
0	0.500	0.498	0.489	0.468	0.440	0.409	0.375	0.345	0.275	0.198	0.153	0.104
0.25	1.000	0.937	0.797	0.679	0.586	0.510	0.450	0.400	0.298	0.206	0.156	0.105
0.50	1.000	0.977	0.881	0.755	0.612	0.550	0.477	0.420	0.306	0.208	0.158	0.106
0.75	1.000	0.937	0.797	0.679	0.586	0.510	0.450	0.400	0.298	0.206	0.156	0.105
1.00	0.500	0.498	0.489	0.468	0.440	0.409	0.375	0.345	0.275	0.198	0.153	0.104
1.25	0.059	0.173	0.243	0.276	0.288	0.287	0.279	0.242	0.186	0.147	0.102	
1.50	0.000	0.011	0.056	0.111	0.155	0.185	0.202	0.210	0.205	0.171	0.140	0.100
2.00	0.000	0.001	0.010	0.026	0.048	0.071	0.091	0.107	0.134	0.136	0.122	0.094

当采用极坐标表示时，如图 2.28 所示，记 M 点到条形荷载边缘的连线与竖直线之间的夹角分别为 β_1 和 β_2，并作如下的正负号规定：从竖直线 MN 到连线逆时针旋转时为正，反之为负，可见，图中的 β_1 和 β_2 均为正值。

取单元荷载宽度 $\mathrm{d}x$，则有 $\mathrm{d}x = \dfrac{R\mathrm{d}\beta}{\cos\beta}$，利用极坐标表示的弗拉曼公式 [式(2-54)~式(2-56)]，在荷载分布宽度 b 范围内积分，同样可求得 M 点的应力表达式，即得条形均布荷载作用下地基附加应力的另一表达形式为

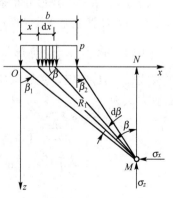

$$\sigma_z = \frac{2p}{\pi R_1}\int_{\beta_2}^{\beta_1}\cos^3\beta\frac{R_1}{\cos\beta}\mathrm{d}\beta = \frac{2p}{\pi}\int_{\beta_2}^{\beta_1}\cos^2\beta\mathrm{d}\beta$$

$$= \frac{p}{\pi}\left[\beta_1 + \frac{1}{2}\sin2\beta_1 - \beta_2 - \frac{1}{2}\sin2\beta_2\right] \qquad (2-58)$$

图 2.28 极坐标表示的均布条形荷载作用下土中应力计算

$$\sigma_x = \frac{p}{\pi}\left[\beta_1 - \frac{1}{2}\sin2\beta_1 - \beta_2 + \frac{1}{2}\sin2\beta_2\right] \tag{2-59}$$

$$\tau_{xz} = \frac{p}{2\pi}(\cos2\beta_2 - \cos2\beta_1) \tag{2-60}$$

2）土中任一点主应力的计算

如图2.29所示，在地基土表面作用有均布条形荷载p，计算土中任一点M的最大、最小主应力σ_1和σ_3。根据材料力学中关于主应力与法向应力及剪应力之间的相互关系，可得

$$\begin{cases} \sigma_1 = \frac{\sigma_x + \sigma_z}{2} + \sqrt{\left(\frac{\sigma_x - \sigma_z}{2}\right)^2 + \tau_{xz}^2} \\ \sigma_3 = \frac{\sigma_x + \sigma_z}{2} - \sqrt{\left(\frac{\sigma_x + \sigma_z}{2}\right)^2 + \tau_{xz}^2} \end{cases} \tag{2-61}$$

$$\tan2\theta = \frac{2\tau_{xz}}{\sigma_z - \sigma_x} \tag{2-62}$$

式中　θ——最大主应力的作用方向与竖直线间的夹角。

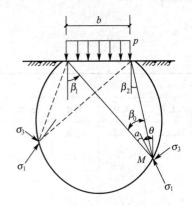

图2.29　均布条形荷载作用
下土中主应力计算

将式（2-58）～式（2-60）代入式（2-61）、式（2-62），即可得到M点的主应力表达式及其作用方向，即

$$\begin{cases} \sigma_1 = \frac{p}{\pi}[(\beta_1 - \beta_2) + \sin(\beta_1 - \beta_2)] \\ \sigma_3 = \frac{p}{\pi}[(\beta_1 - \beta_2) - \sin(\beta_1 - \beta_2)] \end{cases} \tag{2-63}$$

$$\theta = \frac{1}{2}(\beta_1 + \beta_2) \tag{2-64}$$

由图2.29可知，假定M点到荷载宽度边缘连线的夹角为β_0（一般称为视角），则$\beta_0 = \beta_1 - \beta_2$，代入式（2-63），即可得到$M$点的主应力为

$$\begin{cases} \sigma_1 = \frac{p}{\pi}(\beta_0 + \sin\beta_0) \\ \sigma_3 = \frac{p}{\pi}(\beta_0 - \sin\beta_0) \end{cases} \tag{2-65}$$

可以看出，在荷载p确定的条件下，式（2-65）中仅包含一个变量β_0，即表明地基土中视角β_0相等的各点，其主应力也相等。

3. 三角形分布条形荷载作用下土中应力计算

图2.30给出三角形分布条形荷载作用下的情形，坐标轴原点取在三角形荷载的零点处，荷载分布最大值为p，计算地基土中$M(x,z)$点的竖向附加应力σ_z。在条形荷载的宽度方向上取微分单元$\mathrm{d}\xi$，将其上作用的荷载$\mathrm{d}p = \frac{\xi}{b}p\,\mathrm{d}\xi$视为线荷载，而$\mathrm{d}p$在$M$点处引起的附加应力$\mathrm{d}\sigma_z$可按式（2-51）确定，然后积分，则三角形分布条形荷载在M点处引起的附加应力σ_z为

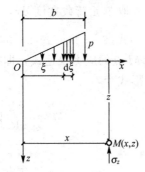

$$\begin{aligned} \sigma_z &= \frac{2z^3 p}{\pi b}\int_0^b \frac{\xi\,\mathrm{d}\xi}{[(x-\xi)^2 + z^2]^2} \\ &= \frac{p}{\pi}\left[n\left(\arctan\frac{n}{m} - \arctan\frac{n-1}{m}\right) - \frac{m(n-1)}{(n-1)^2 + m^2}\right] = \alpha_s p \end{aligned} \tag{2-66}$$

图2.30　三角形分布条形荷载
作用下土中应力计算

式中　α_s——应力系数，是$n = \frac{x}{b}$和$m = \frac{z}{b}$的函数，可从表2-8中查得。

表 2-8　三角形分布条形荷载作用下竖向应力系数 α_t 值

z/b	x/b										
	−1.5	−1.0	−0.5	0.0	0.25	0.50	0.75	1.0	1.5	2.0	2.5
0	0.000	0.000	0.000	0.000	0.250	0.500	0.750	0.500	0.000	0.000	0.000
0.25	0.000	0.000	0.001	0.075	0.256	0.480	0.643	0.424	0.017	0.003	0.000
0.50	0.002	0.003	0.023	0.127	0.263	0.410	0.477	0.353	0.056	0.017	0.003
0.75	0.006	0.016	0.042	0.153	0.248	0.335	0.361	0.293	0.108	0.024	0.009
1.00	0.014	0.025	0.061	0.159	0.223	0.275	0.279	0.241	0.129	0.045	0.013
1.50	0.020	0.048	0.096	0.145	0.178	0.200	0.202	0.185	0.124	0.062	0.041
2.00	0.033	0.061	0.092	0.127	0.146	0.155	0.163	0.153	0.108	0.069	0.050
3.00	0.050	0.064	0.080	0.096	0.103	0.104	0.108	0.104	0.090	0.071	0.050
4.00	0.051	0.060	0.067	0.075	0.078	0.085	0.082	0.075	0.073	0.060	0.049
5.00	0.047	0.052	0.057	0.059	0.062	0.063	0.063	0.065	0.061	0.051	0.047
6.00	0.041	0.041	0.050	0.051	0.052	0.053	0.053	0.053	0.050	0.050	0.045

2.4.4　非均质和各向异性地基中的附加应力

【地下水对自重应力及
附加应力的影响】

1. 成层地基的影响

　　前面介绍的地基附加应力的计算一般均是考虑柔性荷载和均质各向同性土体的
情况，因而求得的土中附加应力与土的性质无关；而实际土体往往并非如此，例如，大多数建筑地基是
由不同压缩性土层组成的成层地基。研究表明，由两种压缩特性不同的土层所构成的双层地基的应力分
布与各向同性地基的应力分布不同，双层地基一般可分为两种情况：一种是坚硬土层上覆盖有较薄的可
压缩土层；另一种是软弱土层上覆盖有一层压缩模量较高的硬壳层。

　　1）可压缩土层覆盖在刚性岩层上的情形

　　对于可压缩土层覆盖在刚性岩层上的情况［图 2.31(a)］，由弹性理论解可知，上层土中荷载中轴线
附近的附加应力 σ_z 将比均质半无限体时增大；离开中轴线，应力逐渐减小，至某一距离后，应力小于均
匀半无限体时的应力。这种现象称为"应力集中"现象。应力集中的程度主要与荷载宽度 b 和压缩层厚度
h 之比有关，即随着 b/h 增大，应力集中现象将减弱。图 2.32 所示为条形均布荷载作用下，当岩层位于
不同的深度时，中轴线上的 σ_z 分布图。可以看出，b/h 比值越小，应力集中的程度越高。

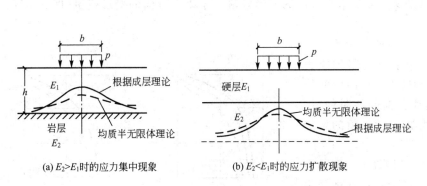

(a) $E_2>E_1$ 时的应力集中现象　　　　(b) $E_2<E_1$ 时的应力扩散现象

图 2.31　成层地基对附加应力的影响

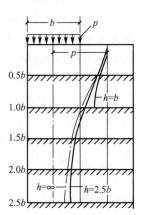

图 2.32　岩层在不同深度时基础
轴线下的竖向应力分布

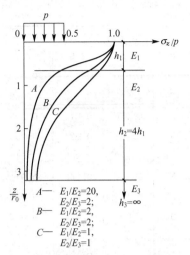

图 2.33　变形模量不同时圆形
均布荷载中心线下的
竖向应力分布

2）硬土层覆盖在软弱土层上的情形

对于硬土层覆盖在软弱土层上的情况［图 2.31(b)］，荷载中轴线附近附加应力将有所减小，即出现应力扩散现象。由于应力分布比较均匀，地基的沉降也相应较为均匀。图 2.33 所示地基土层厚度为 h_1、h_2、h_3，而相应的变形模量为 E_1、E_2、E_3，地基表面受半径 $r_0=1.6h_1$ 的圆形荷载 p 作用时，荷载中心下土层中的附加应力 σ_z 分布情况。可以看出，当 $E_1>E_2>E_3$ 时（曲线 A、B），荷载中心下土层中的应力 σ_z 明显低于 E 为常数时（曲线 C）均质土的情况。

双层地基中应力集中和扩散的概念有很大的实用意义。例如，在软土地区，当表面有一层硬壳层时，由于应力扩散作用，可以减少地基的沉降，所以在设计中基础应尽量浅一些，在施工中也应采取一定的保护措施，避免其遭受破坏。

2. 变形模量随深度增大时地基中的附加应力

在工程应用中还会遇到另一种非均质现象，即地基土变形模量 E 随深度逐渐增大的情况，这在砂土地基中是十分常见的。弗罗利克（Frohlich）对这一问题进行了研究，给出在集中力 F 作用下地基中附加应力 σ_z 的半经验计算公式，即

$$\sigma_z=\frac{vF}{2\pi R^2}\cos^v\theta \tag{2-67}$$

式中符号的意义参见图 2.17，v 为一大于 3 的应力集中系数。对于 E 为常数的均质弹性体，如均匀的黏土，取 $v=3$，其结果即为布辛奈斯克解；对于较密实的砂土，可取 $v=6$；对于介于黏土与砂土之间的土，可取 $v=3\sim6$。

此外，当 R 相同，$\theta=0$ 或很小时，v 越大，σ_z 越高；而当 θ 很大时则相反，即 v 越大，σ_z 越小。换言之，这类土的非均质现象将使地基中的应力向荷载的作用线附近集中。事实上，地面上作用的一般不可能是集中荷载，而是不同类型的分布荷载，此时根据应力叠加原理也可得到应力 σ_z 向荷载中心线附近集中的结论。

3. 各向异性的影响

天然沉积的土层因沉积条件和应力状态的原因而常常呈现各向异性的特征。例如，层状结构的水平薄交互地基，在垂直方向和水平方向的变形模量 E 就有所不同，从而影响到土层中附加应力的分布。研究表明，在土的泊松比 μ 相同的条件下，当水平方向的变形模量大于垂直方向的变形模量（即 $E_h>E_v$）时，在各向异性地基中将出现应力扩散现象；而当水平方向的变形模量小于垂直方向的变形模量（即 $E_h<E_v$）时，地基中将出现应力集中现象。

沃尔夫（Wolf，1935）假定 $n=E_h/E_v$，为大于 1 的常数，得到均布条形荷载 p 作用下竖向附加应力系数 α_u 与相对深度 z/b 的关系，如图 2.34(a) 中实线所示，图中的虚线表示相应于均质各向同性时的解。可见，当 $E_h>E_v$ 时，附加应力系数 α_u 随 n 值的增加而减小。

韦斯脱加特（Westerguard，1938）假设半空间体内夹有间距极小的、完全柔性的水平薄层，这些薄层只允许产生竖向变形，在此基础上得出集中荷载 F 作用下附加应力 σ_z 的计算公式，即

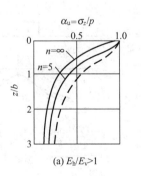
(a) $E_h/E_v>1$

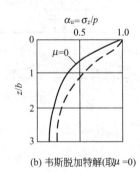
(b) 韦斯脱加特解（取 $\mu=0$）

图 2.34　土中各向异性对应力系数的影响

$$\sigma_z = \frac{C}{2\pi} \frac{1}{\left[C^2 + \left(\frac{r}{z}\right)^2\right]^{3/2}} \frac{F}{z^2} \qquad (2-68)$$

式中 $C = \sqrt{\dfrac{1-2\mu}{2(1-\mu)}}$ ；

μ——柔性薄层的泊松比，如取 $\mu=0$ ，则有 $C=1/\sqrt{2}$ 。

韦斯脱加特进一步得到均布条形荷载下的解。图 2.34(b)所示为均布条形荷载 p 作用下，中心线下的竖向附加应力系数 α_u 与 z/b 之间的关系。其中，实线表示有水平薄层存在时的解，而虚线表示均质各向同性条件下的解。

背 景 知 识

太沙基与有效应力

太沙基(Karl Terzaghi，1883—1963)，又译泰尔扎吉，美籍奥地利土力学家，现代土力学的创始人。1883 年 10 月 2 日生于布拉格(当时属奥地利)。1904 年和 1912 年先后获得格拉茨(Graz)工业大学的学士和博士学位。

早期太沙基从事广泛的工程地质和岩土工程的实践工作，接触到大量的土力学问题。后期转入教学岗位，从事土力学的教学和研究工作，并着手建立现代土力学。他先后在麻省理工学院、维也纳高等工业学院和英国伦敦帝国学院任教，最后长期在美国哈佛大学任教。

太沙基在 1936 年的第一届到 1957 年的第四届国际土力学及基础工程会议上连续被选为主席。1923 年太沙基发表了渗透固结理论，第一次科学地研究土体的固结过程，同时提出了土力学的一个基本原理，即有效应力原理。1925 年，他发表的世界上第一本土力学专著《建立在土的物理学基础的土力学》被公认为是进入现代土力学时代的标志。随后发表的《理论土力学》和《实用土力学》(中译名)全面总结和发展了土力学的原理和应用经验，至今仍为工程界的重要参考文献。

太沙基集教学、研究和实践于一体，十分重视工程实践对土力学发展的重大意义。土石坝工程是他的一项重要研究领域。他所发表的近 300 种著作中，有许多是和水利工程有关的。他最后的一篇文章就是介绍米逊(Misson)坝软土地基的处理问题的。

由于学术和工程实践上的卓越成就，他获得过 9 个名誉博士学位，受过多种奖励。他是唯一得到过 4 次美国土木工程师学会最高奖——诺曼奖的杰出学者。为了表彰他的功勋，美国土木工程师学会还建立了太沙基奖及讲座。

太沙基早在 1923 年就提出了有效应力原理的基本概念，阐明了碎散颗粒材料与连续固体材料在应力-应变关系上的重大区别，从而形成使土力学成为一门独立学科的重要标志。

这是土力学区别于其他力学的一个重要原理。外荷载作用后，土中应力被土骨架和土中的水蒸气共同承担，但是只有通过土颗粒传递的有效应力才会使土产生变形，具有抗剪强度。而通过孔隙中的水蒸气传递的孔隙压力对土的强度和变形没有贡献。这可以通过一个试验理解：有两个土试样，一个加水超过土表面若干，我们会发现土样没有压缩；另一个表面放重物，很明显土样被压缩了。尽管这两个试样表面都有荷载，但是结果不同。原因就是前一个是孔隙水压，后一个是通过颗粒传递的，为有效应力。

饱和土的压缩有个排水过程(孔隙水压力消散的过程)，只有排完水土才压缩稳定。再者，在外荷载作用下，土中应力被土骨架和土中的水蒸气共同承担，水是没有摩擦力的，只有土粒间的压力(有效应力)产生摩擦力(摩擦力是土抗剪强度的一部分)。

这一原理阐明饱和土体中的总应力包括两部分：即孔隙水压力和有效应力，孔隙水压力的变化不会引起土的体积变化，也不影响土体破坏。与此相反，影响土的性质，如土的压缩性、抗剪强度等变化的唯一的力是有效应力。所以，要研究饱和土的压缩性、抗剪强度、稳定性和沉降，就必须了解土体中的有效应力的变化。有效应力原理是反映饱和土体中总应力、孔隙水压力和有效应力三者相互关系的基本方程。当总应力保持不变时，孔隙水压力和有效应力可相互转化，即孔隙水压力减少（增大），则有效应力增大（减少）。通常总应力是可计算或量测的，孔隙水压力也可以实测或计算，然而有效应力只能通过有效应力原理求得。可见，有效应力原理对分析地基或土体的变形与稳定性具有重要的意义。

有效应力从一个颗粒向另一个颗粒传递的机理及其对土性质的影响是比较复杂的。根据试验观测和研究，土颗粒间的接触连接是由推动土颗粒靠近的总应力与推动颗粒分离的孔隙水压力和颗粒间相互吸引力与相互排斥力两对相互矛盾的力作用平衡的结果。颗粒与颗粒间往往不是直接接触，而是存在一定距离，颗粒通过表面吸附着的厚为 0～120nm（纳米）的水膜相联结。有效应力是通过水膜从一个颗粒传递到另一个颗粒的。对于粗颗粒土类，由于颗粒表面水膜很薄或不存在水膜，因此，颗粒间通过颗粒表面直接接触，接触点的面积很小，在有效应力作用下常被压碎，形成粗糙表面接触，增大摩擦阻力，引起土的强度增大。对于细粒土类，由于颗粒表面存在较厚的水膜（特别是以薄片状的黏土矿物面与面接触结构的土），颗粒间的接触面积是比较大的。在有效应力的作用下，矿物颗粒表面水膜中的水分子被挤排出去而缩小了颗粒间的距离，通过引力使颗粒保持联结，从而引起土骨架体积压缩和颗粒联结力的增大，使土的强度增大。对于特别细颗粒的黏土，如钠蒙脱石黏土，其颗粒间的面与面接触是通过双电层水膜联结的，有效应力是通过双电层水膜传递的。在有效应力的作用下，颗粒沿双电层水膜产生剪切蠕动，土骨架产生蠕变，而不引起土的强度增大。

总之，有效应力在土颗粒面的传递机理是比较复杂的，也说明土性质的复杂性与有效应力在土颗粒间的传递有关。所以，研究土的强度与变形性质，如果不知道作用于土骨架上的有效应力，就难以合理地确定土的强度特性。根据上述有效应力原理，无须知道颗粒间力的传递，仅从可测定的总应力和孔隙水压力及其变形和强度的变化，通过宏观的推断就可获得极其简明而符合实际的有效应力公式，成为土力学的一个重要的科学概念。这是一个很精明的科学推断。

小　结

土中应力计算是研究和分析土体变形、强度和稳定性等问题的基础和依据，本章主要讲述土中应力计算和土的有效应力原理，土中应力计算包括的自重应力、基底压力及土中附加应力计算。

土的自重应力计算分为均质土的自重应力、成层土的自重应力、水平向自重应力和地下水位以下土中自重应力计算；基底压力计算部分有基底压力的分布、简化计算方法及基底附加压力计算；土中附加应力包括竖向集中力下的地基附加应力、矩形荷载和圆形荷载下的地基附加应力、线荷载和条形荷载下的地基附加应力和非均质和各向异性地基中的附加应力计算。

土的有效应力原理主要讲述有效应力原理的概念，以及毛细水上升时土中有效应力计算和渗流时土中孔隙应力与有效应力计算等。

思考题及习题

一、思考题

2.1　什么是基底压力、地基反力、基底附加压力及土中附加应力？

2.2　刚性基础和柔性基础的基底压力有何异同？

2.3　为何要研究基底附加压力？

2.4　什么是角点法？应用角点法能解决哪些问题？

2.5　当地下水有升降时，在计算土中自重应力时应如何考虑？

2.6　若基底压力保持不变，增大基础埋深，土中附加应力是增大还是减小？设计地下室可以减小基底附加压力是如何考虑的？

二、习题

2.1　某场地自上而下的土层分别为：第一层粉土，厚 3m，重度 γ 为 $18kN/m^3$；第二层粉质黏土，厚 5m，水位以上重度为 $18.4kN/m^3$，饱和重度 $\gamma_{sat}=19.5kN/m^3$，地下水位距地表 5m，求地表下 7m 处的竖向自重应力。（参考答案：100.3kPa）

2.2　已知基础底面积 $b \times l = 2m \times 3m$，基底中心作用有弯矩 $M=500kN \cdot m$，轴向力 $N=600kN$，如图 2.35 所示。求基底压力及其分布。（参考答案：$p_{max}=139.5kPa$，$p_{min}=0$）

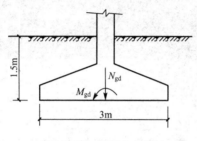

图 2.35　习题 2.2 图

2.3　如图 2.36 所示，基底附加压力 p_0 相同，比较 A 点下深度为 5m 处土中附加应力的大小。

（参考答案：$0.7p_0$；$035p_0$；$0.525p_0$）

2.4　图 2.37 所示为某建筑物筏板基础，基底平均附加压力为 $p_0=100kPa$，求基底 1、2、3 点下深度为 4m 处的土中附加应力。（参考答案：1 点的土中附加应力 24.8kPa；2 点的土中附加应力 72.8kPa；3 点的土中附加应力 0.1kPa）

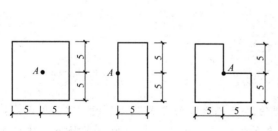

图 2.36　习题 2.3 图（单位：m）

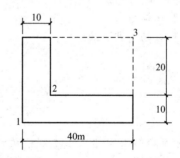

图 2.37　习题 2.4 图

第3章
土的压缩变形

📚 教学目标与要求

- 概念及基本原理

【掌握】土的压缩性；压缩系数；变形模量；压缩模量；先期固结压力；正常固结土；超固结土；欠固结土；超固结比。

【理解】压缩曲线($e-p$ 曲线及 $e-\lg p$ 曲线)；应力历史对黏性土压缩性的影响。

- 计算理论及计算方法

【掌握】压缩系数、变形模量、压缩模量之间的关系；土层压缩量的计算；分层总和法的基本假设及原理；规范法的基本原理。

- 试验

【掌握】压缩试验。

【理解】现场荷载试验。

📚 导入案例

墨西哥城艺术宫

墨西哥首都的墨西哥城艺术宫，是一座巨型的具有纪念性的早期建筑，于 1904 年落成，至今已有 100 余年的历史。此建筑物为地基沉降最严重的典型实例之一，如下图所示。

墨西哥城四面环山，古代原是一个大湖泊，因周围火山喷发的火山岩沉积和湖水蒸发，经漫长年代，湖水干涸形成。地表层为人工填土与砂夹卵石硬壳层，厚度为 5m；其下为超高压缩性淤泥，天然孔隙比 e 高达 7~12，天然含水量 w 高达 150%~600%，为世界罕见的软弱土，层厚达 25m。因此，这座艺术宫严重下沉，沉降量竟高达 4m。临近的公路下沉 2m，公路路面至艺术宫门前高差达 2m。参观者需步下 9

墨西哥城艺术宫正面

级台阶，才能从公路进入艺术宫。

墨西哥城艺术宫的下沉量为一般房屋一层楼有余，造成室内外连接困难和交通不便，内外网管道修理工程量增加。

3.1 土的压缩性及其指标

3.1.1 概述

在附加应力作用下，地基土产生体积缩小，从而引起的建筑物基础沿垂直方向的位移(或下沉)称为沉降。

为了保证建筑物的安全和正常使用，必须预先对建筑物基础可能产生的最大沉降量和沉降差进行估算。如果建筑物基础可能产生的最大沉降量和沉降差在规定的允许范围之内，那么该建筑物的安全和正常使用一般是有保证的；否则，必须采取相应的工程措施，以确保建筑物的安全和正常使用。

地基沉降量的大小与多种因素有关，首先与土的压缩性有关，易于压缩的土，基础的沉降大，而不易压缩的土，则基础的沉降小。其次，地基的沉降量与作用在基础上的荷载性质和大小有关，一般而言，荷载越大，相应的基础沉降也越大；而偏心或倾斜荷载所产生的沉降差要比中心荷载大。

地基沉降的计算方法有很多，本章主要讲授两大类：弹性力学方法和单向压缩分层总和法。这两类方法均考虑了地基的成层性，计算之前预先求得应力，这样就能考虑地基中的初始应力(自重应力)和应力增量(附加应力)对土变形参数的影响，并通过划分薄层的办法把非线性问题线性化，从而提高精度。

地基沉降计算的弹性力学方法是基于半空间的弹性理论得到的计算方法，又称线性变形分层总和法。线性变形分层总和法以弹性半空间的竖向位移解答为基础，考虑了局部刚性荷载下的三维应力状态。当以排水条件下测定的变形模量 E_s 和泊松比 μ 计算刚性基础最终沉降和倾斜时，其结果反映了土体因剪切变形引起的瞬时沉降(或倾斜)和因体积压缩引起的固结沉降(或倾斜)两个分量之和。

单向压缩分层总和法包括传统单向压缩分层总和法、规范法、考虑应力历史的单向压缩分层总和法。本章介绍的 3 种单向压缩分层总和法都是以压缩仪测得的非线性应力、压缩应变关系，经分层线性化后进行地基沉降计算的。此法所需的土变形参数测定和计算方法都简易可行，故为一般工程所广泛采用，并积累了较多的经验。通常粗略地把单向压缩分层总和法的计算结果看成是地基最终沉降。

3.1.2 压缩曲线和压缩指标

土的压缩是由于孔隙体积减小所引起的。在荷载作用下，透水性大的饱和无黏性土，其压缩过程在短时间内就可以结束。相反的，黏性土的透水性低，饱和黏性土中的水分只能慢慢排出，因此其压缩稳定所需的时间要比透水性大的饱和无黏性土长得多。土的压缩随时间而增长的过程，称为土的固结。对于饱和黏性土来说，土的固结问题是十分重要的。

计算地基沉降量时，必须取得土的压缩性指标，无论是用室内试验还是用原位试验来测定它，都应该力求使试验条件与土的天然状态及其在外荷载作用下的实际应力条件相符合。在一般工程中，常用不允许土样产生侧向变形(侧限条件)的室内压缩试验来测定土的压缩性指标，其试验条件虽未能符合土的实际受力情况，但还是有其实用价值的。

1. 压缩试验

室内侧限压缩试验(也称固结试验)是研究土的压缩性的最基本方法，室内试验简单方便、费用较低，被广泛采用。

压缩试验采用的试验装置是压缩仪(也称固结仪)，其主要部分构造如图 3.1 所示。

【室内压缩试验过程演示】

压缩试验时，用金属环刀切取保持天然结构的原状土样，并置于圆筒形压缩容器的刚性护环内，土样上下各垫有一块透水石，土样受压后土中水可以自由排出。由于金属环刀和刚性护环的限制，土样在压力作用下只可能发生竖向压缩，而无侧向变形。土样在天然状态下或经人工饱和后，进行逐级加压固结，以便测定各级压力 p 作用下土样压缩至稳定的孔隙比变化。

设土样的初始高度为 H_0，受压后土样高度为 H，则 $H = H_0 - s$，s 为外压力 p 作用下土样压缩至稳定的变形量。根据土的孔隙比的定义，假设土粒体积 V_s 不变，则土样孔隙体积在压缩开始前为 $e_0 V_s$，在压缩稳定后为 $e V_s$（图 3.2）。

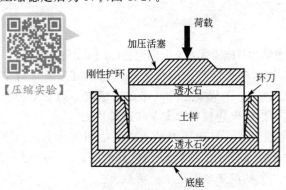

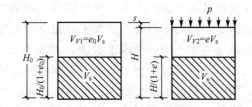

图 3.1 压缩仪的压缩容器简图　　　　　图 3.2 压缩试验中的土样孔隙比变化

为求土样压缩稳定后的孔隙比 e，利用受压前后土粒体积不变和土样横截面面积不变的两个条件，得

$$\frac{H_0}{1+e_0} = \frac{H}{1+e} = \frac{H_0 - s}{1+e} \tag{3-1a}$$

或

$$e = e_0 - \frac{s}{H_0}(1+e_0) \tag{3-1b}$$

式中，$e_0 = \dfrac{d_s(1+w_0)\gamma_w}{\gamma_0} - 1$，其中 d_s、w_0、γ_0 分别为土粒相对密度、土样的初始含水量和初始重度。

这样，只要测定土样在各级压力 p 作用下的稳定压缩量 s，就可按式（3-1b）算出相应的孔隙比 e，从而绘制出土的压缩曲线。

压缩曲线可按两种方式绘制，一种是采用普通直角坐标绘制的 $e-p$ 曲线 ［图 3.3(a)］，在常规试验中，一般按 $p=50\text{kPa}$、100kPa、200kPa、300kPa、400kPa 共 5 级加荷；另一种的横坐标则取 p 的常用对数取值，即采用半对数直角坐标纸绘制成 $e-\lg p$ 曲线 ［图 3.3(b)］，试验时以较小的压力开始，采取小增量多级加荷，并加到较大的荷载（如 1000kPa）为止。

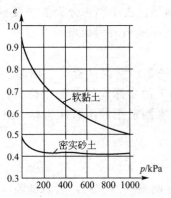
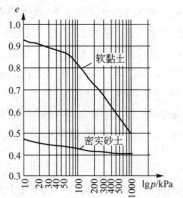

(a) 普通直角坐标绘制的 $e-p$ 曲线　　　　(b) 半对数直角坐标绘制的 $e-\lg p$ 曲线

图 3.3 土的压缩曲线

2. 压缩性指标

评价土体压缩性及计算地基沉降通常有如下指标。

1）压缩系数

压缩性不同的土，其 e-p 曲线的形状是不一样的。曲线越陡，说明随着压力的增 【压缩试验过程】
加，土孔隙比的减小越显著，因而土的压缩性越高。所以，曲线上任一点的切线斜率 a 就表示了相应于压
力 p 作用下土的压缩性，即

$$a = -\frac{\mathrm{d}e}{\mathrm{d}p} \tag{3-2}$$

式中，负号表示随着压力 p 的增加，e 逐级减少。

实际应用中，一般研究土中某点由原来的自重应力 p_1 增加到外荷载作
用下的土中应力 p_2（自重应力与附加应力之和）这一压力间隔所表征的压缩
性。如图 3.4 所示，设压力由 p_1 增至 p_2，相应的孔隙比由 e_1 减小到 e_2，
则与应力增量 $\Delta p = p_2 - p_1$ 对应的孔隙比变化为 $\Delta e = e_1 - e_2$。此时，土的压
缩性可用图中割线 M_1M_2 的斜率表示。设割线与横坐标的夹角为 α，则

$$\alpha = \tan\alpha = \frac{\Delta e}{\Delta p} = \frac{e_1 - e_2}{p_2 - p_1} \tag{3-3}$$

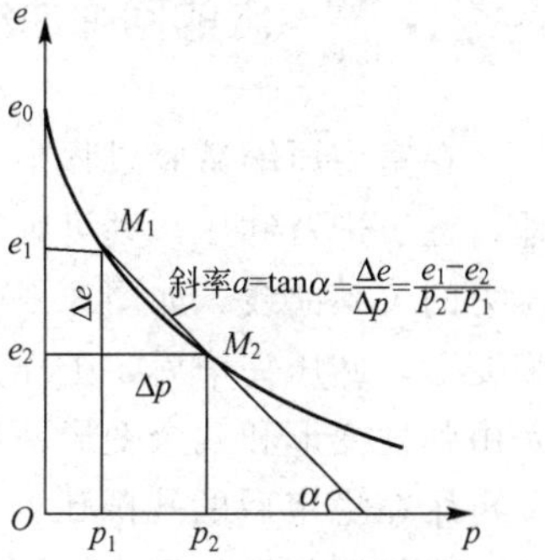

图 3.4 以 e-p 曲线确定压缩系数 a

式中　a——土的压缩系数（kPa^{-1} 或 MPa^{-1}）；

p_1——一般是指地基某深度处土中竖向自重应力（kPa 或 MPa）；

p_2——地基某深度处土中自重应力与附加应力之和（kPa 或 MPa）；

e_1——相应于 p_1 作用下压缩稳定后的孔隙比；

e_2——相应于 p_2 作用下压缩稳定后的孔隙比。

为了便于应用和比较，通常采用压力间隔由 $p_1 = 100\mathrm{kPa}(0.1\mathrm{MPa})$ 增加到 $p_2 = 200\mathrm{kPa}(0.2\mathrm{MPa})$ 时所
得的压缩系数 a_{1-2} 来评定土的压缩性，具体如下：

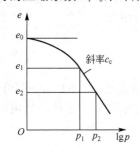

当 $a_{1-2} < 0.1\mathrm{MPa}^{-1}$ 时，属低压缩性土；

当 $0.1 \leqslant a_{1-2} < 0.5\mathrm{MPa}^{-1}$ 时，属中压缩性土；

当 $a_{1-2} \geqslant 0.5\mathrm{MPa}^{-1}$ 时，属高压缩性土。

2）压缩指数

土的 e-p 曲线改绘成半对数压缩曲线 e-$\lg p$ 曲线时，它的后段接近直线
（图 3.5），其斜率 c_c 为

$$c_c = \frac{e_1 - e_2}{\lg p_2 - \lg p_1} = (e_1 - e_2)/\lg\frac{p_2}{p_1} \tag{3-4}$$

图 3.5 e-$\lg p$ 曲线中求 c_c

式中，c_c 称为土的压缩指数，以便与土的压缩系数 a 相区别。

同压缩系数 a 一样，压缩指数 c_c 值越大，土的压缩性越高。由图 3.5 可知，c_c 与 a 不同，它在直线
段范围内并不随压力而变。低压缩性土的 c_c 值一般小于 0.2，c_c 值大于 0.4 的一般属于高压缩性土。国内
外广泛采用 e-$\lg p$ 曲线来分析研究应力历史对土的压缩性的影响。

3）压缩模量（侧限压缩模量）

根据 e-p 曲线，可以求算另一个压缩性指标——压缩模量 E_s。它的定义是土在完全侧限条件下的竖
向附加压应力与相应的应变之比值，即

$$E_s = \frac{\sigma_z}{\varepsilon_z} \tag{3-5}$$

由 $\sigma_z = \Delta p$，$\varepsilon_z = -\dfrac{\Delta e}{1 + e_1}$，可得

$$E_s = \frac{\Delta p}{\dfrac{-\Delta e}{1+e_1}} = \frac{1+e_1}{a} \qquad\qquad (3-6)$$

式中　a——土的压缩系数（kPa^{-1}或MPa^{-1}）。

土的压缩模量 E_s 是以另一种方式表示土的压缩性指标，E_s 越小表示土的压缩性越高。

3.1.3　土的回弹曲线和再压缩曲线

在室内压缩试验过程中，如加压到某一值 p_i（相应于图 3.6 中 $e-p$ 曲线上的 b 点）后不再加压，相反地，逐级进行卸压，则可观察到土样的回弹。若测得其回弹稳定后的孔隙比，则可绘制相应的孔隙比与压力的关系曲线，如图 3.6 中 bc 曲线所示，称为回弹曲线（或膨胀曲线）。由于土样已在压力 p_i 作用下压缩变形，卸压完毕后，土样并不能完全恢复到相当于初始孔隙比 e_0 的 a 点处，这就显示出土的压缩变形是由弹性变形和残余变形两部分组成的，而且以后者为主。如重新逐级加压，则可测得土样在各级荷载下再压缩稳定后的孔隙比；从而绘制再压缩曲线，如图 3.6 中 cdf 曲线所示。其中 df 段像是 ab 段的延续，犹如期间没有经过卸压和再压过程一样。在半对数曲线（图 3.6 中 $e-\lg p$ 曲线）中也可以看到这种现象。

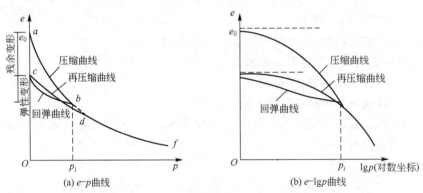

图 3.6　土的回弹曲线和再压缩曲线

某些类型的基础，其底面积和埋深往往都较大，开挖基坑后地基受到较大的减压（应力解除）作用，因而发生土的膨胀，造成坑底回弹。因此，在预估基础沉降时，应该适当考虑这种影响。此外，利用压缩、回弹、再压缩的 $e-\lg p$ 曲线，可以分析应力历史对土的压缩性的影响。

3.1.4　现场载荷试验及变形模量

测定土的压缩性指标，除从室内压缩试验测定外，还可以通过现场原位测试取得。例如，可以通过载荷试验或旁压试验所测得的地基沉降（或土的变形）与压力之间近似的比例关系，利用地基沉降的弹性力学公式来反算土的变形模量。土的变形模量 E_0 是指土体在无侧限条件下的应力与应变的比值。

1. 现场载荷试验

【荷载试验】

地基土载荷试验是工程地质勘察工作中的一项原位测试。试验前先在现场试坑中竖立载荷架，使施加的荷载通过承压板（或称压板）传到地层中去，以便测试岩、土的力学性质，包括测定地基变形模量、地基承载力以及研究土的湿陷性质等。

图 3.7 所示两种千斤顶形式的载荷架，其构造一般由加荷稳压装置、反力装置及观测装置 3 部分组成。加荷稳压装置包括承压板、立柱、加荷千斤顶及稳压器；反力装

置包括地锚系统或堆重系统等；观测装置包括百分表及固定支架等。GB 50007—2011《建筑地基基础设计规范》规定承压板的底面面积应为 $0.25\sim0.50\text{m}^2$。对均质密实土（如密实砂土、老黏性土）可采用 0.25m^2，对软土及人工填土则不应小于 0.5m^2（正方形边长 $0.707\text{m}\times0.707\text{m}$ 或圆形直径 0.798m）。为模拟半空间地基表面的局部荷载，基坑宽度不应小于承压板宽度或直径的 3 倍，同时应保持试验土层的原状结构和天然湿度，宜在拟试压表面用粗砂或中砂层找平，其厚度不超过 20mm。

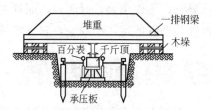

图 3.7　地基载荷试验千斤顶式堆重台示例

　　试验时，通过千斤顶逐级给载荷板施加荷载，每加一级到 p，观测记录沉降随时间的发展以及稳定时的沉降量 s，直至加到终止加载条件满足为止，如图 3.8（a）所示。载荷试验所施加的总荷载，应尽量接近预计地基极限荷载 p_u。将试验得到的各级荷载与相应的稳定沉降量绘制成 $p\text{-}s$ 曲线，如图 3.8（b）所示，此外还可以进行卸载试验，进行沉降观察，得到回弹变形（即弹性变形）和塑性变形。

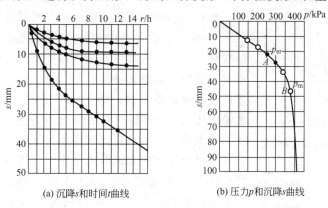

(a) 沉降 s 和时间 t 曲线　　(b) 压力 p 和沉降 s 曲线

图 3.8　载荷试验的沉降曲线

2. 变形模量

　　土的变形模量是指土体在无侧限条件下的应力与应变的比值，用 E_0 来表示，E_0 值的大小可由载荷试验结果求得。在 $p\text{-}s$ 曲线上，当荷载小于某数值时，荷载 p 与载荷板沉降 s 之间往往呈直线关系，在 $p\text{-}s$ 曲线直线段或接近直线段任选一压力 p_1 和它对应的沉降 s_1，利用弹性力学公式可反求地基的变形模量，即

$$E_0 = w(1-\mu^2)\frac{p_1 b}{s_1} \tag{3-7}$$

式中　w——沉降影响系数，方形压板取 0.88，圆形压板取 0.79；

　　　b——承压板的边长或直径；

　　　p_1——直线段的荷载强度（kPa）；

　　　s_1——相应于 p_1 的载荷板下沉降（mm）；

　　　μ——土的泊松比，砂土可取 $0.2\sim0.25$，黏性土可取 $0.25\sim0.45$。

　　对比测定的压缩指标的方法，室内压缩试验操作比较简单，但要得到保持天然状态的原状土样很困难，尤其是一些结构性很强的软土；而且试验是在侧向受限制的条件下进行的，因此试验得到的压缩性规律和指标的实际运用有其局限性或近似性。荷载试验在现场进行，排除了取样和试样制备等过程中的应力释放及机械和人为扰动的影响，土中应力状态在承载板较大时与实际基础情况比较接近，压力的影响深度可达 $1.5b\sim2b$（b 为压板边长），因而试验成果能反映较大一部分土体的压缩性；比钻孔取样在室内测试所受到的扰动要小得多；测出的指标较好地反映了土的压缩性质。但现场荷载试验所需的设备笨重，操

【压缩模量与变形模量的比较】

作繁杂，工作量大，时间长，而且荷载试验一般适合在浅土层上进行，规定沉降稳定标准带有较大的近似性，据有些地区的经验，它反映的土的固结程度通常仅相当于实际建筑施工完毕时的早期沉降量。

3.1.5 弹性模量

　　许多土木工程构筑物的地基常受瞬间荷载作用，如桥梁或道路地基受行驶车辆荷载的作用，高耸结构物受风荷载作用等。在计算这些建筑物地基土的变形时，如果仍然采用压缩模量或变形模量作为计算指标，将会与实际情况不符，结果往往偏大，原因是冲击荷载或反复荷载每一次作用的时间短暂，在很短的时间内土体中的孔隙水来不及排出或不完全排出，土的体积压缩变形来不及发生，这样在荷载作用结束后，发生的大部分变形可以恢复，呈现弹性变形的特征。

　　土的弹性模量是指土体在无侧限条件下瞬时压缩的应力-应变模量，是正应力 σ 与弹性（可恢复）正应变 ε_d 的比值，通常用 E 来表示。

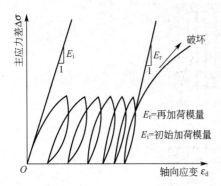

图 3.9　三轴压缩试验确定土的弹性模量

　　确定土的弹性模量一般采用三轴仪进行三轴重复压缩试验，得到应力-应变曲线，其中初始切线模量 E_i 或再加荷模量 E_r 作为弹性模量。试验方法如下：采用取样质量好的不扰动土样，在三轴仪中进行固结，所施加的固结压力 σ_3 各向相等，其值取试样在现场条件下有效自重应力，即 $\sigma_3 = \sigma_{cx} = \sigma_{cy}$。固结后在不排水条件下施加轴向压力 $\Delta\sigma$（试样所受的轴向压力为 $\Delta\sigma + \sigma_3$）。逐渐在不排水条件下增大轴向压力，达到现场条件下的压力（$\Delta\sigma + \sigma_z$），然后减压到零。这样重复加荷和卸荷若干次，如图 3.9 所示，便可测得初始切线模量 E_i，并测得每一循环在最大轴向压力一半时的切线模量。一般加荷和卸荷 5～6 个循环后这种切线模量趋近于一稳定的再加荷模量 E_r，这样确定的再加荷模量 E_r 就是符合现场条件下土的弹性模量。

3.1.6 压缩性指标间的关系

　　从获得压缩性指标的试验条件来考虑，压缩系数 a、压缩指数 C_c、压缩模量 E_s 都是室内压缩试验时土样在侧限条件下的压缩特性的反映，三者都能被用来计算地基的固结沉降量。从定义上看，压缩系数 a 和压缩指数 C_c 都反映了孔隙比随竖向应力变化的关系，只不过曲线表达的方式不同，但实际应用中，有着显著的不同。通常情况下，压缩系数 a 通过常压（最大一级竖向压应力小于 500kPa）的压缩试验就可获得，因为是取 e-p 曲线的割线斜率作压缩系数，其值大小与竖向应力水平有关，实际应用中常常考虑实际地基土中的不同应力水平对应的值来计算地基的最终沉降量。压缩指数 C_c 是通过高压（最大一级竖向压应力大于 1000kPa）压缩试验获得，取 e-$\lg p$ 曲线的直线段，压力较大时为常数，不随压力变化而变化，因 e-$\lg p$ 曲线能较好地反映土的应力特征，压缩指数 C_c 也常被用于考虑地基土应力历史时的最终沉降计算。压缩系数 a 和压缩模量 E_s 之间存在一一对应的关系，计算地基的最终沉降量时压缩模量 E_s 也是常用的指标。

　　土的变形模量 E_0 是土在侧向自由膨胀条件下竖向应力与竖向应变的比值，竖向应变中包含弹性应变和塑性应变。变形模量可以由现场静载试验或旁压试验测定。该参数可以用于弹性理论方法对最终沉降量进行估算，但不及压缩模量应用普遍。

　　弹性模量 E 指正应力 σ 与弹性（即可恢复）正应变 ε_d 的比值，可由室内三轴试验获得。该参数常用于由弹性理论公式估算建筑物的初始瞬时沉降。

　　根据材料力学理论可得变形模量和压缩模量的关系为

$$E_0 = \left(1 - \frac{2\mu^2}{1-\mu}\right)E_s = \beta E_s \qquad (3-8)$$

式中　β——小于 1.0 的系数，由土的泊松比 μ 确定。

　　式（3-8）是 E_0 和 E_s 之间的理论关系，由于各种试验因素的影响，实际测定的 E_0 和 E_s 往往不能满足式(3-8)的理论关系。对于硬土，E_0 可能较 βE_s 大数倍；对于软土，两者比较接近。

　　值得注意的是，土的弹性模量要比变形模量和压缩模量大得多，可能是它们的十几倍或者更大，这就是计算动荷载引起的地基变形时，用弹性模量计算结果比用后两者计算的结果小很多的原因。

3.2　基础最终沉降计算

　　通常情况下，天然土层是经历了漫长的地质历史时期而沉积下来的，往往地基土层在自重应力作用下压缩已稳定。当在这样的地基土上建造建筑物时，建筑物的荷重会使地基土在原来自重应力的基础上再增加一个应力增量，即附加应力。由土的压缩特性可知，附加应力会引起地基的沉降，地基土层在建筑物荷载作用下，不断产生压缩，直至压缩稳定后地基表面的沉降量称为地基的最终沉降量。计算最终沉降量可以预知该建筑物建成后将产生的地基变形，判断其值是否超出允许的范围，以便在建筑物设计和施工时，为采取相应的工程措施提供科学依据，保证建筑物的安全。

　　本节主要介绍国内常用的几种沉降计算方法：弹性理论方法、分层总和法和应力面积法。

3.2.1　地基沉降的弹性力学公式

1. 柔性荷载下的地基沉降

　　布辛奈斯克解给出了弹性半空间表面作用一个竖向集中力 P 时，在半空间内任意点 $M(x，y，z)$ 处产生的竖向位移 $w(x，y，z)$ 的解答。如取半空间表面 $M(z=0)$，则所得的半空间表面任意点的竖向位移 $w(x，y，0)$ 即表面的沉降 s(图 3.10)，即

$$s = w(x，y，0) = \frac{P(1-\mu^2)}{\pi E_0 r} \qquad (3-9)$$

式中　s——竖向集中力 P 作用下地基表面任意点的沉降；

　　　r——地基表面任意点到竖向集中力作用点的距离，$r = \sqrt{x^2+y^2}$；

　　　E_0——地基土的变形模量；

　　　μ——地基土的泊松比。

　　对于局部柔性荷载(相当于基础抗弯刚度为零时的基底压力)作用下的地基沉降，可利用式(3-9)根据叠加原理求得。如图 3.11(a)所示，设荷载面 A 内 $N(\xi，\eta)$ 点处的分布荷载为 $p_0(\xi，\eta)$，则该点微面积 $\mathrm{d}\xi\mathrm{d}\eta$ 上的分布荷载可由集中力 $P = p_0(\xi，\eta)\mathrm{d}\xi\mathrm{d}\eta$ 代替。于是，地面上与 N 点相距为 $r = \sqrt{(x-\xi)^2+(y-\eta)^2}$ 的 $M(x，y)$ 点的沉降 $s(x，y)$，可按式(3-9)积分求得，即

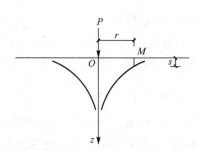

图 3.10　集中力作用下地基表面的沉降曲线

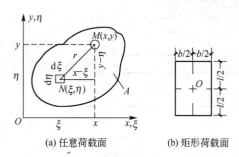

(a) 任意荷载面　　　(b) 矩形荷载面

图 3.11　局部荷载下的地面沉降计算

$$s(x, y) = \frac{1-\mu^2}{\pi E_0} \iint_A \frac{p_0(\xi, \eta)\mathrm{d}\xi\mathrm{d}\eta}{\sqrt{(x-\xi)^2 + (y-\eta)^2}} \tag{3-10}$$

对均布矩形荷载 $p_0(\xi, \eta) = p_0 =$ 常数，其角点 C 的沉降按式(3-10)积分的结果为

$$s = \delta_C p_0 \tag{3-11}$$

式中，δ_C 是单位均布矩形荷载 $p_0 = 1$ 在角点 C 处引起的沉降，称为角点沉降系数，它是矩形荷载面长度 l 和宽度 b 的函数，即

$$\delta_C = \frac{1-\mu^2}{\pi E_0}\left[l\ln\frac{b+\sqrt{l^2+b^2}}{l} + b\ln\frac{l+\sqrt{l^2+b^2}}{b} \right] \tag{3-12}$$

将 $m = \frac{l}{b}$ 代入式(3-12)，则

$$s = \frac{(1-\mu^2)}{\pi E_0}\left[m\ln\frac{1+\sqrt{m^2+1}}{m} + \ln(m+\sqrt{m^2+1}) \right]p_0 \tag{3-13}$$

令 $w_C = \frac{1}{\pi}\left[m\ln\frac{1+\sqrt{m^2+1}}{m} + \ln(m+\sqrt{m^2+1}) \right]$，称为角点沉降影响系数，则式(3-13)改写为

$$s = \frac{1-\mu^2}{E_0}w_e b p_0 \tag{3-14}$$

利用式(3-14)，以角点法容易求得均布矩形荷载下地基表面任意点的沉降。例如，矩形中心点 O 的沉降是图3.11(b)中以虚线划分的4个相同小矩形的角点沉降量之和，由于小矩形的长宽比 $m = (l/2)/(b/2) = l/b$ 等于原矩形的长宽比，所以中心点 O 的沉降为

$$s = 4\frac{1-\mu^2}{E_2}w_C(b/2)p_0 = 2\frac{1-\mu^2}{E_0}w_C b p_0$$

即矩形荷载中心点沉降为角点沉降的两倍，如令 $w_0 = 2w_C$ 为中心沉降影响系数，则

$$s = \frac{1-\mu^2}{E_2}w_C b p_0 \tag{3-15}$$

以上角点法的计算结果和实践经验都表明，柔性荷载下地面的沉降不仅产生于荷载面范围之内，而且还影响到荷载面以外，沉降后的地面呈碟形 [图3.12(a)]。但一般基础都具有一定的抗弯刚度，因而基底沉降依基础刚度的大小而趋于均匀 [图3.12(b)]，所以中心荷载作用下的基础沉降可以近似地按柔性荷载下基底平均沉降计算，即

$$s = \left(\iint_A s(x, y)\mathrm{d}x\mathrm{d}y\right)\Big/ A \tag{3-16}$$

式中 A——基底面积。

对于均布的矩形荷载，式(3-16)积分的结果为

$$s = \frac{1-\mu^2}{E_0}w_m b p_0 \tag{3-17}$$

式中 w_m——平均沉降影响系数。

通常为了便于查表计算，把式(3-14)、式(3-15)、式(3-17)统一成地基沉降的弹性力学公式的一般形式，即

$$s = \frac{1-\mu^2}{E_0}w b p_0 \tag{3-18}$$

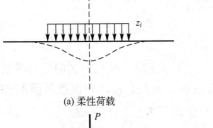

(a) 柔性荷载

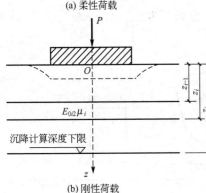

(b) 刚性荷载

图3.12 局部荷载作用下的地面沉降

式中 b——矩形荷载(基础)的宽度或圆形荷载(基础)的直径；

w——沉降影响系数，按基础的刚度、底面形状及计算点位置而定，由表3-1查得。

表 3-1　沉降影响系数 w 值

荷载面形状 计算点位置		圆形	方形	矩形(l/b)										
				1.5	2.0	3.0	4.0	5.0	6.0	7.0	8.0	9.0	10.0	100.0
柔性基础	w_C	0.64	0.56	0.68	0.77	0.89	0.98	1.05	1.11	1.16	1.20	1.24	1.27	2.00
	w_0	1.00	1.12	1.36	1.53	1.78	1.96	2.10	2.22	2.32	2.40	2.48	2.54	4.01
	w_m	0.85	0.95	1.15	1.30	1.52	1.70	1.83	1.96	2.04	2.12	2.19	2.25	3.70
刚性基础	w_r	0.79	0.88	1.08	1.22	1.44	1.61	1.72	—	—	—	—	2.12	3.40

2. 刚性基础的沉降

对于中心荷载下的刚性基础，由于它具有无限大的抗弯刚度，受荷沉降后基础不发生挠曲，因而基底的沉降量处处相等，即在基底范围内，式(3-10)中 $s(x,y)=s=$ 常数，将该式与基础的静力平衡条件 $\iint_A p_0(\xi,\eta)\,\mathrm{d}\xi\mathrm{d}\eta=P$ 联合求解后，可得基底反力 $p_0(x,y)$ 和沉降 s。其中 s 也可以表示为式(3-18)的形式，但式中 $p_0=P/A$（P 和 A 分别为中心荷载合力和基底面积），w 则取刚性基础的沉降影响系数 w_r，由表 3-1 查得，其值与柔性荷载的 w_m 接近。

以表 3-1 中的系数计算，所得的是均质地基中无限深度土的变形引起的沉降。事实上，由于地基深处附加应力扩散衰减且土质一般更为密实或有基岩埋藏，所以，超过基底下一定深度，土的变形可忽略不计。这个深度称为地基沉降计算深度(z_n)。只考虑有限深度 z_n 范围内土的变形时，沉降影响系数与土的泊松比(μ)有关，表 3-2 给出 $\mu=0.3$ 时，刚性基础的沉降影响系数 w_z 值，仍用式(3-18)计算沉降。

表 3-2　刚性基础沉降影响系数 w_z 值($\mu=0.3$)

z/b	圆形基础 (b 为直径)	矩形基础长宽比 l/b					
		1.0	1.5	2.0	3.0	5.0	$+\infty$
0.0	0.000	0.000	0.000	0.000	0.000	0.000	0.000
0.2	0.090	0.100	0.100	0.100	0.100	0.100	0.104
0.4	0.179	0.200	0.200	0.200	0.200	0.200	0.208
0.6	0.266	0.299	0.300	0.300	0.300	0.300	0.311
0.8	0.348	0.381	0.395	0.397	0.397	0.397	0.412
1.0	0.411	0.446	0.476	0.484	0.484	0.484	0.511
1.2	0.461	0.499	0.543	0.561	0.566	0.566	0.605
1.4	0.501	0.542	0.601	0.626	0.640	0.640	0.687
1.6	0.532	0.577	0.647	0.682	0.706	0.708	0.763
1.8	0.558	0.606	0.688	0.730	0.764	0.772	0.831
2.0	0.579	0.630	0.722	0.773	0.816	0.830	0.892
2.2	0.596	0.651	0.751	0.808	0.861	0.883	0.949
2.4	0.611	0.668	0.776	0.841	0.902	0.932	1.001
2.6	0.624	0.683	0.798	0.868	0.939	0.977	1.050
2.8	0.635	0.697	0.818	0.893	0.971	1.018	1.095
3.0	0.645	0.709	0.836	0.913	1.000	1.057	1.138
3.2	0.652	0.719	0.850	0.934	1.027	1.091	1.178
3.4	0.661	0.728	0.863	0.951	1.051	1.123	1.215
3.6	0.668	0.736	0.875	0.967	1.073	1.152	1.251

z/b	圆形基础 (b 为直径)	矩形基础长宽比 l/b					
		1.0	1.5	2.0	3.0	5.0	$+\infty$
3.8	0.674	0.744	0.887	0.981	1.099	1.180	1.285
4.0	0.679	0.781	0.897	0.995	1.111	1.205	1.316
4.2	0.684	0.757	0.906	1.007	1.128	1.229	1.347
4.4	0.689	0.763	0.914	1.017	1.144	1.251	1.376
4.6	0.693	0.768	0.922	1.027	1.158	1.272	1.404
4.8	0.697	0.772	0.929	1.036	1.171	1.291	1.431
5.0	0.700	0.777	0.935	1.045	1.183	1.309	1.456

利用沉降影响系数 w_z 可以得出刚性基础下成层地基沉降的简化计算方法。设地基在沉降计算深度范围内含有 n 个水平天然土层，其中层底深度为 z_i 的第 i 层土 [图 3.12(b)] 的变形引起的基础沉降量可表示为 $\Delta s_i = s_i - s_{i-1}$。$s_i$ 和 s_{i-1} 是相应于计算深度为 z_i 和 z_{i-1} 时的刚性基础沉降。计算 s_i 和 s_{i-1} 时，假设整个弹性半空间是具有与第 i 层土相同的变形参数（E_{0i}，μ_i）的均质地基。于是，利用式（3-18），可得刚性基础沉降等于各分层竖变形量之和，即

$$s = \sum_{i=1}^{n} \Delta s_i = bp_0 \cdot \sum_{i=1}^{n} \frac{1 - \mu_i^2}{E_{0i}}(w_{zi} - w_{zi-1}) \tag{3-19}$$

式中　w_{zi}、w_{zi-1}——基础沉降影响系数，分别按深宽比 z_i/b 及 z_{i-1}/b 查表 3-2 求得。

这种计算方法称为线性变形分层总和法。

3.2.2　单向压缩分层总和法

分层总和法假定地基土层只有竖向单向压缩，不产生侧向变形，并且只考虑地基的固结沉降，利用侧限压缩试验的结果 e-p 压缩曲线计算沉降量。

下面将介绍单向压缩分层总和法的原理、计算方法与步骤。

1. 薄压缩土层的沉降量计算

设地基中仅有一较薄的压缩土层，在建筑物荷载作用下，该土层只产生垂直向的压缩变形，即相当于侧限压缩试验的情况。土层的厚度为 H_1，在进行工程建筑前的初始应力（土的自重应力）为 p_1，认为地基土体在自重应力作用下已达到压缩稳定，其相应的孔隙比为 e_1；建筑完成后由外荷载在土层中引起的附加应力为 σ_z，则总应力 $p_2 = p_1 + \sigma_z$，其相应的孔隙比为 e_2，土层的高度为 H_2。设 $V_s = 1$，受压前后土粒体积不变（图 3.13），土的压缩只是由于土的孔隙体积的减小，并设 A 为土体的受压面积，则在压缩前土的总体积为

$$AH_1 = V_s + V_v = (1 + e_1)V_s$$

压缩后土的总体积为 $AH_2 = (1 + e_2)V_s$，根据压缩前后土颗粒体积不变，可得

$$\frac{AH_1}{1 + e_1} = \frac{AH_2}{1 + e_2}$$

$$H_2 = \frac{1 + e_2}{1 + e_1} H_1$$

$$s = H_1 - H_2 = \frac{e_1 - e_2}{1 + e_1} H_1 = \frac{\Delta e}{1 + e_1} H_1 \tag{3-20}$$

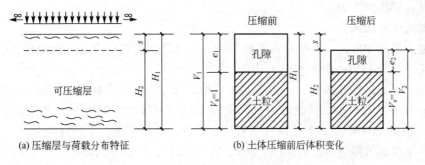

图 3.13 压缩试验中的土样孔隙比变化

式中 e_1、e_2——压缩前、后的地基土体的孔隙比，可以通过土体的 e-p 压缩曲线由初始应力和总应力确定；

s——沉降量。

若引入压缩系数 a_v、压缩模量 E_s，则式（3-20）可变为

$$s = \frac{a_v}{1+e_1} \bar{\sigma}_z H_1 \tag{3-21}$$

$$s = \frac{1}{E_s} \bar{\sigma}_z H_1 \tag{3-22}$$

2. 单向压缩分层总和法原理和计算步骤

1）基本原理

由于地基土层往往不是由单一土层组成，各土层的压缩性能不一样，在建筑物的荷载作用下，压缩土层中所产生的附加应力的分布沿深度方向也非直线分布，为了计算地基最终沉降量 s，首先进行分层，然后计算每一薄层的沉降量 s_i，各层的沉积量总和即为地基表面的最终沉降量 s，即

$$s = \sum_{i=1}^{n} \Delta s_i = \sum_{i=1}^{n} \varepsilon_i H_i \tag{3-23}$$

式中 Δs_i——第 i 分层的压缩量；

ε_i——第 i 分层土的压缩应变；

H_i——第 i 分层土的厚度。

因为

$$\varepsilon_i = \frac{e_{1i} - e_{2i}}{1 + e_{1i}} = \frac{a_i(p_{2i} - p_{1i})}{1 + e_{1i}} = \frac{\Delta p_i}{E_{si}} \tag{3-24}$$

所以

$$s = \sum_{i=1}^{n} \frac{e_{1i} - e_{2i}}{1 + e_{1i}} H_i = \sum_{i=1}^{n} \frac{a_i(p_{2i} - p_{1i})}{1 + e_{1i}} H_i = \sum_{i=1}^{n} \frac{\Delta p_i}{E_{si}} H_i \tag{3-25}$$

式中 e_{1i}——根据第 i 层的自重应力平均值（即 p_{1i}）从土的压缩曲线上得到的相应的孔隙比；

e_{2i}——与第 i 层的自重应力平均值与附加应力平均值之和（即 $p_{2i} = p_{1i} + \Delta p_i$）相应的孔隙比；

a_i，E_{si}——第 i 分层的压缩系数和压缩模量。

2）步骤和方法

单向压缩分层总和法的计算步骤如下。

（1）分层，为了使地基沉降量计算比较精确，除每一薄层的厚度 $h_i \leqslant 0.4b$ 外，基础底面附加应力数值大、变化大，分层厚度应小些，尽量使每一薄层的附加应力的分布线接近于直线。地下水位处、层与层接触面处都要作为分层点。

（2）计算地基土的自重应力，并按一定比例绘制自重应力分布图（自重应力从地面算起）。

（3）计算基础底面接触压力。

（4）计算基础底面附加压力。

（5）计算地基中的附加应力，并按与自重应力同一比例绘制附加应力的分布图形。附加应力从基底面算起，按基础中心点下土柱所受的附加应力计算。

（6）确定压缩土层最终计算深度 z_n。因地基土层中附加应力的分布随着深度增大而减小，超过某一深度后，以下的土层压缩变形很小，可忽略不计。此深度称为沉降计算深度 z_n，按应力比法确定，即在沉降计算深度处，一般土 $\sigma_z = 0.2\sigma_c$；若该深度下有高压缩性土，应继续向下计算至 $\sigma_z = 0.1\sigma_c$ 深度处。

（7）计算每一薄层的沉降量 s_i。由式（3-20）、式（3-21）、式（3-22）得

$$s_i = \left(\frac{e_1 - e_2}{1 + e_1}\right) h_i = \frac{\alpha}{1 + e_1} \bar{\sigma}_{zi} h_i = \frac{\bar{\sigma}_{zi}}{E_{si}} h_i$$

式中　$\bar{\sigma}_{zi}$——第 i 层土的平均附加应力，分层上下层面处的附加应力平均值（kPa）；

$\quad\quad E_{si}$——第 i 层土的侧限压缩模量（kPa）；

$\quad\quad h_i$——第 i 层土的计算厚度；

$\quad\quad a$——第 i 层土的压缩系数（kPa^{-1}）；

$\quad\quad e_{1i}$——第 i 层土的原始孔隙比；

$\quad\quad e_{2i}$——第 i 层土压缩稳定时的孔隙比。

（8）计算地基最终沉降量，即

$$s = \sum_{i=1}^{n} s_i$$

【例 3.1】　某建筑物单独基础，基础底面为正方形 $l \times b = 4\text{m} \times 4\text{m}$，上部结构传至基础顶面的荷载 $N = 1500\text{kN}$，基础底面埋深 $d = 1.0\text{m}$，地基土为粉质黏土，土的天然重度为 $\gamma = 16\text{kN/m}^3$，地下水位深度 3.4m，水下饱和重度 $\gamma_{sat} = 18\text{kN/m}^3$。土的 $e\text{-}p$ 曲线如图 3.14 所示。用分层总和法计算基础底面中点的沉降量。

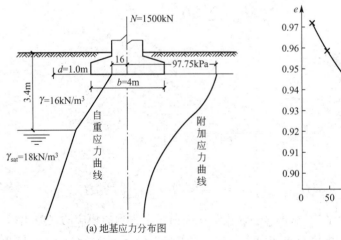
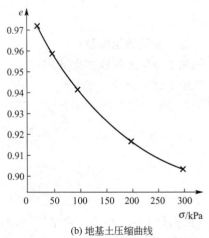

(a) 地基应力分布图　　　　　　　(b) 地基土压缩曲线

图 3.14　例 3.1 图

解：

（1）绘制基础剖面图和地基土的剖面图，如图 3.14(a) 所示。

（2）计算分层厚度。从基底开始 $h_i \leqslant 0.4b = 1.6\text{m}$。地下水位以上 2.4m 分两层，各 1.2m；地下水位以下按 1.6m 分层。

（3）计算地基土的自重应力。

$z = 0\text{m}$ 时，$\sigma_{c0} = (16 \times 1)\text{kPa} = 16\text{kPa}$

$z=1.2\mathrm{m}$ 时，$\sigma_{c1}=16\mathrm{kPa}+(16\times1.2)\mathrm{kPa}=35.2\mathrm{kPa}$

$z=2.4\mathrm{m}$ 时，$\sigma_{c2}=35.2\mathrm{kPa}+(16\times1.2)\mathrm{kPa}=54.4\mathrm{kPa}$

$z=4.0\mathrm{m}$ 时，$\sigma_{c3}=54.4\mathrm{kPa}+[(18-10)\times1.6]\mathrm{kPa}=67.2\mathrm{kPa}$

$z=5.6\mathrm{m}$ 时，$\sigma_{c4}=67.2\mathrm{kPa}+[(18-10)\times1.6]\mathrm{kPa}=80\mathrm{kPa}$

$z=7.2\mathrm{m}$ 时，$\sigma_{c5}=80\mathrm{kPa}+[(18-10)\times1.6]\mathrm{kPa}=92.8\mathrm{kPa}$

（4）计算基底附加压力。

基底压力：
$$p=\frac{N}{lb}+\gamma_G d=\left(\frac{1500}{4\times4}+20\times1\right)\mathrm{kPa}=113.75\mathrm{kPa}$$

基础底面附加应力：$p_0=p-\gamma d=(113.75-16\times1)\mathrm{kPa}=97.75\mathrm{kPa}$

（5）计算基础中点下地基中附加应力。利用角点法计算，过基底中点将荷载面 4 等分，计算边长为 $2\mathrm{m}\times2\mathrm{m}$，$\sigma_z=4\alpha_a p_0$，由表 2-4 确定，计算结果见表 3-3。

表 3-3　例 3.1 计算附加应力

z/m	z/b	K_c	σ_z/kPa	σ_c/kPa	σ_z/σ_c	z_n/m
0	0	0.250	97.76	16		
1.2	0.6	0.223	87.20	35.2		
2.4	1.2	0.152	59.44	54.4		
4.0	2.0	0.084	32.84	67.2		
5.6	2.8	0.050	19.56	80	0.25	
7.2	3.6	0.033	12.92	92.8	0.14	7.2

（6）沉降计算深度 z_n。根据 $\sigma_{c0}=0.2\sigma_c$ 的确定原则，由表 3-3 计算结果，可取 $z_n=7.2\mathrm{m}$。

（7）计算最终沉降量。由图 3.14(b) 所示 $e-p$ 曲线，根据 $s_i=\left(\dfrac{e_{1i}-e_{2i}}{1+e_{1i}}\right)h_i$，计算各分层沉降量，计算结果见表 3-4。

表 3-4　例 3.1 计算最终沉降量

z /m	σ_c /kPa	σ_z /kPa	h_i /mm	σ_c /kPa	σ_z /kPa	$\sigma_c+\sigma_z$	e_1	e_2	$\dfrac{e_{1i}-e_{2i}}{1+e_{1i}}$	s_i /mm
0.0	16.0	97.76	1200	25.6	92.48	118.08	0.970	0.937	0.0168	20.16
1.2	35.2	87.20	1200	44.8	73.32	118.12	0.960	0.936	0.0122	14.64
2.4	54.4	59.44	1600	60.8	46.14	106.94	0.954	0.940	0.0072	11.52
4.0	67.2	32.84	1600	73.6	26.20	99.80	0.945	0.941	0.0021	3.36
5.6	80.0	19.56	1600	86.4	16.24	102.64	0.942	0.940	0.0010	1.60
7.2	92.8	12.92							$\sum s_i=51.28$	

所以，按分层总和法计算得到的基础中点的最终沉降量 $s=51.28\mathrm{mm}$。

3.2.3　规范法计算地基沉降

《建筑地基基础设计规范》所推荐的地基最终沉降量计算方法是另一种形式的分层总和法，习惯称它为规范法。它也采用侧限条件的压缩性指标，并运用了平均附加应力系数计算；还规定了地基沉降计算深度的标准并提出了地基的沉降计算经验系数，使得计算成果接近于实测值。

在已介绍的分层总和法中，由于应力扩散作用，每一薄分层上下分界面处的应力实际是不相等的，但在应用室内压缩试验指标时，近似地取其上下分界面处的均值来作为该分层内应力的计算值。这样的处理显然是为了简化计算，但当分层厚度较大时，计算结果的误差也会加大。

规范所采用的平均附加应力系数的意义说明如下：因为分层总和法中地基附加应力均按均质地基假设计算，即地基土的压缩模量 E_s 不随深度而变。如图 3.15 所示，从基底至地基任意深度 z 范围内的压缩量为

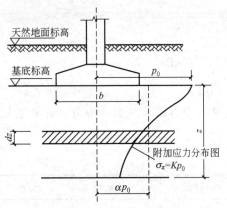

图 3.15　平均附加应力系数的意义

$$s' = \int_0^x \varepsilon \, dz = \frac{1}{E_s}\int_0^x \sigma_z \, dz = \frac{A}{E_s} \tag{3-26a}$$

式中　ε——土的侧限压缩应变，$\varepsilon = \sigma_z / E_s$；

A——深度 z 范围内的附加应力图面积，$A = \int_0^x \sigma_z \, dz$。

因为 $\sigma_z = \alpha_a p_0$（α_a 为基底下任意深度 z 处的地基附加应力系数），所以附加应力图面积 A 为

$$A = \int_0^z \sigma_z \, dz = p_0 \int_0^z \alpha_a \, dz$$

为了便于计算，可以引入一个系数 $\bar{\alpha}$，并令 $A = p_0 z \bar{\alpha}$，则式（3-26a）改写为

$$S' = \frac{p_0 z \bar{\alpha}}{E_s} \tag{3-26b}$$

式中

$$\bar{\alpha} = \frac{\int_0^z \alpha_a \, dz}{z} \tag{3-27}$$

式（3-27）指明 $\bar{\alpha}$ 是 z 深度范围内附加应力系数 K 的平均值，所以 $\bar{\alpha}$ 称为平均附加应力系数。如果把不同条件的 $\bar{\alpha}$ 算出并制成表格，就能大大简化计算，不必把土层分成很多薄层，也不必进行积分运算就能准确地计算均质土层的沉降量。式（3-26）可以理解为均质地基的压缩沉降量等于计算深度范围内附加应力曲线所包围的面积（图 3.15）与压缩模量的比值，因此，规范法又称应力面积法。

实际上地基土是有自然分层的，基底下可能存在压缩特征不同的若干土层，计算成层地基中第 i 分层的压缩量 $\Delta s_i'$ 时（图 3.16），假设地基是具有该分层压缩模量 E_{si} 的均质半空间。设 s_i' 和 s_{i-1}' 是相应于第 i 分层层底和层顶深度 z_i 和 z_{i-1} 范围内土的压缩量，于是，利用式（3-26a）和式（3-26b）可得第 i 分层压缩量表达式，即

$$\Delta s' = s_i' - s_{i-1}' = \frac{A_i - A_{i-1}}{E_{si}} = \frac{\Delta A_i}{E_{si}} = \frac{p_0}{E_{si}}(z_i \bar{\alpha}_i - z_{i-1}\bar{\alpha}_{i-1}) \tag{3-28}$$

式中　$\bar{\alpha}_i$、$\bar{\alpha}_{i-1}$——z_i 和 z_{i-1} 深度范围内的平均附加应力系数，矩形基础可按表 3-5 查取，条形基础可取 $l/b = 10$ 查取，l 和 b 分别是基础的长边和短边，需注意的是该表给出的是均布矩形荷载角点下的平均竖向附加应力系数，对非角点下的平均附加应力系数需采用角点法计算，方法同土中应力计算；

A_i、A_{i-1}——z_i 和 z_{i-1} 深度范围内的附加应力图面积（图 3.16 中面积 1234 和 1256）；

ΔA_i——$\Delta A_i = A_i - A_{i-1}$，表示第 i 分层范围内的附加应力图面积（图 3.16 中面积 5634）。

表 3-5 和表 3-6 分别为均布的矩形荷载角点下（b 为荷载宽度）和三角形分布的矩形荷载角点下（b 为三角形分布方向荷载面的边长）的平均竖向附加应力系数，借助于该两表可以运用角点法求算基底附加压力为均布、三角形分布或梯形分布时地基中任意点的平均竖向附加应力系数 α 值。《建筑地基基础设计规范》还附有均布的圆形荷载中点下和三角形分布的圆形荷载边点下平均竖向附加应力系数表。

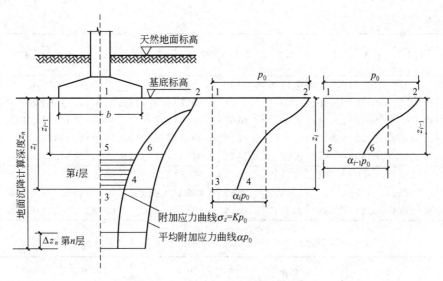

图 3.16 分层压缩量计算原理示意

表 3－5 均布的矩形荷载角点下的平均竖向附加应力系数 $\bar{\alpha}$ 值

z/b \ l/b	1.0	1.2	1.4	1.6	1.8	2.0	2.4	2.8	3.2	3.6	4.0	5.0	10.0
0.0	0.2500	0.2500	0.2500	0.2500	0.2500	0.2500	0.2500	0.2500	0.2500	0.2500	0.2500	0.2500	0.2500
0.2	0.2496	0.2497	0.2497	0.2498	0.2498	0.2498	0.2498	0.2498	0.2498	0.2498	0.2498	0.2498	0.2498
0.4	0.2474	0.2479	0.2481	0.2483	0.2483	0.2484	0.2485	0.2485	0.2485	0.2485	0.2485	0.2485	0.485
0.6	0.4230	0.2437	0.2444	0.2448	0.2451	0.2452	0.2454	0.2455	0.2455	0.2455	0.2455	0.2455	0.2456
0.8	0.2346	0.2372	0.2387	0.2395	0.2400	0.2403	0.2407	0.2408	0.2400	0.2409	0.2410	0.2410	0.2410
1.0	0.2252	0.2291	0.2313	0.2326	0.2335	0.2340	0.2346	0.2349	0.2351	0.2352	0.2352	0.2353	0.2353
1.2	0.2149	0.2199	0.2229	0.2246	0.2260	0.2268	0.2278	0.2282	0.2285	0.2286	0.2287	0.2288	0.2289
1.4	0.2043	0.2102	0.2140	0.2164	0.2190	0.2191	0.2204	0.2211	0.2215	0.2217	0.2218	0.2220	0.2221
1.6	0.1939	0.2006	0.2049	0.2079	0.2099	0.2113	0.2130	0.2138	0.2143	0.2146	0.2148	0.2150	0.2152
1.8	0.1840	0.1912	0.1960	0.1994	0.2018	0.2034	0.2055	0.2066	0.2073	0.2077	0.2079	0.2082	0.2084
2.0	0.1746	0.1822	0.1875	0.1912	0.1938	0.1958	0.1982	0.1996	0.2004	0.2009	0.2012	0.2015	0.2018
2.2	0.1659	0.1737	0.1793	0.1833	0.1862	0.1883	0.1911	0.1927	0.1937	0.1943	0.1947	0.1952	0.1955
2.4	0.1578	0.1657	0.1715	0.1757	0.1789	0.1812	0.1843	0.1862	0.1873	0.1880	0.1885	0.1890	0.1895
2.6	0.1503	0.1583	0.1642	0.1686	0.1719	0.1745	0.1779	0.1799	0.1812	0.1820	0.1825	0.1832	0.1838
2.8	0.1433	0.1514	0.1574	0.1619	0.1654	0.1680	0.1717	0.1739	0.1753	0.1763	0.1769	0.1777	0.1784
3.0	0.1369	0.1449	0.1510	0.1559	0.1592	0.1619	0.1658	0.1682	0.1698	0.1708	0.1715	0.1725	0.1733
3.2	0.1310	0.1390	0.1450	0.1497	0.1533	0.1562	0.1602	0.1628	0.1645	0.1657	0.1664	0.1675	0.1685
3.4	0.1256	0.1334	0.1394	0.1441	0.1478	0.1508	0.1550	0.1577	0.1595	0.1607	0.1616	0.168	0.1639
3.6	0.1205	0.1282	0.1342	0.1389	0.1427	0.1456	0.1500	0.1528	0.1548	0.1561	0.1570	0.1583	0.1595
3.8	0.1158	0.1234	0.1293	0.1340	0.1878	0.1408	0.1452	0.148	0.1502	0.1516	0.1526	0.1541	0.1554
4.0	0.1114	0.1189	0.1248	0.1294	0.1332	0.1362	0.1408	0.1438	0.1459	0.1474	0.1485	0.1500	0.1516
4.2	0.1073	0.1147	0.1205	0.1251	0.1289	0.1319	0.1365	0.1396	0.1484	0.4340	0.1445	0.1462	0.1479
4.4	0.1035	0.1107	0.1064	0.1210	0.1248	0.1279	0.1325	0.1357	0.1379	0.1396	0.1407	0.1425	0.1444
4.6	0.1000	0.1070	0.1127	0.1172	0.1209	0.1240	0.1287	0.1319	0.1342	0.1359	0.1370	0.1390	0.1410
4.8	0.0967	0.1036	0.1091	0.1136	0.1173	0.1204	0.1250	0.1283	0.1307	0.1324	0.1337	0.1357	0.1379

(续)

l/b ＼ z/b	1.0	1.2	1.4	1.6	1.8	2.0	2.4	2.8	3.2	3.6	4.0	5.0	10.0
5.0	0.0935	0.1003	0.1057	0.1102	0.1139	0.1169	0.1216	0.1249	0.1273	0.1291	0.1304	0.1325	0.1318
6.0	0.0805	0.0866	0.0916	0.0957	0.0991	0.1021	0.1067	0.1101	0.1126	0.1146	0.1161	0.1185	0.1216
7.0	0.0705	0.0761	0.0806	0.0844	0.0877	0.0904	0.0949	0.0982	0.1008	0.1028	0.1044	0.1071	0.1109
8.0	0.0627	0.0678	0.0720	0.0755	0.0785	0.0811	0.0853	0.0886	0.0912	0.0932	0.0948	0.0976	0.1020
10.0	0.0514	0.0556	0.0590	0.0622	0.0649	0.0672	0.0710	0.0739	0.0763	0.0783	0.0799	0.0829	0.0880
12.0	0.0435	0.0710	0.0500	0.0529	0.0552	0.0573	0.0606	0.0634	0.0656	0.0674	0.0690	0.0719	0.0774
16.0	0.0322	0.0361	0.0385	0.0407	0.0425	0.0442	0.0490	0.0492	0.0511	0.0527	0.0540	0.0567	0.0625
20.0	0.0269	0.0292	0.0312	0.0330	0.0345	0.0359	0.0383	0.0402	0.0418	0.0432	0.0444	0.0468	0.0524

表 3－6　三角形分布的矩形荷载角点下的平均竖向附加应力系数 α 值

l/b 点 ＼ z/b	0.2		0.4		0.6		0.8		1.0	
	1	2	1	2	1	2	1	2	1	2
0.0	0.0000	0.2500	0.0000	0.2500	0.0000	0.2500	0.0000	0.2500	0.0000	0.2500
0.2	0.0112	0.2151	0.0140	0.2308	0.0148	0.2333	0.0151	0.2339	0.0152	0.2341
0.4	0.0179	0.1810	0.0245	0.2084	0.0270	0.2153	0.0280	0.2175	0.0285	0.2184
0.6	0.0207	0.1505	0.0308	0.1851	0.0355	0.1966	0.0376	0.2011	0.0388	0.2030
0.8	0.0217	0.1277	0.0349	0.1640	0.0405	0.1787	0.0440	0.1852	0.0459	0.1883
1.0	0.2017	0.1104	0.0351	0.1461	0.0430	0.1624	0.0476	0.1704	0.0502	0.1746
1.2	0.0212	0.0970	0.0351	0.1312	0.0439	0.1480	0.0492	0.1571	0.0525	0.1621
1.4	0.0204	0.0865	0.0344	0.1187	0.0436	0.1356	0.0495	0.1451	0.0534	0.1507
1.6	0.0195	0.0779	0.0333	0.1082	0.0470	0.1247	0.0490	0.1345	0.0533	0.1405
1.8	0.0186	0.0709	0.0321	0.0993	0.0415	0.1153	0.0480	0.1252	0.0525	0.1313
2.0	0.0178	0.0650	0.0308	0.9170	0.0401	0.1071	0.0467	0.1169	0.0513	0.1232
2.5	0.0157	0.0538	0.0276	0.0769	0.0365	0.0908	0.0429	0.1000	0.0478	0.1063
3.0	0.0140	0.0458	0.0248	0.0661	0.0330	0.0786	0.0392	0.0871	0.0439	0.0931
5.0	0.0097	0.0289	0.0175	0.0424	0.0236	0.0476	0.0285	0.0576	0.0324	0.0624
7.0	0.0073	0.0211	0.0133	0.0311	0.0180	0.0352	0.0219	0.0427	0.0251	0.0465
10.0	0.0053	0.0150	0.0097	0.0222	0.0133	0.0253	0.0162	0.0308	0.0860	0.0336
0.0	0.0000	0.2500	0.0000	0.2500	0.0000	0.2500	0.0000	0.2500	0.0000	0.2500
0.2	0.1530	0.2342	0.0153	0.2343	0.0153	0.2343	0.0153	0.2343	0.0153	0.2343
0.4	0.0288	0.2187	0.0289	0.2189	0.0290	0.2146	0.0290	0.2190	0.0290	0.2191
0.6	0.0394	0.2039	0.0397	0.2043	0.0399	0.2046	0.0400	0.2047	0.0401	0.2048
0.8	0.0470	0.1899	0.0476	0.1907	0.0480	0.1912	0.0482	0.1915	0.0483	0.1917
1.0	0.0518	0.1769	0.0528	0.1781	0.0534	0.1789	0.0538	0.1794	0.0540	0.1797
1.2	0.0546	0.1649	0.0560	0.1666	0.0568	0.1678	0.0574	0.1684	0.0577	0.1689
1.4	0.0559	0.1541	0.0575	0.1562	0.0586	0.1576	0.0594	0.1585	0.0599	0.1591
1.6	0.0561	0.1443	0.0580	0.1467	0.0594	0.1484	0.0603	0.1494	0.0609	0.1502
1.8	0.0556	0.1354	0.0578	0.1381	0.0593	0.1400	0.0604	0.1413	0.0611	0.1422
2.0	0.0547	0.1274	0.0570	0.1303	0.0587	0.1324	0.0599	0.1338	0.0608	0.1348
2.5	0.0513	0.1107	0.0540	0.1139	0.0560	0.1163	0.0575	0.1180	0.0586	0.1193
3.0	0.0476	0.0976	0.0503	0.1008	0.0525	0.1033	0.0541	0.1052	0.0554	0.1067
5.0	0.0356	0.0661	0.0382	0.0690	0.0403	0.0714	0.0421	0.0734	0.0435	0.0749
7.0	0.0277	0.0496	0.0299	0.0520	0.0318	0.0541	0.0333	0.0558	0.0347	0.0572
10.0	0.0207	0.0359	0.0224	0.0379	0.0239	0.0395	0.0252	0.0409	0.0263	0.4030

地基沉降计算深度就是第 n 分层（最底层）层底深度 z_n，《建筑地基基础设计规范》（以下简称《规范》）规定 z_n 为由该深度处向上取表 3-7 规定的计算厚度 Δz_n（图 3.16）。所得的计算沉降量 $\Delta s'_n$ 应满足下列要求（包括考虑相邻荷载的影响），即

$$\Delta s'_n \leqslant 0.025 \sum_{i=1}^{n} \Delta s'_i \qquad (3-29)$$

表 3-7　计算厚度 Δz_n 值　　　　　　　　　　　（单位：m）

b	$b \leqslant 2$	$2 < b \leqslant 4$	$4 < b \leqslant 8$	$8 < b$
Δz_n	0.3	0.6	0.8	1.0

确定 z_n 的这种规范方法称为变形比法。《规范》规定，当无相邻荷载影响，且基础宽度为 $1 \sim 50$m 时，基础中点的地基沉降计算深度也可按下列经验公式计算，即

$$z_n = b(2.5 - 0.4 \ln b) \qquad (3-30)$$

式中　b——基础宽度；

$\ln b$——b 的自然对数值。

在沉降计算深度范围内存在基岩时，z_n 可取至基岩表面为止；计算深度下部存在较软土层时，应继续计算。

为了提高计算准确度，《规范》规定须将地基计算沉降量 s' 乘以沉降计算经验系数 ψ_s（表 3-8）加以修正，其推荐的地基最终沉降量 s 的计算公式为

$$s = \psi_s s' = \psi_s \sum_{i=1}^{n} \frac{p_0}{E_{si}} (z_i \bar{\alpha}_i - z_{i-1} \bar{\alpha}_{i-1}) \qquad (3-31)$$

式中　s'——按分层总和法计算的地基沉降量（mm）；

p_0——对应于作用的准永久组合时的基础底面附加压力（kPa）；

E_{si}——基础底面下第 i 层土的压缩模量，按实际应力范围取值（MPa）；

z_i、z_{i-1}——基础底面至第 i 层土、第 $i-1$ 层土底面的距离（mm）；

ψ_s——沉降计算经验系数，根据地区沉降观测资料及经验确定，也可采用表 3-8 提供的数值，表中 $\bar{E}_s$ 为深度 z_n 范围内土的压缩模量当量值，按下式计算：

$$\bar{E}_s = \sum A_i / \sum (A_i / E_{si}) \qquad (3-32)$$

式中　A_i——第 i 层土附加应力分布面积（第 i 层土的附加应力系数沿土层厚度的积分值）。

表 3-8　沉降计算经验系数 ψ_s 值

$\bar{E}_s$/MPa 地基附加压力	2.5	4.0	7.0	15.0	20.0
$p_0 \geqslant f_{ak}$	1.4	1.3	1.0	0.4	0.2
$p_0 \leqslant 0.75 f_{ak}$	1.1	1.0	0.7	0.4	0.2

注：f_{ak} 为地基承载力特征值。

【例 3.2】　某建筑物独立基础（图 3.17），上部传至基础顶面的荷载为 1200kN，基础埋深 $d = 1.5$m，基础尺寸 $l \times b = 4$m$\times 2$m。土层第一层黏土层厚 3.0m，重度 $\gamma_1 = 19$kN/m^3，压缩模量 $E_s = 4.3$MPa；第二层粉质黏土层厚 4.2m，$\gamma_2 = 19.5$kN/m^3，$E_s = 5.0$MPa；第三层粉砂层，$\gamma_3 = 18.8$kN/m^3，$E_s = 5.5$MPa。用规范法求该基础中点的最终沉降量。

解：

（1）求基底附加压力。

基底压力：$p = \dfrac{N}{lb} + \gamma_G d = \left(\dfrac{1200}{4 \times 2} + 20 \times 1.5 \right)$kPa $= 180$kPa

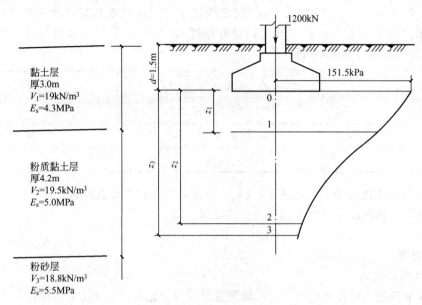

图 3.17　例 3.2 图

基础底面附加压力：$p_0 = p - \gamma d = (180 - 19 \times 1.5)\text{kPa} = 151.5\text{kPa}$

（2）沉降计算深度 z_n，因为没有相邻基础的影响，故可先估算为

$$z_n = b(2.5 - 0.4\ln b) = [2 \times (2.5 - 0.4 \times \ln 2)]\text{m} = 4.445\text{m}$$

按该深度，可计算至第二层埋深 6.5m 处，z_n 取 5.0m。

（3）沉降计算，见表 3-9。

表 3-9　按规范法计算基础最终沉降量

位置	z_i/m	l/b	z/b ($b=1\text{m}$)	$\bar{\alpha}_i$	$z_i\bar{\alpha}_i$ /mm	$z_i\bar{\alpha}_i - z_{i-1}$ α_{i-1}	$\dfrac{p_0}{E_{si}}$	Δs_i /mm	$\sum \Delta s_i$ /mm	$\dfrac{\Delta s_n}{\sum \Delta s_i}$
0	0		0	4×0.2500 $= 1.00$	0	—	—	—	—	—
1	1.5	$\dfrac{2.0}{1} =$ 2.0	1.5	4×0.2152 $= 0.8608$	1291.20	1291.20	0.035	45.19	—	—
2	4.7		4.7	4×0.1222 $= 0.4888$	2297.36	1006.16	0.030	30.18	—	—
3	5.0		5.0	4×0.1169 $= 0.4676$	2338.00	40.64	0.030	1.22	76.59	0.016 $\leqslant 0.025$

（4）确定沉降经验系数 ψ_s。

$$\overline{E}_s = \frac{\sum A_i}{\sum (A_i/E_{si})} = \frac{p_0 \sum (z_i\bar{\alpha}_i - z_{i-1}\bar{\alpha}_{i-1})}{p_0 \sum [(z_i\bar{\alpha}_i - z_{i-1}\bar{\alpha}_{i-1})/E_{si}]}$$

$$= \left(\frac{1291.2 + 1006.16 + 40.64}{\dfrac{1291.2}{4.3} + \dfrac{1006.16}{5.0} + \dfrac{40.64}{5.0}} \right)\text{MPa} = \frac{2338}{509.64}\text{MPa} = 4.59\text{ MPa}$$

且 $p_0 = f_k$，查表得 $\psi_s = 1.24$。

（5）基础最终沉降量。

$$s = \psi_s \sum \Delta s_i = 1.24 \times 76.59\text{mm} = 94.97\text{mm}$$

3.2.4 考虑不同变形阶段的沉降计算

沉降的发生可以分为 3 个阶段,按发生的次序分为:瞬时沉降(也叫初始沉降)、主固结沉降和次固结沉降。地基的总沉降量由 3 个部分组成(图 3.18),即

$$s = s_d + s_c + s_s \qquad (3-33)$$

式中 s_d——瞬时沉降;

s_c——固结沉降;

s_s——次固结沉降。

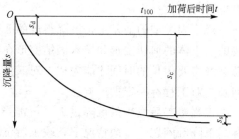

图 3.18 地基沉降的 3 个阶段

1. 瞬时沉降

瞬时沉降是紧随着加压之后地基瞬间发生的沉降,是地基土在外荷载作用瞬间,土中孔隙水来不及排出,土体积还来不及发生变化,地基土在荷载作用下仅发生剪切变形时的地基沉降。斯开普顿(Skempton)提出黏性土层初始不排水变形所引起的瞬时沉降可用弹性力学公式进行计算,饱和的和接近饱和的黏性土在受到中等应力增量作用下,整个土层的弹性模量可近似地假定为常数。

黏性土地基上基础的瞬时沉降为

$$s = \frac{p_0 b \omega (1 - \mu^2)}{E} \qquad (3-34)$$

式中 E——土的弹性模量。

考虑到饱和黏性土在瞬时加荷时体积变化等于零,根据广义胡克定律可知,泊松比 $\mu = 0.5$,则式(3-34)变为

$$s = 0.75 \omega p_0 b / E \qquad (3-35)$$

2. 固结沉降

固结沉降是指在荷载作用下,土体随时间的推移孔隙水压力逐步消散而产生的体积压缩变形,通常采用单向压缩分层总和法计算。

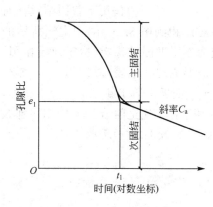

图 3.19 次固结沉降计算时的
孔隙比与时间关系曲线

3. 次固结沉降

次固结沉降是由土骨架在持续荷载下蠕变引起的,它的大小与土性有关,是在固结沉降完成后继续发生的沉降。次固结沉降是在超孔隙水压力已经消散、有效应力基本不变之后,仍随时间而缓慢增长的压缩。在次固结沉降过程中,土的体积变化速率与孔隙水从土中流出速度无关,即次固结沉降的时间与土层厚度无关。

次固结沉降的大小与时间关系在半对数图上接近一条直线,如图 3.19 所示。因而次固结沉降引起的孔隙比变化可近似地表示为

$$\Delta e = C_a \lg \frac{t}{t_1} \qquad (3-36)$$

式中 C_a——半对数图上直线的斜率,称为次固结系数;

t——所求次固结沉降的时间,$t > t_1$;

t_1——次固结开始时间,相当于主固结完成的时间,根据 $e - \lg t$ 曲线外推而得。

得到地基次固结沉降可采用下式计算,即

$$s_s = \sum_{i=1}^{n} \frac{H_i}{1 + e_{0i}} C_{ai} \lg \frac{t}{t_1} \qquad (3-37)$$

式中　e_{0i}——第 i 层土初始孔隙比；

　　　H_i——第 i 层土厚度。

次固结系数的影响因素很多，与黏土矿物成分和物理化学环境有关，固结压力和孔隙比对次固结系数也有影响。

对不同类型的地基土，沉降组成的3个部分在总沉降量中比例是不同的。对砂土地基，初始沉降是主要的，土体的剪切变形和排水固结变形在荷载作用后很快完成。对饱和软黏土地基，固结沉降是主要的，总沉降需要很长的时间才能完成。对某些软黏土地基，次固结沉降所占的比例不可忽视，并且其持续时间长，对工程有一定的影响。

工程竣工后发生的沉降过大，可能导致与建筑物相连的管线折断、墙体开裂、桥梁净空减小、路基标高下降等问题。一般情况下，竣工后沉降包括在施工阶段尚未完成的固结沉降和次固结沉降的大部分。

利用考虑不同变形阶段的沉降计算方法，将3个阶段的沉降分开计算再叠加，更趋于接近实际的最终沉降。此方法计算最终沉降量对黏性土地基是合适的，尤其适用于计算饱和黏性土地基，对含有较多有机质的黏土，次固结沉降历时较长，实践中只能进行近似计算。而对砂土地基，由于透水性好，固结完成快，瞬时沉降与固结沉降已无法分来考虑，故不适合用此方法估算。

3.3　应力历史对地基变形的影响

3.3.1　地层应力历史

为了考虑受荷历史对土的压缩变形的影响，就必须知道土层受过的前期固结压力。前期固结压力，是指土层在历史上曾经受到过的最大固结压力，应用 p_c 表示。如果将其与目前土层所受的自重压力 p_1 相比较，天然土层按其固结状态可分为正常固结土、超固结土和欠固结土，并用超固结比 $OCR=p_c/p_1$。

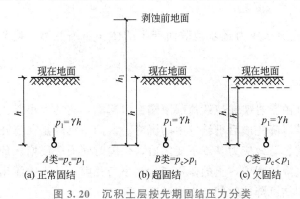

图 3.20　沉积土层按先期固结压力分类

如果土在形成和存在的历史中只受土层的自重应力（即 $p_c=p_1$），$OCR=1$，并在其应力作用下完全固结，那么这种土称为正常固结土，如图 3.20(a)所示。反之，如果土层在 $p_c>p_1$ 的压力作用下曾固结过，而且土层在历史上曾经沉积到图 3.20(b)中虚线所示的地面，并在自重应力作用下固结稳定（由于地质作用，上部土层被剥蚀，而形成现在地表），$OCR>1$，那么这种土称为超固结土。如果土属于新近沉积的堆积物，在其自重应力 p_1 作用下尚未完全固结，$OCR<1$，那么这种土称为欠固结土，如图 3.20(c)所示。

3.3.2　前期固结压力

为了判断地基土的应力历史，必须确定它的前期固结应力 p_c，最常用的方法是卡萨格兰德（Casagrande）所建议的经验图解法，其作图方法和步骤如下（图 3.21）。

（1）在室内压缩 e-$\lg p$ 曲线上，找出曲率最大的 A 点，过 A 点作水平线 $A1$、切线 $A2$ 以及它们的角平分线 $A3$。

（2）将压缩曲线下部的直线段向上延伸交 $A3$ 于 B 点，则 B 点的横坐标即为所求的前期固结应力 p_c。

【前期固结压力确定卡萨格兰德法】

应当指出，采用这种方法确定前期固结应力的精度在很大程度上取决于曲率最大的 A 点的选定。但是，通常 A 点是凭借目测决定的，有一定的误差。同时，由上述压缩曲线特征可知，对严重扰动试样，其压缩曲线的曲率不大明显，A 点的正确位置就更难以确定。另外，纵坐标用不同的比例时，A 点的位置也不尽相同。其次，前期固结压力 p_c 只是反映土层压缩性能发生变化的一个界限值，其成因不一定都是由土的受荷历史所致。其他如黏土风化过程的结构变化、土粒间的化学胶结、地下水的长期变化以及土的干缩等作用，均可能使黏土层的密实程度超过正常沉积情况下相对应的密度，而呈现一种类似超固

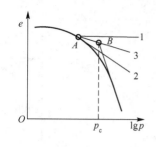

图 3.21　前期固结应力的确定

结的性状。因此，确定前期固结压力时，须结合场地的地质情况，土层的沉积历史、自然地理环境变化等各种因素综合评定。

3.3.3　现场压缩曲线

一般情况下，压缩曲线（$e\text{-}p$ 或 $e\text{-}\lg p$）是由室内单向固结试验得到的，但由于目前钻探取样的技术条件不够理想、土样取出地面后应力的释放、室内试验时切土人工扰动等因素的影响，室内的压缩曲线已经不能代表地基中现场压缩曲线（即原位土层承受建筑物荷载后的 $e\text{-}p$ 或 $e\text{-}\lg p$ 关系曲线）。即使试样的扰动很小，保持土的原位孔隙比基本不变，但应力释放仍是无法完全避免的，所以，室内压缩曲线的起始段实际上已是一条再压缩曲线。因此，必须对室内单向固结试验得到的压缩曲线进行修正，以得到符合原位土体压缩性的现场压缩曲线，由此计算得到的地基沉降才会更符合实际。利用室内 $e\text{-}\lg p$ 曲线可以推出现场压缩曲线，从而可进行更为准确的沉降计算，而根据 $e\text{-}p$ 曲线却不能做到这一点。另外，现场压缩曲线很直观地反映出前期固结应力 p_c，从而可以清晰地考虑地基的应力历史对沉降的影响；同时，现场压缩（$e\text{-}\lg p$）曲线是由直线或折线组成，通过 C_c 或 C_s 两个压缩性指标即可进行计算，使用较为方便。

要根据室内压缩曲线确定前期固结应力、推求现场压缩曲线，一方面要从理论上找出现场压缩曲线的特征；另一方面，找出室内试验压缩曲线的特征后，要建立室内压缩曲线和现场压缩曲线的关系。

室内压缩曲线开始比较平缓，随着压力的增大明显地向下弯曲，当压力接近前期固结应力时，出现曲率最大点 A，然后曲线急剧变陡，继而近平直线向下延伸；试验证明不管试样的扰动程度如何，当压力较大时，它们的压缩曲线都近乎直线，且大致交于 C 点，而该点的纵坐标约为 $0.42e_0$，e_0 为试样的初始孔隙比。

试样的前期固结应力确定之后，就可以将它与试样现有原位固结应力 p_1 比较，从而判定该土是正常固结的、超固结的，还是欠固结的。然后，依据室内压缩曲线的特征，即可推求出现场压缩曲线。

（1）若 $p_c = p_1$（OCR=1），则试样是正常固结的，它的原位压缩曲线可用下面的方法确定。

假定取样过程中，试样不发生体积变化，即实验室测定的试样初始孔隙比 e_0 就是取土深度处的天然孔隙比。由 e_0 和 p_c 的值，在 $e\text{-}\lg p$ 坐标上定出 E 点，如图 3.22 所示，此即土在现场压缩的起点，也就是说，(e_0, p_c) 反映了原位土的应力-孔隙比的状态。然后，从纵坐标 $0.42e_0$ 处作一水平线交室内压缩曲线于 D 点。根据前述的压缩曲线特征，可以推论：现场压缩曲线亦通过 D 点。故连接 E 点和 D 点即得原位压缩曲线。

（2）若 $p_c > p_1$（OCR>1），则试样为超固结的。这时，室内压缩试验必须用下面的方法确定。

在试验过程中，随时绘制 $e\text{-}\lg p$ 曲线，待压缩曲线出现急剧转折之后，逐级回弹至 p_1，再分级加载，得到如图 3.23 所示的回弹再压缩曲线，用于确定超固结土的原位压缩曲线。

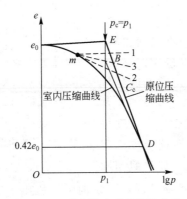

图 3.22 正常固结土现场压缩曲线

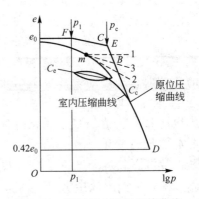

图 3.23 超固结土现场压缩曲线

① 确定前期固结应力的位置线和 F 点的位置。

② 按试样用原位的现有有效应力 p_1（即现有自重应力 p_1）和孔隙比 e_0 定出 D 点，此即试样在原位压缩的起点。

③ 假定现场再压缩曲线与室内回弹-再压缩曲线构成的回滞环的割线相平行，则过 F 点作回滞环割线的平行线交 p_c 的位置线于 C 点，FC 线即为原位再压缩曲线。

④ 作 D 点和 C 点的连线，DC 即为原位压缩曲线。

（3）若 $p_c < p_1$，则试样是欠固结的。如前所述，欠固结土实际上属于正常固结土的一种特例，所以，它的原位压缩曲线的推求方法与正常固结土相同。原位压缩曲线与图 3.22 相似，但压缩的起点较高。

3.3.4 考虑应力历史的地基沉降计算

用 e-$\lg p$ 曲线来计算地基的沉降时，其基本方法与传统单向压缩分层总和法相似，都是以无侧向变形条件下压缩量的基本公式和分层总和法为前提，即每一分层的压缩量用公式计算。所不同的是：①Δe 由原位压缩曲线求得；②对不同应力历史的土层，需要用不同的方法来计算 Δe，即对正常固结土、超固结土和欠固结土的计算公式在形式上稍有不同。因计算过程考虑了应力历史，这一算法称为考虑应力历史的分层总和法，可按照如下步骤进行。

（1）选择沉降计算断面，确定基底压力。

（2）将地基分层。

（3）计算地基中各分层面的自重应力及土层平均自重应力 p_{1i}。

（4）计算地基中各分层面的竖向附加应力及土层平均附加应力。

（5）根据室内压缩曲线确定前期固结应力 p_{ci}；判定土层是属于正常固结土、超固结土或欠固结土；推求原位压缩曲线。

（6）对正常固结土、超固结土和欠固结土，分别用不同的方法求各分层的压缩量 Δs_i，然后，将各分层的压缩量累加得总沉降量，即 $s = \sum\limits_{i=1}^{n} \Delta s_i$。

1. 正常固结土的沉降计算

设图 3.24 所示为某地基第 i 分层由室内压缩试验曲线推得的现场压缩曲线。当第 i 分层在平均应力增量（即平均附加应力）Δp_i 作用下达到完全固结时，其孔隙比的改变量应为

$$\Delta e_i = C_{ci}[\lg(p_{0i} + \Delta p_i) - \lg p_{0i}] = C_{ci}\lg\left(\frac{p_{0i} + \Delta p_i}{p_{0i}}\right) \tag{3-38}$$

可得到第 i 分层的压缩量为

$$\Delta s_i = \frac{\Delta e_i}{1+e_{0i}}H_i = \frac{H_i}{1+e_{0i}}\lg\left(\frac{p_{1i}+\Delta p_i}{p_{1i}}\right)$$ (3-39)

式中　e_{0i}——第 i 分层的初始孔隙比；

　　　p_{1i}——第 i 分层的平均自重应力；

　　　H_i——第 i 分层的厚度；

　　　C_{ci}——第 i 分层的现场压缩指数，等于原位压缩曲线的斜率。

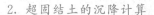

2. 超固结土的沉降计算

对超固结土地基，其沉降的计算应针对不同大小分层的应力增量 Δp_i

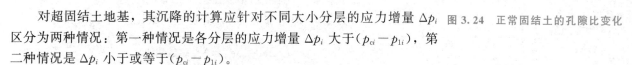

图 3.24　正常固结土的孔隙比变化

区分为两种情况：第一种情况是各分层的应力增量 Δp_i 大于 $(p_{ci}-p_{1i})$，第二种情况是 Δp_i 小于或等于 $(p_{ci}-p_{1i})$。

（1）$\Delta p_i > (p_{ci}-p_{1i})$，第 i 分层的土层在 Δp_i 作用下孔隙比将先沿着原位再压缩曲线 $D'D$ 减小 $\Delta e'_i$，再沿着原位压缩曲线 DC 减小 $\Delta e''_i$，如图 3.25(a)所示，其中

$$\Delta e'_i = C_{ei}\lg(p_{ci}-\lg p_{1i}) = C_{ei}\lg\left(\frac{p_{ci}}{p_{1i}}\right)$$ (3-40)

$$\Delta e''_i = C_{ci}[\lg(p_{1i}+\Delta p_i)-\lg p_{ci}] = C_{ci}\lg\left(\frac{p_{1i}+\Delta p_i}{p_{ci}}\right)$$ (3-41)

式中　C_{ei}——第 i 层土现场原位再压缩曲线斜率，称为再压缩指数；

　　　C_{ci}——第 i 层土现场原位压缩曲线斜率，称为现场压缩指数；

　　　p_{ci}——第 i 分层的前期固结应力。

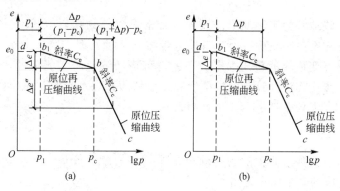

(a)　　　　　　　　(b)

图 3.25　超固结土的孔隙比变化

于是，孔隙比的总改变量为

$$\Delta e_i = \Delta e'_i + \Delta e''_i = C_{ci}\lg\left(\frac{p_{ci}}{p_{1i}}\right) + C_{ci}\lg\left(\frac{p_{1i}+\Delta p_i}{p_{ci}}\right)$$ (3-42)

可得到第 i 分层的压缩量

$$\Delta s_i = \frac{\Delta e_i}{1+e_{0i}}H_i = \frac{H_i}{1+e_{0i}}\left[C_{ei}\lg\left(\frac{p_{ci}}{p_{1i}}\right) + C_{ci}\lg\left(\frac{p_{1i}+\Delta p_i}{p_{ci}}\right)\right]$$ (3-43)

（2）$\Delta p_i \leqslant (p_{ci}-p_{1i})$，第 i 分层的土层在 Δp_i 作用下，孔隙比的改变将只沿着现场原位再压缩曲线 $D'D$ 减小，如图 3.25(b)所示，其改变量为

$$\Delta e_i = C_{ei}[\lg(p_{1i}+\Delta p_i)-\lg p_{1i}] = C_{ei}\lg\left(\frac{p_{1i}+\Delta p_i}{p_{1i}}\right)$$ (3-44)

第 i 分层的压缩量为

$$\Delta s_i = \frac{\Delta e_i}{1+e_{0i}}H_i = \frac{H_i}{1+e_{0i}}C_{ei}\lg\left(\frac{p_{1i}+\Delta p_i}{p_{1i}}\right)$$ (3-45)

3. 欠固结土的沉降计算

对于欠固结土，其在自重应力作用下还没有完全达到固结稳定，土层现有的有效固结应力等于前期固结应力 p_c，但小于现有的固结应力即自重应力 p_1。即使没有外荷载作用，该土层仍会产生压缩量。因此，欠固结土的沉降不仅仅包括地基受附加应力所引起的沉降，而且还包括地基土在自重作用下尚未固结的那部分沉降。图 3.26 为欠固结土第 i 分层的现场原位压缩曲线，由土的自重应力继续固结引起的孔隙比改变 $\Delta e_i'$ 和新增固结应力 Δp_i（即附加应力）所引起的孔隙比改变 $\Delta e_i''$ 之和为

【地下水位变化对地基变形影响】

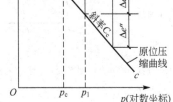

图 3.26 欠固结土的孔隙比变化

$$\Delta e_i = \Delta e_i' + \Delta e_i'' = C_{ci}\lg\left(\frac{p_{1i}+\Delta p_i}{p_{ci}}\right) \quad (3-46)$$

可得第 i 分层土的压缩量为

$$\Delta s_i = \frac{\Delta e_i}{1+e_{0i}}H_i = \frac{H_i}{1+e_{0i}}C_{ci}\lg\left(\frac{p_{1i}+\Delta p_i}{p_{ci}}\right) \quad (3-47)$$

3.4 建筑物沉降观测与地基容许变形值

3.4.1 建筑物沉降观测

建筑物沉降观测能反映地基的实际变形以及地基变形对建筑物的影响程度。因此系统的沉降观测资料是验证建筑物地基设计方案是否正确、地基事故是否需要及时处理以及施工质量是否合格的重要依据；也是确定建筑物地基的容许变形值的重要参考。通过对沉降计算值与实测值的比较，还可以判断各种沉降计算的准确性，为进一步提高沉降计算的精确度和发展新的符合实际的沉降计算方法提供资料。

沉降观测工作的内容，大致包括以下 5 个方面。

1. 收集资料和编写计划

确定观测对象后，应收集如下有关的勘察设计资料。

（1）观测对象所在地区的总平面布置图。

（2）该地区的工程地质勘察资料。

（3）观测对象的建筑和结构平面图、立面图、剖面图与基础平面图、剖面图。

（4）结构荷载和地基基础的设计计算资料。

（5）工程施工进度计划。

在收集上述资料的基础上编制沉降观测工作计划，包括：观测目的和任务、水准基点和观测点的位置、观测方法和精度要求、观测时间和次数等。

2. 水准基点的设置

水准基点的设置以保证其稳定可靠为原则，应设置在基岩上或压缩性低的土层上，靠近观测对象，但必须在建筑物所产生的压力影响范围以外，一般距离为 $30\sim80\text{m}$，在一个观测区内，水准基点不应少于 3 个，以便进行相互校核。

3. 观测点的位置

观测点的位置应能全面反映建筑物的变形并结合地质情况确定，数量不应少于 6 个点，并应尽量将其

设立在建筑物有代表性的部位，如建筑物的四周角点、中点和转角处，沉降缝的两侧，宽度大于 15m 的建筑物内部承重墙(柱)上；同时，要尽可能布置在建筑物的纵横轴线上。

4. 水准测量

水准测量是沉降观测的一项主要工作。测量精度的高低直接影响资料的可靠性。为保证测量精度的要求，水准基点的导线测量与观测点水准测量，一般均应采用带有平行玻璃板的高精度水准仪和固氏基线尺。测量精度应采用 Ⅱ 级水准测量，视线长度为 20～30m，视线高度不宜低于 0.3m。水准测量应采用闭和法。

水准基点的导线测量一般在基点安设完毕一周后进行，在建筑物的沉降观测过程中(从建筑物开始施工到沉降稳定为止)，各水准基点要定期进行相互校核，以判断各基点的稳定性，若有变动应进行标高修正。观测点原始标高的测量，一般应在水泥砂浆凝固后立即进行，在建筑物施工过程中，随着建筑物荷载的逐级增加，逐次进行测量，待建筑物荷载全部加完后和建筑物使用前，也应分别测量一次，以后可以定期进行测量，每次测量的间隔时间可随时间的推移而加大。沉降观测期限，一般随地基土的性质而异，原则上应当沉降稳定后，观测工作才告结束。每次测量时，均应记录建筑物的使用情况，并检查各部位有无裂缝出现，以便及时采取措施。

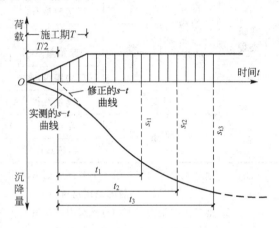

5. 观测资料的整理

观测资料的整理应及时，测量后应立即算出各测点的标高、沉降量和累计沉降量，并根据观测结果绘制如图 3.27 所示的荷载–时间–沉降关系曲线。经过结果分析，提出观测报告。

图 3.27　荷载–时间–沉降关系曲线

<table>
<tr><td>3.4.2</td><td>地基变形验算</td></tr>
</table>

按地基承载力选择了基础底面尺寸之后，一般情况下在保证建筑物防止地基剪切破坏方面已具有足够的安全度。但为了防止建筑物因地基变形或不均匀沉降过大造成建筑物的开裂与损坏，从而保证建筑物正常使用，还应对地基变形，特别是不均匀变形加以控制。

在常规设计中，一般都针对各类建筑物的结构特点、整体刚度和使用要求的不同，计算地基变形的某一特征值 Δ，验算其是否小于变形允许值 $[\Delta]$，即

$$\Delta \leqslant [\Delta] \tag{3-48}$$

式中　Δ——特征变形值，为预估值，对应于荷载准永久组合值，按土力学的相关公式计算。

要求验算地基特征变形的建筑物范围。

(1) 设计等级为甲级、乙级的建筑物，均应按地基变形设计。

(2) 表 3-10 所列范围外，设计等级为丙级的建筑物，均应按地基变形计。

(3) 表 3-10 所列范围内，设计等级为丙级的建筑物可不做变形验算，如有下列情况之一时，仍应做变形验算。

① 地基承载力特征值小于 130kPa，且体型复杂的建筑。

② 在基础上及其附近有地面堆载或相邻基础荷载差异较大，可能引起地基产生过大的不均匀沉降时。

③ 软弱地基上的建筑物存在偏心荷载时。

④ 相邻建筑距离过近，可能发生倾斜时。

⑤ 地基内有厚度较大或厚薄不均的填土，其自重固结尚未完成时。

表 3 – 10 可不做地基变形计算，设计等级为丙级的建筑物范围

地基主要受力层情况	地基承载力特征值 f_{ak}/kPa			$60 \leqslant f_{ak}$ <80	$80 \leqslant f_{ak}$ <100	$100 \leqslant f_{ak}$ <130	$130 \leqslant f_{ak}$ <160	$160 \leqslant f_{ak}$ <200	$200 \leqslant f_{ak}$ <300
	各土层坡度(%)			$\leqslant 5$	$\leqslant 5$	$\leqslant 10$	$\leqslant 10$	$\leqslant 10$	$\leqslant 10$
建筑类型	砌体承重结构、框架结构(层数)			$\leqslant 5$	$\leqslant 5$	$\leqslant 5$	$\leqslant 6$	$\leqslant 6$	$\leqslant 7$
	单层排架结构(6m柱距)	单跨	吊车额定起重量/t	5～10	10～15	15～20	20～30	30～50	50～100
			厂房跨度/m	$\leqslant 12$	$\leqslant 18$	$\leqslant 24$	$\leqslant 30$	$\leqslant 30$	$\leqslant 30$
		多跨	吊车额定起重量/t	3～5	5～10	10～15	15～20	20～30	30～75
			厂房跨度/m	$\leqslant 12$	$\leqslant 18$	$\leqslant 24$	$\leqslant 30$	$\leqslant 30$	$\leqslant 30$
	烟囱		高度/m	$\leqslant 30$	$\leqslant 40$	$\leqslant 50$	$\leqslant 75$		$\leqslant 100$
	水塔		高度/m	$\leqslant 15$	$\leqslant 20$	$\leqslant 30$	$\leqslant 30$		$\leqslant 30$
			容积/m³	$\leqslant 50$	50～100	100～200	200～300	300～500	500～1000

注：1. 地基主要受力层系指条形基础底面下深度为 $3b$（b 为基础底面宽度），独立基础下为 $1.5b$，且厚度均不小于 5m 范围（二层以下一般的民用建筑除外）。

2. 地基主要受力层中如有承载力特征值小于 130kPa 的土层时，表中砌体承重结构的设计，应符合《建筑地基基础设计规范》第七章的有关要求。

3. 表中砌体承重结构和框架结构均指民用建筑，对于工业建筑可按厂房高度、荷载情况折合成与其相当的民用建筑层数。

4. 表中吊车额定起重量、烟囱高度和水塔容积的数值均指最大值。

3.4.3 地基变形特征

【地基不均匀沉降】

具体建筑物所需验算的地基变形特征取决于建筑物的结构类型、整体刚度和使用要求。地基变形一般有如下几个特征。

（1）沉降量：基础某点的沉降值。

（2）沉降差：基础两点或相邻柱基中点的沉降量之差。

（3）倾斜：基础倾斜方向两端点的沉降差与其距离的比值。

（4）局部倾斜：砌体承重结构沿纵向 6～10m 内基础两点的沉降差与其距离的比值。

一般砌体承重结构房屋的长高比不太大（图 3.28），以局部倾斜为主，应以局部倾斜作为地基的主要特征变形，如图 3.29 所示。

对于框架结构和砌体墙填充的边排柱，主要是由于相邻柱基的沉降差使构件受剪扭曲而损坏，所以设计计算应由沉降差来控制（图 3.30）。

以屋架、柱和基础为主体的木结构和排架结构，在低压缩性地基上一般不因沉降而损坏，但在中、高压缩性地基上就应限制单层排架结构柱基的沉降量，尤其是多跨排架中受荷较大的中排柱基的下沉，以免支撑于其上的相邻屋架发生对倾而使端部相碰。

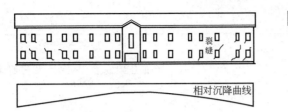

(a) 建筑两端沉降大于中部沉降　　　　　　　　(b) 建筑两端沉降小于中部沉降

图 3.28　砌体承重结构不均匀沉降

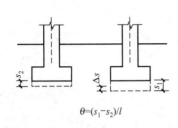
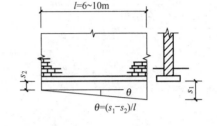

$$\theta = (s_1 - s_2)/l$$

图 3.29　砌体承重结构局部倾斜　　　　图 3.30　相邻柱基的沉降差

相邻柱基的沉降差所形成的桥式吊车轨面沿纵向或横向的倾斜，会导致吊车滑行或卡轨。

对于高耸结构以及长高比很小的高层建筑，应控制基础的倾斜（图 3.31）。地基土层的不均匀以及邻近建筑物的影响是高耸结构物产生倾斜的重要原因。这类结构物的重心高，基础倾斜使重心侧向移动引起偏心力矩荷载，不仅使其基底边缘压力增加而影响倾覆稳定性，还会导致高烟囱等筒体的附加弯矩。因此高层、高耸结构基础的倾斜允许值随结构高度的增加而递减。

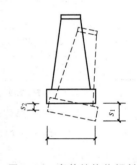

如果地基的压缩性比较均匀，且无邻近荷载影响，对高耸建筑物及体形简单的高层建筑，只验算基础中心沉降量，可不做倾斜验算。

图 3.31　高耸结构物倾斜

3.4.4　地基容许变形值

建筑物的地基变形允许值可按表 3 - 11 规定采用。对表中未包括的其他建筑物的地基变形允许值，可根据上部结构对地基变形的适应能力和使用上的要求确定。

【沉降量讨论】

表 3 - 11　建筑物的地基变形允许值

地基变形特征		地基土类别	
		中低压缩性土	高压缩性土
砌体承重结构基础的局部倾斜		0.002	0.003
工业与民用建筑相邻柱基沉降差	（1）框架结构 （2）砌体墙填充的边排柱 （3）当基础不均匀沉降时不产生附加应力的结构	$0.002L$ $0.0007L$ $0.005L$	$0.003L$ $0.001L$ $0.005L$
单层排架结构（柱距为 6m）柱基的沉降量/mm		（120）	200
桥式吊车轨面的倾斜（按不调整轨道考虑）	纵向	0.004	
	横向	0.003	

（续）

地基变形特征		地基土类别	
		中低压缩性土	高压缩性土
多层和高层建筑的整体倾斜	$H_g \leqslant 24$	0.004	
	$24 < H_g \leqslant 60$	0.003	
	$60 < H_g \leqslant 100$	0.0025	
	$H_g > 100$	0.002	
体形简单的高层建筑基础的平均沉降量/mm		200	
高耸结构基础的倾斜	$H_g \leqslant 20$	0.008	
	$20 < H_g \leqslant 50$	0.006	
	$50 < H_g \leqslant 100$	0.005	
	$100 < H_g \leqslant 150$	0.004	
	$150 < H_g \leqslant 200$	0.003	
	$200 < H_g \leqslant 250$	0.002	
高耸结构基础的沉降量/mm	$H_g \leqslant 100$	400	
	$100 < H_g \leqslant 200$	300	
	$200 < H_g \leqslant 250$	200	

注：1. 本表数值为建筑物地基实际最终变形允许值。

2. 有括号者仅适用于中压缩性土。

3. L 为相邻柱基的中心距离(mm)，H_g 为自室外地面起算的建筑物高度(m)。

在必要情况下，需要分别预估建筑物在施工期间和使用期间的地基变形值，以便预留建筑物有关部分之间的净空，考虑连接方法和施工顺序。一般多层建筑物在施工期间完成的沉降量，对于砂土可认为其最终沉降量已基本完成，对于低压缩黏性土可认为已完成最终沉降量的 $50\% \sim 80\%$，对于中压缩黏性土可认为已完成 $20\% \sim 50\%$，对于高压缩黏性土可认为已完成 $5\% \sim 20\%$。

背景知识

压缩模量 VS 变形模量

有关教科书等文献几乎都有压缩模量与变形模量的关系式，且立论有据。本书中式(3-8)给出了变形模量和压缩模量的关系。按照这个关系式，压缩模量恒不小于变形模量，而实际上是有出入的。变形模量与压缩模量之间的比值在一定范围内，对低压缩性土小于1，高压缩性土取 $1 \sim 2$。国外教材基本没有推导、建立这类关系式。

实际上，两种模量的试验方法不同，反映在应力条件、变形条件上也不同。

压缩模量是从固结试验中得到的，变形模量是从载荷试验中得到的。前者是在室内完全侧限状态条件下的一维变形问题，后者是在现场有限侧限状态条件下的三维空间问题，由于两者在压缩时所受的侧限条件不同，对同一种土在相同压应力作用下两种模量的数值显然相差很大。一个应力水平较高，一个应力水平较低，土既然并非弹性体，那么两种状态下的表现就不可能一样。因此，压缩模量和变形模量之间就不应当有明确的理论关系。

另外，土体变形包括了可恢复的(弹性)变形和不可恢复的(塑性)变形两部分。压缩模量和变形模量是包括了残余变形在内的。在工程应用上，应根据具体问题采用不同的模量。

变形模量与压缩模量两者关系在全国各地及各勘察院有经验公式，但不尽相同。现在有些地质勘测报告提供的是变形模量，但计算基础沉降时，国家规范只有压缩模量的公式。

按照相关规范的规定，在地基变形验算中要用的是压缩模量，但因压缩模量是通过现场取原状土进行室内试验的，这对于黏性土来说很容易做到，但对于一些砂土和砾石土等黏聚力较小的土来说，取原状土是很困难的，很容易散掉，因此对砂土的砾石土通常都是通过现场载荷试验得到变形模量。所以在地质勘测报告上，对于砂土或砾石土一般都仅给出变形模量；即使给出压缩模量，也是根据变形模量换算来的，而不是试验直接得出的。

理论上压缩模量和变形模量有一定的关系，但根据目前所得到的理论关系换算误差较大，所以二者关系一般都根据地区经验进行换算。各地区可以通过大量的统计分析，建立本地区的经验关系式。

小　结

为了保证建筑物的安全和正常使用，必须预先对建筑物基础可能产生的最大沉降进行估算。本章讲述的内容主要有土的压缩性及其指标、基础最终沉降计算方法、应力历史对地基变形的影响和建筑物沉降观测与地基容许变形值。

压缩特性指标是通过室内压缩性试验和现场原位测试得到的，土的压缩性指标有压缩系数、压缩模量、压缩指数、变形模量、弹性模量等。基础最终沉降计算方法包括弹性力学公式方法、单向压缩分层总和法和规范法，文中介绍了考虑不同变形阶段的沉降计算方法，并分析了考虑应力历史的地基沉降计算，影响地基变形的应力历史包括地层应力历史和前期固结压力等。

为了防止建筑物因地基变形或不均匀沉降过大造成建筑物的开裂与损坏，从而保证建筑物正常使用，还应对地基变形加以控制。文中阐述了地基变形特征、地基的沉降变形应满足的建筑物的地基变形允许值以及建筑物沉降观测的基本知识。

思考题及习题

一、思考题

3.1 试比较压缩模量、变形模量和弹性模量基本概念、计算公式及适用条件。

3.2 什么是正常固结土、超固结土和欠固结土？土的应力历史对土的压缩性有何影响？

3.3 建筑物沉降观测的主要内容有哪些？地基变形特征分为几类？

二、习题

3.1 某薄压缩层天然地基，其压缩层土厚度为2m，土的天然孔隙比为0.9，在建筑物荷载作用下压缩稳定后的孔隙比为0.8。求该薄土层的最终沉降量。(参考答案：105.26mm)

3.2 某建筑物工程地质勘察，取原状土进行压缩试验，试验结果见表3-12。计算土的压缩系数 a 和相应侧限压缩模量 E_s，评价此土的压缩性。(参考答案：0.16MPa^{-1}；12.2MPa；中压缩性)

表 3-12 习题 3.2 表

压应力 σ/kPa	50	100	200	300
孔隙比 e	0.964	0.952	0.936	0.924

3.3 某矩形基础长 3.6m，宽 2m，埋深 $d=1$m。地面以上荷载 $N=900$kN。地基土为粉质黏土，$\gamma=16$kN/m³，$e_1=1.0$，$a=0.4$MPa^{-1}。用规范法计算基础中心点的最终沉降量。（参考答案：68.4m）

3.4 某矩形基础宽度 $b=4$m，基底附加压力 $p=100$kPa，基础埋深 2m，地表以下 12m 深度范围内存在两层土，上层土厚 6m，土天然重度 $\gamma=18$kN/m³，孔隙比 e 与压力 p(MPa)关系取为 $e=0.85-2p/3$；下层土厚 6m，土天然重度 $\gamma=20$kN/m³，孔隙比 e 与压力 p(MPa)关系取为 $e=1.0-p$。地下水位埋深 6m。试采用传统单向压缩分层总和法和规范推荐分层总和法分别计算该基础沉降量。（沉降计算经验系数取 1.05）

（参考答案：分层总和法：156.6mm；规范法：166mm）

3.5 某场地地表以下为 4m 厚的均质黏性土，该土层下卧坚硬岩层。已知黏性土的重度 $\gamma=18$kN/m³，天然孔隙比 $e_0=0.85$，回弹再压缩指数 $C_e=0.05$，压缩指数 $C_c=0.3$，前期固结压力 p_c 比自重应力大 50kPa。在该场地大面积均匀堆载，载荷大小为 $p=100$kPa 的条件下，求因堆载引起地表的最终沉降量。

（参考答案：184mm）

第4章
土的渗透性与固结

📚 教学目标与要求

- **概念及基本原理**

【掌握】层流渗透定律；影响渗透系数的主要因素；渗透力的性质、渗透变形的性质与判别；土中水的渗流对工程的影响；固结过程。

【理解】流网方程的推导、流网的绘制、流网的性质与应用；一维固结理论。

- **计算理论及计算方法**

【理解】地基沉降与时间关系的理论分析；经验估算法。

- **试验**

【掌握】测定渗透系数的方法。

📚 导入案例

软土地区承压水基坑突涌稳定计算法研究综述

近年来，随着我国城市地下铁道、高层建筑、人防工程等基础设施的迅速发展，深基坑工程日益增多，深基坑工程开挖施工的地质条件和环境也日益复杂，其工程事故率和损失也越来越大。在深基坑工程中，一项事关全局的工作就是地下水防治，特别是在沿海地区，地下水是深基坑工程的天敌，是导致基坑工程事故最直接的原因之一。

基坑工程中有关的地下水按其埋藏条件一般分为上层滞水、潜水和承压水这3类。其中，承压水是地表以下充满于两个稳定隔水层之间承受静水压力的含水层中的重力水。承压水常分布于松散地层，埋藏于场地下部，具有承压性，承压力大小与该含水层补给区与排泄区的地势有关；水量由含水层或含水构造的性质、渗透性等决定。

承压水的这种承压性和渗透性使得含承压水基坑有以下几个工程特点。

（1）承压水基坑在施工中容易产生突涌。当承压水基坑挖到一定深度，基底下隔水层厚度所产生的自重力小于承压水压力，土体发生剪切破坏时，就会引起基坑突涌，最后导致基坑失稳破坏。例如：上海某路煤气越江工程竖井深基坑的突水破坏，某市24层大厦深基坑开挖过程中坑底的涌水涌浆现象等。

（2）对于承压水基坑，由于承压水的承压性，易造成基坑隆起变形和围护结构变形增大，影响基坑稳定。

（3）对于承压力基坑，施工时易产生管涌、流砂或流土。

由于承压水基坑在开挖施工中易产生基坑突涌、坑底隆起、管涌或流砂等破坏，因此，对于承压水基坑，当基坑开挖深度过深或承压水头过高，基坑的抗突涌稳定性得不到满足时，则应采取一定的措施防止基坑失稳。但是，如何准确判断承压水基坑的抗突涌稳定性？这是一个值得深入研究的课题，特别是2003年上海地铁4号线越江隧道的透水事故和2005年广东煤矿频频发生的透水事故，显示了这一课题的研究价值。目前，对于承压水基坑突涌稳定性的判断分析方法，无论是现行的基坑工程规范，还是一般的教科书和工程设计施工手册里均采用经典的压力平衡理论，该理论只考虑了承压含水层顶不透水层土体自重力引起的抗力，忽略了不透水层土体的抗剪强度。

目前，关于承压水基坑抗突涌稳定性的定量分析方法，可归结为以下几种：①经典的压力平衡法；②均质连续梁、板分析法；③带预应力均质连续梁、板分析法；④均质连续体法；⑤统计预测法。要正确地分析承压水基坑抗突涌稳定性，应从承压水基坑坑底土透水性和土体发生突涌破坏的力学机理着手，特别是对软土地区。因此，对于存在不透水层的承压水基坑，应建立坑底隔水层土体塑性破坏的分析模型。对存在弱透水层的承压水基坑，应建立基坑突涌渗透破坏的分析模型。

问题：

1. 基坑失稳与地下水的渗流有什么关系？在不同的土类中，地下水渗流的状态有什么不同？

2. 承压水基坑抗突涌稳定性分析方法有几种？各有什么原理？

3. 土渗透破坏力学机理是怎样的？如何更好地做好深基坑支护？

4.1 概　述

土中水对土的力学性质的影响是非常大的，很多工程问题都是由于水的作用的结果，而土中水的运动更是直接影响地基土的力学性质与变形性质。土是一种由碎散矿物颗粒组成，并具有连续孔隙的多孔介质。水是土的三相组成部分之一。当土中孔隙完全被水饱和时，由于水所处位置的不同，存在能量的差异，水就从高位向低位流动。水通过土中连续孔隙流动称为渗流。土被水渗流通过的性质称为渗透性。水在土中孔隙中渗流，水与土相互作用，必然导致土体中应力状态的改变、变形和强度特性的变化，甚至出现水体的渗漏和土的渗流变形（或渗透破坏）等，从而影响建筑地基的变形与稳定。由渗流引起的工程常见问题如下。

1. 渗漏

水库和渠道中的水常通过堤坝、水闸及其地基产生渗流[图 4.1(a)]，渗出水量（渗流量）的大小是关系到工程正常使用的大问题，必须进行分析和估算，必要时还要考虑对土坝及地基进行防渗和控渗的处理。

2. 渗透变形或渗透破坏

【基坑支护施工】

水在土体中渗流，水流对土颗粒作用形成的作用力称为渗透力。当渗透力较大时，就会引起土颗粒的移动，甚至把土颗粒带出而流失，使土体产生变形和破坏，这类变形和破坏称为渗透变形或渗透破坏。这种现象会危及建筑物的安全与稳定，在工程上必须采取措施加以防治。渗透破坏往往是许多堤防工程失事的重要原因之一。

3. 基坑降水引起地基沉降

在进行深基坑开挖时，往往需要人工降低地下水位，如图 4.1(b)所示。特别是在比较深的基坑中，

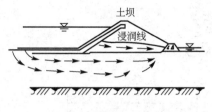
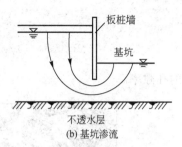

(a) 水库堤坝地基渗漏   (b) 基坑渗流

图 4.1 堤坝水闸、基坑渗流示意图

若降低的水位较大，就会产生较大的渗流，使基坑背后土层产生渗透变形而下沉，造成邻近建筑物及地下管线的不均匀沉降，导致建筑物的开裂及管线的破坏，危及安全与使用。

类似上述与渗流有关的工程问题还有许多种，如渗透力对土体及地基稳定性的影响、渗透固结引起地基变形和强度性质的变化问题等。此外，岩溶、滑坡和泥石流等不良地质现象，也是与地下水的渗流有密切关系的。总之，水在土中渗流与工程实践的关系是十分密切的，其直接影响建筑物地基及土体的稳定与安全，是各类工程设计与施工必须考虑的问题之一。

因此，土的渗透性及渗流的基本规律是岩石工程中的一个重要课题，也是土力学的基本理论之一。本章着重介绍土的渗透性、土中渗流的基本规律与基本理论（流网）、渗透力与渗透变形和有效应力等问题，读者应着重掌握其基本概念、基本理论和与渗透有关的基本知识，并应用于分析一般工程问题。

【各种工程条件下的渗流】

4.2 土的渗透规律

4.2.1 渗流模型

水在土中的渗流是在土颗粒间的孔隙中发生的。由于土体孔隙的形状、大小及分布极为复杂，导致渗流水质点的运动轨迹很不规则，如图 4.2(a)所示。如果只着眼于这种渗流情况的研究，不仅会使理论分析复杂化，同时也会使试验观察变得异常困难。考虑到实际工程中并不需要了解具体孔隙中的渗流情况，因而可以对渗流做出如下的简化：一是不考虑渗流路径的迂回曲折，只分析它的主要流向；二是不考虑土体中颗粒的影响，认为孔隙和土粒所占的空间总和均被渗流所充满。做了这种简化后的渗流其实只是一种假想的土体渗流，称为渗流模型，如图 4.2(b)所示。为了使渗流模型在渗流特性上与真实的渗流相一致，它还应该符合以下要求。

(1)在同一过水断面，渗流模型的流量等于真实的流量。

(2)在任一界面上，渗流模型的压力与真实渗流的压力相等。

(3)在相同体积内，渗流模型所受到的阻力与真实渗流所受到的阻力相等。

有了渗流模型，就可以采用液体运动的有关概念和理论对土体渗流问题进行分析计算。

再分析一下渗流模型与真实渗流中的流速 v（单位时间内流过单位土截面的水量，m/s）之间的关系。在渗流模型中，设过水断面面积为 $A(\text{m}^2)$，通过的渗流流量为 q（单位时间内流过面积 A 的水量，m^3/s），则渗流模型的平均流速 v 为

$$v = \frac{q}{A} \tag{4-1}$$

真实渗流仅发生在相应于断面面积 A 中所包含的孔隙面积 ΔA 内，因此真实流速 v_0 为

$$v_0 = \frac{q}{\Delta A} \tag{4-2}$$

于是

$$v/v_0 = \frac{\Delta A}{A} = n \qquad\qquad (4-3)$$

式中　n——土体的孔隙率。

【渗流模型】

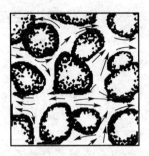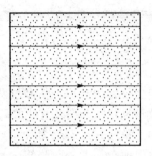

(a) 水在土孔隙中的运动轨迹　　　　(b) 理想化的渗流模型

图 4.2　渗流模型

因为孔隙率 $n<1.0$，所以，$v<v_0$，即模型的平均流速要小于真实流速。由于真实流速很难测定，因此工程上还是采用模型的平均流速 v 较为方便，在本章以后的内容中，如果没有特别说明，所说的流速均指模型的平均流速。

4.2.2　土的层流渗透定律

【达西渗透试验】

若土中孔隙水在压力梯度下发生渗流，如图 4.3 所示。对于土中 a、b 两点，已测得 a 点的水头为 H_1，b 点的水头为 H_2，水自高水头的 a 点流向低水头的 b 点，水流流径长度为 l。由于土的孔隙较小，可以认为是属于层流（即水流流线是互相平行地流动）。那么土中的渗流规律可以认为是符合层流渗透定律，这个定律是法国学者达西（H. Darcy）根据砂土的实验结果而得到的，也称达西定律。它是指水在土中的渗透速度与水头梯度成正比，即

$$v = kI \qquad\qquad (4-4)$$
$$q = kIA \qquad\qquad (4-5)$$

式中　v——渗透速度（m/s）；

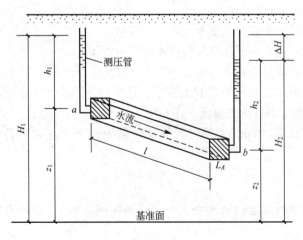

图 4.3　水在土中的渗流

I——水头梯度，即沿着水流方向单位长度上的水头差，图 4.3 中 a、b 两点的水头梯度 $I = \dfrac{\Delta H}{\Delta l}$

$= \dfrac{H_1 - H_2}{l}$；

k——渗透系数 (m/s)，各种土的渗透系数参考值见表 4-1；

q——渗透流量 (m^3/s)，即单位时间内流过面积 A 的水量。

表 4-1　土的渗透系数参考值

土的类别	渗透系数/(m/s)	土的类别	渗透系数/(m/s)
黏土	$< 5 \times 10^{-6}$	细砂	$1 \times 10^{-5} \sim 5 \times 10^{-5}$
粉质黏土	$5 \times 10^{-6} \sim 1 \times 10^{-6}$	中砂	$5 \times 10^{-5} \sim 2 \times 10^{-4}$
粉土	$1 \times 10^{-6} \sim 5 \times 10^{-6}$	粗砂	$2 \times 10^{-6} \sim 5 \times 10^{-4}$
黄土	$2.5 \times 10^{-6} \sim 5 \times 10^{-6}$	圆砾	$5 \times 10^{-4} \sim 1 \times 10^{-3}$
粉砂	$5 \times 10^{-6} \sim 1 \times 10^{-5}$	卵石	$1 \times 10^{-3} \sim 5 \times 10^{-3}$

由于达西定律只适用于层流的情况，故一般只适用于中砂、细砂、粉砂等。对粗砂、砾石、卵石等粗颗粒土就不适合，因为这时水的渗流速度较大，已不再是层流而是紊流了。黏土中的渗流规律不完全符合达西定律，因此需进行修正。

在黏土中，土颗粒周围存在结合水，结合水因受到分子引力作用而呈现黏滞性。因此，黏土中自由水的渗流受到结合水的黏滞作用产生的很大阻力，只有克服结合水的抗剪强度后才能开始渗流。克服此抗剪强度所需要的水头梯度称为黏土的起始水头梯度 I_0。这样，在黏土中，应按下述修正后的达西定律计算渗流速度，即

$$v = k(I - I_0) \tag{4-6}$$

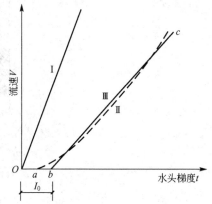

图 4.4　砂土和黏土的渗透规律

在图 4.4 中绘出了砂土与黏土的渗透规律。直线 Ⅰ 表示砂土的 $v\text{-}I$ 关系，它是通过原点的一条直线。黏土的 $v\text{-}I$ 关系是曲线 Ⅱ（图 4.4 中虚线所示），a 点是黏土的起始水头梯度，当土中水头梯度超过此值后才开始渗流。一般常用折线 Ⅲ（图中 Obc 线）代表曲线 Ⅱ，即认为 b 点是黏土的起始水头梯度 I_0，其渗流规律用式（4-6）表示。

4.2.3　土的渗透系数

渗透系数 k 是综合反映土体渗透能力的一个指标，其数值的正确确定对渗透计算有着非常重要的意义。表 4-1 中给出了一些土的渗透系数参考值。渗透系数也可以在实验室或现场试验测定。

1. 室内试验测定法

实验室测定渗透系数 k 值的方法称为室内渗透试验，根据所用试验装置的差异可分为常水头试验和变水头试验。

1）常水头渗透试验

常水头渗透试验装置的示意图如图 4.5 所示。在圆柱形试验筒内装置土样，土的截面面积为 A（即试验筒截面面积），在整个试验过程中土样的压力水头维持不变。在土样中选择两点 a、b，两点的距离为 l，分别在两点设置测压管。试验开始时，水自上而下流经土样，待渗流稳定后，测得在时间 t 内流过土样的流量为 Q，同时读得 a、b 两点测压管的水头差为 ΔH。则由式（4-5）可得

$$Q = qt = kIAt = k\frac{\Delta H}{l}At$$

由此求得土样的渗透系数 k 为

$$k = \frac{Ql}{\Delta HAt} \tag{4-7}$$

2）变水头渗透试验

变水头渗透装置如图4.6所示。在试验筒内装置土样，土样的截面面积为 A，高度为 l。试验筒上设置储水管，储水管截面积为 a，在试验过程中储水管的水头不断减小。若试验开始时，储水管水头为 h_1，经过时间 t 后降为 h_2。令在时间 dt 内水头的变化质量为 $-dh$，则在 dt 时间内通过土样的流量 dq 为

$$dq = -adh$$

【常水头和变水头
渗透试验】

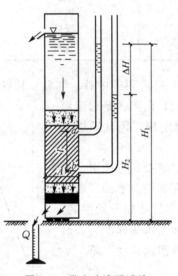

图 4.5 常水头渗透试验

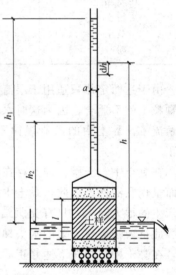

图 4.6 变水头渗透试验

又从式(4-5)知

$$dq = qdt = kIAdt = k\frac{h}{l}Adt$$

故得

$$-adh = k\frac{h}{l}Adt$$

积分后得

$$-\int_{h_1}^{h_2}\frac{dh}{h} = \frac{kA}{al}\int_0^t dt$$

$$\ln\frac{h_1}{h_2} = \frac{kA}{al}t$$

由此求得渗透系数为

$$k = \frac{al}{At}\ln\frac{h_1}{h_2} \tag{4-8}$$

2. 现场抽水试验

渗透系数也可以在现场进行抽水试验测定。对于粗颗粒或成层的土，室内试验时不易取得原状土样，或者土样不能反映天然土层的层次或颗粒排列情况。这时，从现场试验得到的渗透系数将比室内试验准确。现场测定渗透系数的方法较多，常用的有野外注水试验和野外抽水试验等，这种方法一般是在现场钻井孔或挖试坑，再往地基中注水或抽水时，量测地基中的水头高度和渗流量，在根据相应的理论公式求出渗透系数 k 值。下面主要介绍现场抽水试验。

如图 4.7 所示，抽水试验开始前，在试验现场钻一中心抽水井，根据井底土层情况可分为两种类型，井底钻至不透水层时称为完整井，井底未钻至不透水层时称为非完整井。在距抽水井中心半径为 r_1 和 r_2 处布置观测孔，以观测周围地下水位的变化。试验抽水后，地基中将形成降水漏斗。当地下水进入抽水井流量与抽水量相等且维持稳定时，测读此时的单位时间抽水量 q，同时在观测孔处测量出其水头分别为 h_1 和 h_2。对非完整井，还需量测抽水井中的水深 h_0 和确定降水影响半径 R。在假定土中任一半径处的水头梯度为常数的条件下，渗透系数 k 可由下列各式确定。

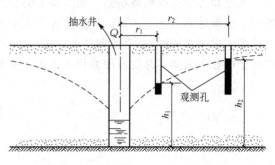

图 4.7 抽水试验

（1）无压完整井中渗透系数 k 的计算公式为

$$k = \frac{q}{\pi} \cdot \frac{\ln(r_2/r_1)}{(h_2^2 - h_1^2)} \qquad (4-9)$$

由式（4-9）求得的 k 值为 $r_1 \leqslant r \leqslant r_2$ 范围内的平均值。若在实验中不设观测井，则需测定抽水井的水深 h_0，并确定其降水影响半径 R，此时降水半径范围内的平均渗透系数为

$$k = \frac{q\ln\left(\dfrac{R}{r_0}\right)}{\pi(H^2 - h_0^2)} \qquad (4-10)$$

（2）无压非完整井中渗透系数 k 的计算公式为

$$k = \frac{q\ln\left(\dfrac{R}{r_0}\right)}{\pi\left[(H-h')^2 - h_0^2\right]\left\{1 + \left(0.3 + \dfrac{10r_0}{H}\right)\sin\left(\dfrac{1.8h'}{H}\right)\right\}} \qquad (4-11)$$

式中　H——不受降水影响的地下水面至不透水层层面的距离（m）；

　　　　h_0——抽水井的水深度（m）；

　　　　h'——井底至不透水层层面的距离（m）；

　　　　r_0——抽水井的半径（m）。

式（4-11）中 R 的取值对 k 的影响不大，在无实测资料时可采用经验值计算。通常强透水土层（如乱石、砾石层）的影响半径值很大，在 200m 以上，而中等透水土层（如中、细砂）的影响半径较小，为 $100\sim200$m。

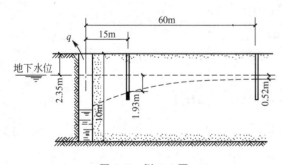

图 4.8 例 4.1 图

【例 4.1】　如图 4.8 所示，在现场进行抽水试验测定砂土层的渗透系数。抽水井穿过 10m 厚砂土层进入不透水层，在距井管中心 15m 及 60m 处设置观测孔。已知抽水前静止地下水位在地面下 2.35m 处，抽水后待渗流稳定时，从抽水井中测得流量 $q = 5.47 \times 10^{-3}\,\text{m}^3/\text{s}$，同时从两个观测孔测得水位分别下降了 1.93m 及 0.52m，求砂土层的渗透系数。

解：

两个观测孔的水头分别为

$$r_1 = 15\text{m 处}，h_1 = (10 - 2.35 - 1.93)\text{m} = 5.72\text{m}$$
$$r_2 = 60\text{m 处}，h_2 = (10 - 2.35 - 0.52)\text{m} = 7.13\text{m}$$

由式（4-9）求得渗透系数为

$$k = \frac{q}{\pi} \cdot \frac{\ln(r_2/r_1)}{(h_2^2 - h_1^2)} = \frac{5.47 \times 10^{-3}}{\pi} \times \frac{\ln\left(\dfrac{60}{15}\right)}{(7.13^2 - 5.72^2)}\,\text{m/s} = 1.33 \times 10^{-4}\,\text{m/s}$$

137

3. 成层土的渗透系数

如已知每层土的渗透系数，则成层土的渗透系数可按下述方法计算。图4.9所示为土层有两层组成，各层土的渗透系数为 k_1、k_2，厚度为 h_1、h_2。

考虑水平渗流时（水流方向与土层平行）如图4.9(a)所示。因为各土层的水头梯度相同，总的流量等于各土层流量之和，总的截面面积等于各土层截面面积之和，即

$$I = I_1 = I_2$$
$$q = q_1 + q_2$$
$$A = A_1 + A_2$$

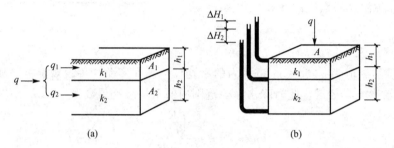

图4.9 成层土的渗透系数

因此土层水平向的平均渗透系数 k_h 为

$$k_h = \frac{q}{AI} = \frac{q_1 + q_2}{AI} = \frac{k_1 A_1 I_1 + k_2 A_2 I_2}{AI}$$

$$= \frac{k_1 h_2 + k_2 h_2}{h_1 + h_2} = \frac{\sum k_i h_i}{\sum h_i} \tag{4-12}$$

考虑竖直向渗流时（水流方向与土层垂直），如图4.9(b)所示。则知总的流量等于每一土层的流量，总的截面面积与每层土的截面面积相同，总的水头损失等于每一层的水头损失之和，即

$$q = q_1 = q_2$$
$$A = A_1 = A_2$$
$$\Delta H = \Delta H_1 + \Delta H_2$$

由此得土层竖向的平均渗透系数 k_v 为

$$k_v = \frac{q}{AI} = \frac{q}{A} \cdot \frac{(h_1 + h_2)}{\Delta H} = \frac{q}{A} \frac{(h_1 + h_2)}{(\Delta H_1 + \Delta H_2)}$$

$$= \frac{q}{A} \frac{(h_1 + h_2)}{\left(\frac{q_1 h_1}{A_1 k_1}\right) + \left(\frac{q_2 h_2}{A_2 k_2}\right)} = \frac{h_1 + h_2}{\frac{h_1}{k_1} + \frac{h_2}{k_2}} \tag{4-13}$$

$$= \frac{\sum h_i}{\sum \frac{h_i}{k_i}}$$

4.2.4 影响土的渗透性的因素

影响土的渗透性的因素主要有以下几种。

1. 土的粒度成分及矿物成分

土的颗粒大小、形状及级配影响土中孔隙大小及形状，因而影响土的渗透性。土颗粒越粗、越浑圆、越均匀时，渗透性就越大。砂土中含有较多粉土及黏土颗粒时，其渗透性就会大大降低。

土的矿物成分对于卵石、砂石和粉土的渗透性影响不大，但对于黏土的渗透性影响较大。黏性土中含有亲水性较大的黏土矿物（如蒙脱石）或有机质时，由于它们具有很大的膨胀性，就大大降低了土的渗透性。含有大量有机质的淤泥几乎是不透水的。

2. 结合水膜的厚度

黏性土中若土粒的结合水膜厚度较厚时，会阻塞土的孔隙，降低土的渗透性。例如钠黏土，由于钠离子的存在，使黏土颗粒的扩散层厚度增加，所以透水性很低；又如在黏土中加入高价离子的电解质（如 Al^{3+}、Fe^{3+}），会使土粒扩散层厚度减小，黏土颗粒会凝聚成粒团，土的孔隙因而增大，这也将使土的渗透性增大。

3. 土的结构构造

天然土层通常不是各向同性的，在渗透性方面往往也是如此。如黄土具有竖直方向的大孔隙，所以竖直方向的渗透系数要比水平方向大得多。层状黏土常夹有薄的粉砂层，它的水平方向的渗透系数要比竖直方向大得多。

4. 水的黏滞性

水在土中的渗流速度与水的密度及黏滞度有关，而这两个数值又与温度有关。一般水的密度随温度变化很小，可略去不计，但水的动力黏滞系数 η 却随温度变化而明显变化。故室内渗透试验时，同一种土在不同温度下会得到不同的渗透系数。在天然土层中，除了靠近地表的土层外，一般土中的温度变化很小，故可忽略温度的影响；但是室内试验的温度变化较大，故应考虑它对渗透系数的影响。目前常以水温为 $10℃$ 时的 k_{10} 作为标准值，在其他温度测定的渗透系数 k_t 可按式（4-14）进行修正，即

$$k_{10} = k_t \frac{\eta_t}{\eta_{10}} \tag{4-14}$$

式中 η_t、η_{10}——$t℃$ 和及 $10℃$ 时水的动力黏滞系数（$N \cdot s/m^2$）。

$\frac{\eta_t}{\eta_{10}}$ 的比值与温度的关系见表 4-2。

表 4-2 η_t/η_{10} 与温度的关系

温度/℃	η_t/η_{10}	温度/℃	η_t/η_{10}	温度/℃	η_t/η_{10}
-10	1.988	10	1.000	22	0.735
-5	1.636	12	0.945	24	0.707
0	1.369	14	0.895	26	0.671
5	1.161	16	0.850	28	0.645
6	1.121	18	0.810	30	0.612
8	1.060	20	0.773	40	0.502

5. 土中气体

当土孔隙中存在密闭气泡时，会阻塞水的渗流，从而降低土的渗透性。这种密闭气泡有时是由溶解于水中的气体分离出来而形成的，故室内渗透试验有时规定要用不含溶解空气的蒸馏水。

4.3　二维渗流与流网

前节讨论的渗流问题均属于一些边界条件简单的一维渗透，这些问题可直接用达西定律进行渗流计算。然而工程上的渗流情况常属于边界条件复杂的二维、三维渗流问题，如堤坝地基和坝体中的渗流（图4.1），此时，土介质中渗流特性逐点不同，渗流途径非直线，不能再视为一维渗流，而是一个复杂的渗流场，常用微分方程表示，按边界条件求解。本节仅讨论二维渗流的基本问题。

4.3.1　二维渗流基本方程

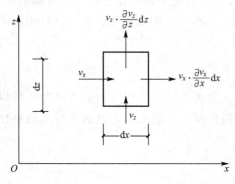

图4.10　二维渗流的连续条件

图4.1所示为堤坝地基和坝体中的渗流，可视为二维平面的渗流问题。在稳定流状态下，渗流的水头与孔隙水压力和流速与流量的变化仅为位置(x,z)的函数，而与时间无关，即$h=f(x,z)$，$v=f(x,z)$。从稳定流场中取一任意点的微元体，面积为$\mathrm{d}x\mathrm{d}z$，厚度$\mathrm{d}y=1$，其x、z方向的流速分别为v_x，v_z，如图4.10所示。

单位时间流入微元体的水量为$\mathrm{d}q_e$，即

$$\mathrm{d}q_e = v_x\mathrm{d}z\times 1 + v_z\mathrm{d}x\times 1$$

单位时间流出微元体的水量为q_0，即

$$\mathrm{d}q_0 = \left(v_x + \frac{\partial v_x}{\partial x}\times\mathrm{d}x\right)\mathrm{d}z\times 1 + \left(v_z + \frac{\partial v_z}{\partial z}\right)\mathrm{d}z\times 1$$

假定水体是不可压缩的，根据水流连续原理，单位时间内流入和流出微元体的水量相等，即

$$\mathrm{d}q_e = \mathrm{d}q_0$$

得

$$\frac{\partial v_x}{\partial x} + \frac{\partial v_z}{\partial z} = 0 \tag{4-15a}$$

式（4-15a）为二维渗流的连续方程。根据达西定律，对于各向异性土有

$$v_x = k_x\cdot i_x = k_x\cdot\frac{\partial h}{\partial x} \tag{4-15b}$$

$$v_z = k_z\cdot i_z = k_z\cdot\frac{\partial h}{\partial z} \tag{4-15c}$$

式中　k_x、k_z——分别为x、z方向的渗透系数；

　　　　h——测压管水头。

将式（4-15b）和式（4-15c）代入式（4-15a），可得

$$k_x\frac{\partial^2 h}{\partial x^2} + k_z\frac{\partial^2 h}{\partial z^2} = 0 \tag{4-16}$$

对于各向同性的均质土层，$k_x = k_z$，则式（4-16）可表达为

$$\frac{\partial^2 h}{\partial x^2} + \frac{\partial^2 h}{\partial z^2} = 0 \tag{4-17}$$

对于各向异性土层，可引入新坐标x'，令$x' = (k_z/k_x)^{\frac{1}{2}}\cdot x$，等效渗透系数$k_e = (k_z\cdot k_x)^{\frac{1}{2}}$，同样得到式（4-17）的形式。

式（4-17）就是描述二维渗流水头变化的拉普拉斯（Laplace）方程，是平面稳定渗流的基本方程。

设$\varPhi = kh(x,z)$，称为势函数，则有

$$v_x = -\frac{\partial \Phi}{\partial x} = -k\frac{\partial h}{\partial x} \tag{4-18a}$$

$$v_z = -\frac{\partial \Phi}{\partial z} = -k\frac{\partial h}{\partial z} \tag{4-18b}$$

将式(4-18a)对 x 微分，式(4-18b)对 z 微分，并代入式(4-17)，可得

$$\frac{\partial^2 \Phi}{\partial x^2} + \frac{\partial^2 \Phi}{\partial z^2} = 0 \tag{4-19}$$

若 $h(x, z) = h_1$（常数），则式(4-19)表示 xz 平面上一条曲线。在该曲线上，$\Phi = \Phi_1$（常数），故称等势线。取 $\Phi = \Phi_1, \Phi_2, \Phi_3 \cdots$ 可得一组等势线，沿这些等势线，h 分别等于 $h_1, h_2, h_3 \cdots$ 势函数的全微分表达式为

$$\mathrm{d}\Phi = \frac{\partial \Phi}{\partial x}\mathrm{d}x + \frac{\partial \Phi}{\partial z}\mathrm{d}z \tag{4-20}$$

等势线上 $\mathrm{d}\Phi = 0$，则下式成立：

$$\left(\frac{\mathrm{d}z}{\mathrm{d}x}\right)_\Phi = -\frac{\partial \Phi/\partial x}{\partial \Phi/\partial z} = -\frac{v_x}{v_z} \tag{4-21}$$

流线是水流的轨迹线，因此流线上某一点的切线方向为水流的渗流方向。根据这个定义，在二维渗流问题中，流线方程为

$$\frac{\mathrm{d}z}{\mathrm{d}x} = \frac{v_z}{v_x} \tag{4-22}$$

即

$$-v_z\mathrm{d}x + v_x\mathrm{d}z = 0 \tag{4-23}$$

设 $(-v_z\mathrm{d}x + v_x\mathrm{d}z)$ 是某一函数 $\Psi(x, z)$ 的全微分，则

$$\mathrm{d}\Psi = \frac{\partial \Psi}{\partial x}\mathrm{d}x + \frac{\partial \Psi}{\partial z}\mathrm{d}z = -v_z\mathrm{d}x + v_x\mathrm{d}z \tag{4-24}$$

于是

$$v_x = \frac{\partial \Psi}{\partial z} \tag{4-25a}$$

$$v_z = \frac{\partial \Psi}{\partial x} \tag{4-25b}$$

$\Psi(x, z)$ 称为流函数。由式(4-24)可以看出：沿同一条流线 $\mathrm{d}\Psi = 0$，即函数 $\Psi(x, z)$ 等于常数。
结合式(4-18)及式(4-25)，得

$$\frac{\partial \Phi}{\partial x} = -\frac{\partial \Psi}{\partial z} \tag{4-26a}$$

$$\frac{\partial \Phi}{\partial z} = \frac{\partial \Psi}{\partial x} \tag{4-26b}$$

将式(4-26a)对 z 微分，式(4-26b)对 x 微分，得

$$\frac{\partial^2 \Phi}{\partial x \partial z} = -\frac{\partial^2 \Psi}{\partial z^2} \tag{4-27a}$$

$$\frac{\partial^2 \Phi}{\partial x \partial z} = \frac{\partial^2 \Psi}{\partial x^2} \tag{4-27b}$$

结合式(4-27a)和式(4-27b)，可得

$$\frac{\partial^2 \psi}{\partial x^2} + \frac{\partial^2 \psi}{\partial z^2} = 0 \tag{4-28}$$

式(4-28)表明，流函数 $\Psi(x, z)$ 也满足 Laplace 方程。
势函数 $\Phi(x, z)$ 和流函数 $\Psi(x, z)$ 都满足 Laplace 方程，它们是共轭调和函数，结合式(4-26a)和式(4-26b)，可得

$$\frac{\partial \Phi}{\partial x} \cdot \frac{\partial \Psi}{\partial x} + \frac{\partial \Phi}{\partial z} \cdot \frac{\partial \Psi}{\partial z} = 0 \tag{4-29}$$

对式（4-28），如果在一定的边界条件下积分，就能得到由流线和等势线组成的流网。等势线和流线在平面上为相互正交的两线簇，若按一定间距绘出，则形成相互垂直的流网，称为流网（图4.11）。通过流网可以分析渗流的各项要素，应用于分析工程问题。

【流线、等势线】

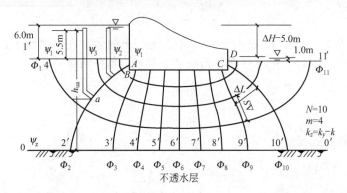

图 4.11　坝下流网图

求解满足拉普拉斯方程的两共轭函数 Φ 和 Ψ，可采用数学解析法、近似数值计算法（差分或有限元）、电模拟试验法和图绘流网法等。除简单的边界条件外，用数学解析法不易获得解答，故实际中多用数学近似计算法或模拟试验法。后者比较简便，常被一些有经验的工程人员采用，但相对而言其不够精确。

4.3.2　流网的性质和应用

1. 流网的性质

各向同性的渗流介质由流线和等势线簇交织而成的流网，具有下列性质。

（1）流线与等势线彼此正交。由式（4-29）可证明：在等势线与流线的交点上，两组曲线的斜率互为负倒数，即

$$\left(\frac{\mathrm{d}z}{\mathrm{d}x}\right)_\Phi = -\frac{1}{\left(\dfrac{\mathrm{d}z}{\mathrm{d}x}\right)_\Psi} \tag{4-30}$$

说明两者互为正交。

（2）如果在流网中各等势线间的差值（$\Delta\Phi = \Phi_1 - \Phi_2 = \Phi_2 - \Phi_3 = \cdots$）相等，各流线间的差值（$\Delta\Psi = \Psi_1 - \Psi_2 = \Psi_2 - \Psi_3 = \cdots$）也相等，则网格的长宽比（$\Delta L/\Delta S$）为常数，若令长宽比为1，则流网网格呈曲线正方形。图4.11中的网格就属于这种图形，这是绘制流网常用的图形。

（3）相邻两等势线间的水头损失相等，即 $\Delta h = \Phi(h_1) - \Phi(h_2) = \Phi(h_2) - \Phi(h_3) = \cdots$

（4）相邻两流线间的水流通道称为流槽，流网上各流槽的流量相等，即

$$\Delta q_1 = \Delta q_2 = \Delta q_3 = \cdots = k\frac{\Delta h}{\Delta L}\Delta S \times 1$$

2. 流网绘制方法

流网图可用近似数值计算法（差分法或有限元法）借用计算程序直接绘出。对于边界条件较为简单的，用人工手绘也不难作出。按照等势线与流线相互垂直、每一网格为一曲线正方形的原理，根据设定的边界条件，用流线和等势线把渗流场划分为大小不同的若干个曲线正方形，即为所求的流网。现以图4.11为例说明绘制流网的步骤。

(1) 首先根据渗流场的边界条件，确定边界流线和边界等势线。

图 4.11 中的坝下渗流为有压渗流，因此坝基的轮廓线 $ABCD$ 为第一根边界流线；下卧隔水层 $00'$ 也是一条边界流线；上下游透水地基表面 $1'A$ 和 $D11'$ 则为两条边界等势线。

(2) 按照绘制流网的原理，试绘流网。

先按边界的趋势（按经验）绘出图中 Ψ_1、Ψ_2、Ψ_3 彼此不相交的曲线，且每一条流线都要和上下游透水地基表面等势线（$1'A$，$D11'$）正交，然后从中央向两边绘出等势线，要求每根等势线与流线正交，并控制所形成的网格都是曲线正方形。如图 4.11 中，先绘中线 $6'$，再绘 $5'$ 和 $7'$，如此向两侧前进，最后形成流网。

(3) 反复修改流网图，以满足流网原理的要求。

一般初绘流网图总是不能完全符合原理的要求，必须反复修改，直至大部分网格都为曲线正方形，且流线和等势线都是光滑的相互正交为止。应该指出：由于边界形状的不规则，在边界突变处很难形成正方形，而可能是三角形或五边形等，这是由于流线和等势线划分过粗引起的局部问题，只要这些局部网格的平均宽度和长度大致相等即可。

3. 流网的应用

流网主要应用于分析渗流场中各点的测压管水头、水力坡降、渗流流速和流量等。现用图 4.11 为例来说明。

1) 测压管水头

根据流网的性质可知，任意两相邻等势线间的水头损失相等，设两相邻等势线的水头损失为 Δh，即

$$\Delta h = \frac{\Delta H}{N} = \frac{\Delta H}{n-1} \tag{4-31}$$

式中 ΔH——上、下游水位差，也是水从上游渗流到下游的总水头损失；

n——等势线数；

N——等势线间隔数，$N = n-1$。

图 4.11 中的流网，$n = 11$，$N = 10$，总水头损失 $\Delta H = H_1 - H_2 = 5\text{m}$，则 $\Delta h = (5/10)\text{m} = 0.5\text{m}$。

水头损失求得之后，测压管水头就不难求得。例如，图 4.11 中 a 点测压管水头，以 $00'$ 为基准，则测压管水头 $h_a = z_a + h_{ua}$，h_{ua} 为 a 点的压力水头。请注意：测压管水头 h_a 是包括位能水头和压力水头的总水头，等势线上的水头是指该点的压力水头，而压力水头 h_{ua} 则为不含位能水头在内的测压管水柱高，等势线不是等压力水头线，所以 a 点的压力水头 h_{ua} 应为上游水位高 $H = 6.0\text{m}$ 降低至 a 点等势线水头损失 $\Delta h = 0.5\text{m}$，即 $H - \Delta h = 5.5\text{m}$ 的水位线至 a 点的测压管水柱高，如图 4.11 中 h_{ua} 所示（可从图中直接量出）。

2) 孔隙水压力

渗流场中各点的孔隙水压力为该点测压管中的水柱高乘以水的重度，a 点的孔隙水压力为

$$u_a = h_{ua} \cdot \gamma_w \tag{4-32}$$

3) 水力梯度

流网中任意网格的水力梯度为相邻两等势线的水头差除以相邻两流线的平均长度，即

$$i = \frac{\Delta h}{\Delta L} \tag{4-33}$$

式中 ΔL——该网格的平均长度，$\Delta L = \dfrac{\Delta L_上 + \Delta L_下}{2}$，可从图中直接量出。

由此可见，在流网图中，网格正方形的面积越小，水力梯度越大。

4) 渗透流速

流网中任意网格中的平均渗流速度，可按达西定律求得，即

$$v = k \cdot i \qquad (4-34)$$

式中　i——水力梯度，按式（4-33）求得；

　　　v——平均渗透速度，其方向沿流线的切线方向。

5）渗流流量

流网中任意两相邻流线间单宽流槽的流量为

$$\Delta q = v \cdot \Delta A = ki \cdot \Delta S \times 1 = k \frac{\Delta h}{\Delta L} \cdot \Delta S$$

取 $\Delta L = \Delta S$ 时，得

$$\Delta q = k \cdot \Delta h \qquad (4-35)$$

因为 Δh 为常数，所以 Δq 也为常数，则通过坝下渗流区的总单宽流量为

$$q = \sum \Delta q = M \cdot \Delta q = Mk \Delta h \qquad (4-36)$$

式中　M——流网的流槽数，数值上等于流线数减1。

4.4　渗透力及渗透破坏

【土中水与水中土】

　　水在土体或地基中渗流，将引起土体内部应力状态的改变。例如，对土坝地基和坝体来说，由于上下游水头差引起的渗流，一方面可能导致土体内细颗粒被冲走、带走或土体局部移动，引起土体的变形（常称为渗透变形）；另一方面，渗透的作用力可能会增大坝体或地基的滑动力，导致坝体或地基滑动破坏，影响整体稳定性。这是渗流对工程影响的两个主要问题。本节主要阐述渗透变形问题。

4.4.1　渗透力

　　水在土中渗流，受到土骨架的阻力，同时水也对土骨架施加推力，单位体积土骨架所受到的推力称为渗透力。图4.12所示为渗透水流通过土颗粒的作用力示意图。所谓推力就是水流沿土颗粒表面切过的拖曳摩擦作用于土骨架体积的合力，即图中各切向力的合力。所谓阻力就是沿颗粒表面切过对水流产生

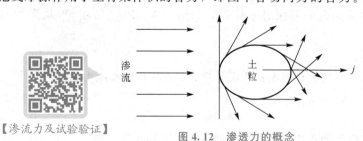

【渗流力及试验验证】　　图4.12　渗透力的概念

的摩擦阻力。这一阻力作用于渗透水体，使渗流产生能量损耗，造成渗流通过土骨架后测压管水头的降低，出现水头差。如果渗透水流自下而上垂直作用于土骨架，则作用于土骨架上的推力还应考虑土骨架的有效自重，对渗透水流的阻力还要考虑土中孔隙水的质量和水对土骨架浮力的反力。

　　为了进一步说明渗透力的大小和性质，用一流网网格渗流情况来加以说明。如图4.13所示，图中 ab 和 cd 为两流线，间距为 L；ef 和 gh 为两等势线，间距也为 L；作用于 ef 和 gh 面上的压力水头分别为 h_1 和 h_2。渗透水流自 ef 面向 gh 面垂直方向流动。在分析渗流过程中流过网格土体的受力情况时，若以水土总体为脱离体系来分析，渗透力或渗透阻力就被隐含了。所以，现采用以网格中孔隙水体作为脱离体，考虑沿流线方向作为平衡的分析，可得

$$F_s = \gamma_w h_1 L - \gamma_w h_2 L + W_w \sin\alpha \qquad (4-37)$$

式中　　$\gamma_w h_1 L$、$\gamma_w h_2 L$——分别为作用于 ef 面和 gh 面上的水压力，作用的方向沿流线方向，γ_w 为水的重度；

　　　　W_w——孔隙水的质量及水对土颗粒浮力的反作用之和，方向垂直向下，其值为 $W_w = \gamma_w V_v + \gamma_w V_s = \gamma_w V = \gamma_w L^2$，$V$、$V_s$、$V_v$ 分别为网格土体的体积及骨架体积和孔隙水部分的体积；

　　　　F_s——网格内土颗粒对水流的总阻力，即渗透阻力，其作用方向逆水流方向。

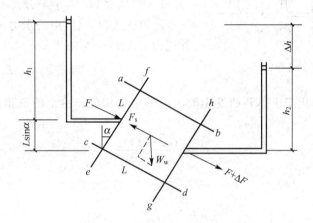

图 4.13　网格中孔隙水体受力分析

由图中可得

$$\sin\alpha = \frac{\Delta h + h_2 - h_1}{L}$$

将此式代入式(4-37)，整理后得渗透阻力为

$$F_s = \gamma_w L \Delta h$$

则单位土体内土颗粒给予水流的阻力 f_s 为

$$f_s = \frac{F_s}{L^2} = \gamma_w \cdot \frac{\Delta h}{L} = \gamma_w i \qquad (4-38)$$

由于渗透力的大小与单位土体内水流所受到的阻力大小相等，方向相反，所以渗透力为

$$j = f_s = \gamma_w i \qquad (4-39)$$

由式(4-39)可知：渗透力为体积力，其单位与 γ_w 相同，即 kN/m³；其大小与水力梯度成正比，其方向与渗流(或流线)的方向一致。

4.4.2　临界水头梯度

　　为了进一步探讨渗透力对土颗粒的作用，先考察图 4.14 所示的渗流试验。图中为一竖直圆筒，内装土试样，厚度为 L，左侧装置一个 U 形软管并连接一个储水器。储水器可以自由调节试验竖直圆筒的水位差。当储水器降低至试验圆筒顶水位以下时，渗透水流自上而下通过圆筒内试样流动，渗流的方向与土试样的重力方向一致，渗透力对土颗粒施加压力，使土试样压缩。此时土试样长度将受到压缩而缩短。反之，若将储水器上提，高出试验圆筒水面以上，渗流方向将自下而上渗透，渗流方向与土颗粒重力方向相

【饱和土中水的
计算问题】

反，渗透力作用于土颗粒，减轻土的重力压缩，储水器提得越高，渗透力越大，对土颗粒作用的上浮力越大。当储水器提到一定高度时，就可观察到试样中土颗粒向上浮动，甚至出现砂沸或局部土体上浮或隆起(黏性土)，习惯上称为流土。这是渗透力已超过土颗粒有效质量(浮重度)的结果。设渗透力为

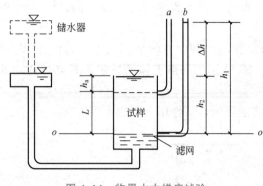

图 4.14　临界水力梯度试验

$$j = \gamma_w \cdot \frac{\Delta h}{L} = i\gamma_w \qquad (4-40)$$

若渗透水流自下而上作用于砂土，砂土中的有效重度（浮重度）为 γ'，则当 $j > \gamma'$ 时，砂土将被渗透力所悬浮，失去其稳定性；当 $j = \gamma'$ 时，砂土将处于悬浮的临界状态，则得

$$j = i\gamma_w = \gamma' \qquad (4-41)$$

此时，式(4-41)中的水力梯度 i 称为临界水力梯度，并记为 i_c，即

$$i_c = \frac{\gamma'}{\gamma_w} \qquad (4-42)$$

临界水力梯度为渗流作用于土体开始发生流土时的水力梯度。由土的三相比例关系，可知土的浮重度 γ' 为

$$\gamma' = \frac{(d_s - 1)\gamma_w}{1 + e}$$

则

$$i_c = \frac{d_s - 1}{1 + e} \qquad (4-43)$$

式中　d_s、e——土粒的相对密度和孔隙比。

必须指出：式(4-43)是根据竖向渗流且不考虑周围土的约束条件推导出来的，因此按此式求得的水力梯度偏小，约比一般试验值小 15%～20%。此外，临界水力梯度的大小还与渗透变形的类型和土的类型有关。

4.4.3　渗透变形（或渗透破坏）

1. 渗透变形的类型

土工建筑物及地基由于渗流的作用而出现的变形或破坏称为渗透变形或渗透破坏，如土体表面的上浮隆起和土体内部孔隙中的细颗粒土被水流带走而流失等。由于各种土类颗粒成分、级配及结构的差异及其在地基中分布部位的不同，土体渗透变形表现的形式有多种，如流土、管涌、接触流土和接触冲刷等；对单一土层来说，则主要是流土和管涌。

【流土】

1）流土

在渗流向上作用时，土体表面局部隆起或者土颗粒同时发生悬浮和移动的现象称为流土。任何类型的土只要渗流达到一定的水力梯度（$i > i_{cr}$），就可能发生流土，而且一般都发生在堤坝下游渗流出处或基坑开挖渗流出口处。不同的土类、不同的土层构造，流土表现的形式有所不同，常见的有两种。

(1) 建筑在双层地基上，表层为透水性较小且厚度较薄的黏土层，下卧层为渗透性较大的无黏性土层。

图 4.15 所示为建筑在双层地基上的堤坝。当渗流通过双层地基时，水流从上游渗入至下游渗出的过程中，通过砂层部分渗流的水头损失很小，水头损失主要集中在渗出处，所以渗出处水力梯度较大。此时流土表现的形式主要呈现为表层隆起，砂粒涌出，整块土体被抬起，这是典型的流土破坏。

(2) 地基为均匀的砂土层，砂土的不均匀系数 $C_u < 10$。当水位差较大且渗透路径较短时，出现较大的水力梯度（$i > i_{cr}$）。这时地表普遍出现小泉眼，冒气泡，继而土粒群向上举起，发生浮动、跳跃，成为砂沸。这也是流土的一种形式。

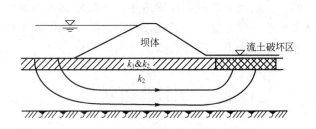

图 4.15 堤坝下游流土破坏

【流土和管涌的区别】

【管涌对基坑封底
混凝土的破坏】

【管涌破坏】

2) 管涌

管涌是渗透变形的另一种形式。这是指在渗透水流的作用下，土体中的细土粒在粗土粒间的孔隙通道中随水流移动并被带出流失的现象。管涌开始时，细土粒沿水流方向逐渐移动，不断流失，继而较粗土粒发生移动，使土体内部形成较大的连续孔隙通道，并带走大量砂粒，最后使土体坍塌而破坏。管涌一般产生在砂砾石地基中。

上述是渗流可能引起局部土体破坏的两种类型，然而对土类的性质与渗透变形的形式来说：一般黏性土(除分散性土外)只能引起流土，即使水力梯度很大也不会出现管涌，这类土属于流土型土；对于无黏性土，往往水力梯度不大就会出现管涌，常把它称为管涌型土。管涌的形成是一个渐变的过程，在管涌型的土类中有部分土，其在一定的水力梯度下开始出现管涌现象，短期内细土粒停止流失，土体尚能承受更大的水力梯度；继续增大水力梯度，也只是增大渗流量，出现大泉眼或者流土。这种土是管涌与流土间的过渡类型土，所以产生渗透变形的土可分3类：流土型土、管涌型土、过渡型土。

【如何面对渗透带来的
事故和灾害】

2. 渗透变形的判别

渗透变形的类型可用来区分土类渗透变形可能出现的形式，至于是否出现渗透变形或渗透破坏，则与土的抵抗渗透变形的能力——抗渗强度有关。通常以临界水力梯度 i_{cr} 来表示土的抗渗强度，并应用于判别渗透变形与渗透破坏出现的可能性，当然也可以用其他因素来判别。

判别流土和管涌出现的可能性是一个比较复杂的实际问题，因为不同渗透类型的土有不同的判别方法。对此，人们曾做过大量理论和实践的研究，积累了丰富的经验。根据研究结果，对不同渗透类型的土，分别采用经验的临界水力梯度及其容许值来判断，将渗流出口处的水力梯度 i_c 求出，就可判别出渗透破坏的可能性，即

当 $i_c < i_{cr}$ 时，处于稳定状态；

当 $i_c = i_{cr}$ 时，处于临界状态；

当 $i_c > i_{cr}$ 时，处于渗透破坏状态；

无黏性土的临界水力梯度 i_{cr} 及其容许值 $[i_{cr}]$ 见表 4-3。工程实用上，常采用容许值来控制。

表 4-3 无黏性土临界水力梯度及其容许值

水力梯度 \ 土类	流土型土		过渡型土	管涌型土	
	$C_1 < 5$	$C_1 > 5$		级配连续	级配不连续
临界水力梯度 i_{cr}	0.8~1.0	1.0~1.5	0.4~0.8	0.2~0.4	0.1~0.3
容许水力梯度 i_{cr}	0.4~0.5	0.5~0.8	0.25~0.4	0.15~0.25	0.1~0.2

【泥浆护壁理解基本
原理的重要性】

【流砂的防治原则】

防治渗透变形，一般可采取两方面的措施：一是降低水力梯度，为此，可以采用降低水头或增设加长渗径等办法；二是在渗流溢出处增设反滤层或加盖重物或在建筑物下游设计减压井、减压沟等，使渗透水流有畅通的出路。

4.5　太沙基一维固结理论

4.5.1　固结与固结过程

前节所讨论的沉降计算及体积压缩特性，都是指在荷载压力作用下土体体积压缩稳定后的结果，所计算的沉降值常称为最终固结沉降值。这一固结沉降值不是加荷后立即产生的，而是随时间的延续逐渐发展达到的。对于饱和黏性土，土的体积压缩主要是由土孔隙中的水排出引起的。侧限压缩试验表明：试样上施加荷载压力增量后，土的骨架受压产生压缩变形，导致土孔隙中水产生渗流，孔隙中水随时间的发展逐渐渗流排出，孔隙体积缩小，土体体积逐渐压缩，最后趋于稳定，这一过程常称为渗透固结，简称为固结。固结过程历时的长短与土层的厚度和土的渗透性质有关。对于一般黏性土地基的情况，固结过程短则数个月，长则数年甚至数十年。工程应用上不但要了解最终沉降量，还要了解沉降随时间的发展，及时控制沉降对工程的影响。固结过程不但反映沉降随时间的变化关系，同时也反映地基土抗剪强度随地基固结的变化（增大或衰减），也可用于控制地基的稳定性，因此，研究地基土层的固结是土力学中又一个有实用意义的课题。

为了便于说明土层固结过程土体内应力与变形的变化关系，下面仅以一维（单向）固结条件为例（即应力与变形只有竖向变化，渗流也只有竖向渗流）。根据太沙基有效应力原理，作用在土层上的总应力增量 $\Delta\sigma_v$ 分别由作用于土骨架的有效应力增量 $\Delta\sigma_v'$ 和作用于孔隙中的水压力 Δu 来组成，即

$$\Delta\sigma_v = \Delta\sigma_v' + \Delta u \qquad (4-44)$$

而且，土的压缩变形主要取决于有效应力。对土层施加荷载压力增量时，在施加荷载的瞬时，荷载压力几乎全部由土孔隙中水来承担，因为加荷的瞬时，孔隙中水尚未排出，土体尚未压缩，土的骨架尚未受力，所以加荷开始时，超静孔隙水压力（即孔隙水压力增量）几乎等于荷载压力增量（或称固结压力）。随着时间的延续，孔隙中水逐渐渗出，孔隙水压力消散而减少，有效应力相应增大。固结土层中任一点的超静孔隙水压力为

$$\Delta u = u - u_s \qquad (4-45)$$

式中　u——土层中某点的总孔隙水压力；

　　　u_s——固结土层中原有的静态或稳定渗流的孔隙水压力；

　　　Δu——超静孔隙水压力。

土层固结完成后，超静孔隙水压力转化为零，而固结压力增量将全部作用于土骨架成为有效应力。任何时刻固结压力增量 $\Delta\sigma_v$ 都包含式（4-44）中的孔隙水压力和有效应力两部分。两者随土的固结相互转化，但两者之和始终恒等于固结压力 $\Delta\sigma_v$。

固结过程中土层的压缩与超静孔隙水压力和有效应力的转化关系常用图4.16所示的弹簧活塞模型来形象地说明：设一个盛满水的圆筒中装着带有弹簧的活塞，

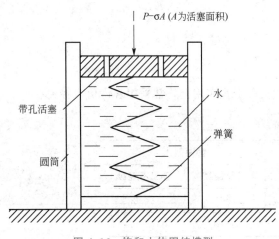

图 4.16　饱和土体固结模型

弹簧的另一端与筒底相连接，活塞上带有许多透水的小孔，设想以弹簧模拟土的骨架，圆筒中的水相当于土孔隙中的水，活塞中的透水小孔反映土的渗透性。当在活塞顶部骤然施加压力 $\Delta\sigma_v$ 的一瞬间，压力 $\Delta\sigma_v$ 完全由水来承担，圆筒中水未排出，活塞未下沉，弹簧也未受力而变形。

【水-弹簧模型】

（1）当 $t\rightarrow0$ 时，Δs（沉降）$=0$，$\Delta u=\Delta\sigma_v$，$\Delta\sigma'_v=0$。水承受荷载压力后，产生超静水压力，开始渗流（经活塞小孔向外排出），使活塞下沉，弹簧受力而压缩，此时，孔隙水压力 Δu 减小，有效应力 $\Delta\sigma'_v$ 增大，但始终保持 $\Delta\sigma_v=\Delta\sigma'_v+\Delta u$。

（2）当 $t>0$ 时，$\Delta s>0$，$\Delta\sigma_v=\Delta\sigma'_v+\Delta u$。若 $\Delta u\rightarrow0$ 时，水停止流出，荷载压力全部由弹簧来承担，活塞停止下沉。

（3）当 $t\rightarrow\infty$ 时，$\Delta s\rightarrow\Delta s_c$，$\Delta u=0$，$\Delta\sigma'_v=\Delta\sigma_v$。

上述模型就是饱和土渗流固结的过程，即孔隙水压力消散和有效应力增长的过程。

【有效应力与孔隙水压力变化关系】

必须指出：在施加荷载增量后，土层的压缩固结过程，一般情况下存在两个变形性质不同的发展阶段。

1）主固结阶段

主固结阶段又称渗流固结阶段。在这个阶段中，作用于土层的固结压力 $\Delta\sigma_v$ 全部作用于土孔隙中水，形成超静孔隙水压力，然后孔隙水排出，超静孔隙水压力消散，逐渐转变为有效应力作用于土的骨架上，使骨架压缩，最后超静孔隙水压力消散至零。前述的固结过程属于这一固结阶段。

2）次固结阶段

次固结阶段是主固结状态结束后（超静孔隙水压力消散为零）继续发展的固结变形阶段。常采用固结试验的资料预测次固结变形的发展。

主固结和次固结是固结过程中的两种不同性质的固结变形。区分两者的发展阶段，有利于分析地基的变形特性。然而用主固结状态终结时（$\Delta u=0$）来划分两段，显然是一种理想化的划分方法。实际上，主固结阶段到次固结阶段是逐渐过渡的，是难以截然划分的。次固结变形的发展比较复杂，它与土的结构性、结构强度和施加荷载压力增量的大小有关。对于具有单粒结构的土，土的矿物颗粒间直接接触，结构强度较大，当固结压力作用于土骨架时，一般不会引起颗粒间的剪切蠕变，所以主固结完成后，不再出现次固结变形。而对于具有凝聚结构的饱和黏性土，土颗粒间的接触为水膜接触，当固结压力全部作用于土骨架后，作用在土骨架上的有效压力将会作用于土颗粒间接触的水膜并使之产生剪切蠕变，使主固结完成后，继续产生次固结变形。

4.5.2 固结理论解

单向固结是指土中的孔隙水只沿竖向方向渗流，同时土的固体颗粒也只沿一个方向位移，而在土的水平方向无渗流、无位移。此种条件相当于荷载分布面很广阔，且靠近地表的薄层黏性土的渗流固结情况。在天然土层中，常遇到厚度不大的饱和软黏土层，当受到较大的均布荷载作用时，只要底面或顶面有透水层，则孔隙水主要沿竖向发生，可认为是单向固结情况。

土层的一维渗透固结过程是（图4.17）：当在饱和黏性土地基表面瞬时大面积均布堆载 p 后，将在地基中各点产生竖向附加应力 $\sigma_z=p$。加载后的一瞬间，作用于饱和土中各点的附加应力 σ_z 开始完全由土孔隙中水来承担，土骨架不承担附加应力，即超静孔隙水压力 $u=p$，土骨架承担的有效应力 σ' 为零；这一点也可以通过设置于地基中不同深度的测压管内的水头看出，加载前侧压管内水头与地下水位齐平，即各点只有静水压力，而此时测压管内水头升至地下水位以上最高值 $h=p/\gamma_w$。随后类似上述模型的圆筒内的水开始从活塞内小孔排出，土孔隙中一些自由水也被挤出。这样土体积减少，土骨架就被压缩，附加

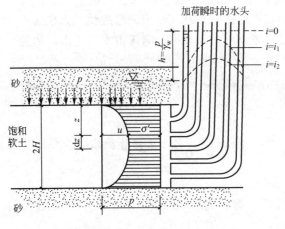

应力逐渐转嫁给土骨架，土骨架承担的有效应力 σ' 增加，相应的孔隙水受到的超静孔隙水压力 u 逐渐减少，可以观察出测压管内的水头开始下降，直至最后全部附加应力 σ_z 由土骨架承担，即 $\sigma'=p$，超静孔隙水压力 u 消散为零。

以上是对渗流固结过程进行定性的说明。

为了具体求饱和黏性土地基受外荷载后在渗流固结过程中任意时刻的土骨架及孔隙水分担量，下面就一维侧限应力状态（如大面积均布荷载下薄

【固结过程孔隙水压力变化】

图 4.17 天然土层的渗透固结

压缩层地基）下的渗流固结引入太沙基（K. Terzaghi，1925）一维固结理论。

为了分析固结过程，做如下假定。

(1) 土是均质、各向同性和完全饱和的。

(2) 土粒和孔隙水是不可压缩的。

(3) 水的渗出和土的压缩只沿竖向发生，水平方向不排水，不发生压缩。

(4) 水的渗流服从达西定律，渗透系数 k 保持不变。

(5) 在固结过程中，压缩系数保持不变。

(6) 外荷载一次骤然施加。

【一维问题中的"大面积荷载"到底要多大】

设厚度为 H 的饱和黏土层，顶面是透水层，底面是不透水和不可压缩层。假设该饱和土层在自重应力作用下的固结已经完成，现在顶面受到一次骤然施加的无限均布荷载 p_0 作用。由于土层深度远小于荷载面积，故土中附加应力图形可近似地看作矩形分布，即附加应力不随深度变化，而孔隙水压力 u 和有效应力 σ' 均为深度 z 和时间 t 的函数。

设饱和黏土层如图 4.18 所示，土层在自重作用下已完全固结，排水条件及荷载压力的分布均见图中。现从饱和土层顶面下深度为 z 处取一微单元体进行分析。设微元体断面面积为 $\mathrm{d}x\mathrm{d}y$，厚度为 $\mathrm{d}z$。

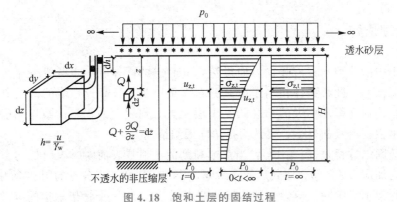

图 4.18 饱和土层的固结过程

在 $\mathrm{d}t$ 时间内流经微元体水量 Q 的变化为

$$\mathrm{d}Q=\frac{\partial Q}{\partial t}\mathrm{d}t=\left[q\mathrm{d}x\mathrm{d}y-\left(q-\frac{\partial q}{\partial z}\mathrm{d}z\right)\mathrm{d}x\mathrm{d}y\right]\mathrm{d}t=\frac{\partial q}{\partial z}\mathrm{d}x\mathrm{d}y\mathrm{d}z\mathrm{d}t \qquad (4-46)$$

式中 q——单位时间内流过单位截面面积的水量。

dt 时间内微元体内孔隙体积 V_v 的变化为

$$dV_v = \frac{\partial V_v}{\partial t}dt = \frac{\partial eV_s}{\partial t}dt = \frac{1}{1+e_1}\frac{\partial e}{\partial t}dxdydzdt \qquad (4-47)$$

式中 V_s——固体体积，不随时间而变，$V_s = \frac{1}{1+e_1}dxdydz$；

e_1——渗流固结前初始孔隙比。

由 $dQ = dV_v$，得

$$\frac{1}{1+e_1}\frac{\partial e}{\partial t} = -\frac{\partial q}{\partial z} \qquad (4-48)$$

根据达西定律

$$q = ki = k\frac{\partial h}{\partial z} = k \cdot \frac{1}{\gamma_w} \cdot \frac{\partial u}{\partial z} \qquad (4-49)$$

式中 i——水头梯度；

h——超静水头。

根据侧限条件下孔隙比的变化与竖向有效应力变化的关系(见基本假设)得

$$\frac{\partial e}{\partial t} = -a\frac{\partial \sigma'}{\partial t} \qquad (4-50)$$

根据有效应力原理，式(4-50)变为

$$\frac{\partial e}{\partial t} = -a\frac{\partial \sigma'}{\partial t} = -a\frac{\partial(\sigma-u)}{\partial t} \qquad (4-51)$$

式(4-51)在推导中利用了在一维固结过程中任一点竖向总应力 σ 不随时间而变得条件。

根据式(4-49)及式(4-51)，得

$$\frac{1}{1+e_1}\frac{\partial u}{\partial t} = \frac{k}{\gamma_w}\frac{\partial^2 u}{\partial z^2} \qquad (4-52)$$

令 $C_v = \frac{k(1+e_1)}{a\gamma_w} = \frac{kE_s}{\gamma_w}$，则式(4-52)改写为

$$\frac{\partial u}{\partial t} = C_v\frac{\partial^2 u}{\partial z^2} \qquad (4-53)$$

式(4-53)为饱和土层的一维固结微分方程，其中 C_v 称为土的固结系数(cm^2/s 或 m^2/a)。

在一定的初始条件和边界条件下，可求得式(4-53)的特殊解，从而得到在荷载压力 p 作用下，孔隙水压力 u 随时间的延续，沿深度变化，即 $u = f(z, t)$。初始条件及其边界条件如下。

$t=0$ 和 $0 \leqslant z \leqslant H$ 时，$u = \sigma$；

$0 < t < \infty$ 和 $z = 0$ 时，$u = 0$；

$0 < t < \infty$ 和 $z = H$ 时，$\partial u/\partial z = 0$；

$t \to \infty$ 和 $0 \leqslant z \leqslant H$ 时，$u = 0$。

根据以上边界条件，采用分离变量法，应用傅里叶级数，求得特殊解为

$$u_{zt} = \frac{4}{\pi} \cdot \sigma_z \cdot \sum_{m=1}^{\infty}\frac{1}{m}\sin\frac{m\pi z}{2H} \cdot e^{-\frac{m^2\pi^2}{4} \cdot T_v} \qquad (4-54)$$

式中 m——正奇整数；

e——自然对数的底；

H——最大的排水距离，当土层为单面排水时，H 为土层的厚度，双面排水时，H 为土层厚度的一半；

T_v——时间因子，$T_v = \frac{C_v \cdot t}{H^2}$(无量纲)；

【一维渗流固结过程】

C_v——固结系数，$C_v = \dfrac{k(1+e)}{a\gamma_w}$（cm²/s 或 m²/a）；

t——固结的历时（天或年）；

σ_z——荷载 p 在土层中引起的附加应力。

按式（4-54）可以绘制在不同固结历时 t 下，孔隙水压力（超静）在土层中沿深度的分布曲线，如图 4.19 所示。

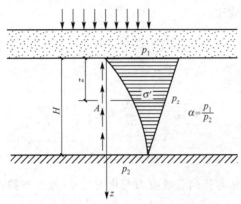

图 4.19　单面排水条件下超孔隙水压力的消散

从图中可以看出：任一时刻 t 的 u-z 曲线上，u 随深度 z 的增长逐渐增大（单面排水情况），曲线上某一点的斜率反映该点处渗流的水力梯度及水流的方向，不同时刻 t 的 u-z 曲线反映出固结过程的发展和土层固结的程度。

4.5.3　固结度

土层在固结过程中，某一时刻土层固结引起体积压缩的程度常用固结度来表示，其定义为：在某一荷载压力作用下，历时 t 的土层体积压缩量与主固结完成时的体积压缩量之比，即

$$U(z,\ t) = \left[\frac{V_0 - V_t}{V_0 - V_{et}}\right]_p = \left[\frac{\Delta V_t}{\Delta V_{et}}\right]_p = \left[\frac{e_0 - e_t}{e_0 - e_p}\right]_p \qquad (4-55)$$

式中　V_0、V_t、V_{et}——分别为土层的初始体积、固结历时 t 时的体积及固结完成时的体积；

ΔV_t、ΔV_{et}——分别为固结历时 t 时及主固结完成时的体积压缩量；

e_0、e_t、e_p——分别为土层的初始孔隙比、固结历时 t 时的孔隙比及固结完成时的孔隙比；

p——荷载压力，下标 p 表示在该荷载压力作用下固结。

因为在固结理论中，假定孔隙比与有效应力为线性关系（即 $de = a\,d\sigma'$），在固结过程中，有效应力的增长等于孔隙水压力的消散，并且常用孔隙水压力的消散过程反映土层的固结过程（图 4.18），因此，实际中常用孔隙水压力的消散表示固结度。故土层中某一深度 z 的固结度又可表示为

$$U_{zt} = \left[\frac{u_0 - u_{zt}}{u_0}\right]_p = \left[1 - \frac{u_{zt}}{u_0}\right]_p \qquad (4-56)$$

式中　u_0——初始超静孔隙水压力（施加荷载压力 p 后立即产生的），相当作用于该点的附加应力；

u_{zt}——固结历时 t，深度 z 的超静孔隙水压力。

土层的平均固结度可用 t 时刻土层各点土骨架承担的有效应力图面积与起始超孔隙水压力（或附加应力）图面积之比，称为 t 时刻土层的平均固结度（图 4.18），即

$$U(z,\ t) = \dfrac{\displaystyle\int_0^H u_0\,\mathrm{d}z - \int_0^H u_{zt}\,\mathrm{d}z}{\displaystyle\int_0^H u_0\,\mathrm{d}z}$$

$$= 1 - \dfrac{\displaystyle\int_0^H u_{zt}\,\mathrm{d}z}{\displaystyle\int_0^H u_0\,\mathrm{d}z} \tag{4-57}$$

将式(4-54)代入式(4-57)积分简化，得

$$U_t = 1 - \frac{8}{\pi}\sum_{m=1}^{m=\infty}\frac{1}{m^2}\mathrm{e}^{-\frac{m^2\pi^2}{4}\cdot T_v} \tag{4-58}$$

由于该级数为收敛级数，近似地取第一项以满足工程的要求，即

$$U_t = 1 - \frac{8}{\pi^2}\cdot \mathrm{e}^{-\left(\frac{\pi^2}{4}\right)\cdot T_v} \tag{4-59}$$

为了简化计算，将式(4-58)的 U_t-T_v 关系曲线简化为

$$T_v = \frac{\pi}{4}U_t^2 \quad (U_t < 0.6) \tag{4-60}$$

$$T_v = -0.933\log(1-U_t) - 0.085 \quad (U_t > 0.6) \tag{4-61}$$

上述固结度的计算公式都是假定荷载压力作用于土层时附加应力沿深度 z 的分布是均匀的，荷载引起的初始孔隙水压力分布也是沿深度均匀分布的。因此，式(4-58)和式(4-59)只能适用于附加应力或初始孔隙水压力均匀分布的固结度计算。

图 4.20 所示为工程上常见的几种地基土层附加应力分布情况。

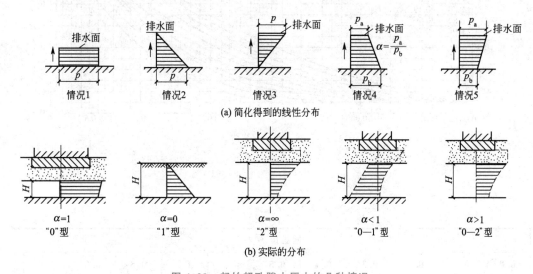

图 4.20 起始超孔隙水压力的几种情况

情况 1 为附加应力均匀分布的情况，土层的排水面应力为 p_a，不透水底面的应力为 p_b，均匀分布时，比值 $\alpha = \dfrac{p_a}{p_b} = 1$；

情况 2 为自重固结情况，应力呈三角形分布，$\alpha = \dfrac{p_a}{p_b} = 0$；

情况 3 为基础底面积较小的情况，应力呈倒三角形分布，$\alpha = \dfrac{p_a}{p_b} = \infty$；

情况 4 为填土地基上施加基础荷载压力的情况，应力呈梯形分布，$\alpha = \dfrac{p_a}{p_b} < 1$；

情况5为常见基底下附加应力的分布情况，近似梯形分布 $\alpha=\dfrac{p_a}{p_b}>1$。

情况1的固结可用式(4-58)或式(4-59)计算。情况2和情况3应力都呈三角形分布，同情况1一样，可根据固结微分方程式(4-53)按情况1的边界条件求解，求得其固结度计算式。

情况2的计算公式为

$$U_{t2}=1-1.03\left(e^{-\left(\frac{\pi^2}{4}\right)T_v}-\frac{1}{27}e^{-9\left(\frac{\pi^2}{4}\right)T_v}+\cdots\right)\qquad(4-62)$$

情况3的计算公式为

$$U_{t3}=1-0.59\left(e^{-\left(\frac{\pi^2}{4}\right)T_v}+0.37e^{-9\left(\frac{\pi^2}{4}\right)T_v}+\cdots\right)\qquad(4-63)$$

情况4和情况5可通过情况1、情况2和情况3三者相互组合求得。为了便于计算，按应力比系数 $\alpha=\dfrac{p_a}{p_b}$ 的不同，绘制固结度与时间因数(U 与 T_v)的关系曲线，如图4.21所示；同时也绘制了 U-T_v 关系表，见表4-4，以供计算应用。

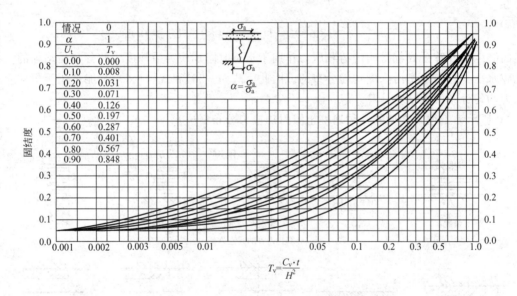

图 4.21 固结度与时间因数的关系图

表 4-4 单面排水，不同 $\alpha=\dfrac{p_a}{p_b}$ 下 U-T_v 关系表

α	固结度 H_4											类型
	0.0	0.1	0.2	0.3	0.4	0.5	0.6	0.7	0.8	0.9	1.0	
0.0	0.0	0.049	0.100	0.154	0.217	0.290	0.380	0.500	0.660	0.950	∞	"1"
0.2	0.0	0.027	0.073	0.126	0.186	0.26	0.35	0.46	0.63	0.92	∞	
0.4	0.0	0.016	0.056	0.106	0.164	0.24	0.33	0.44	0.60	0.90	∞	"0—1"
0.6	0.0	0.012	0.042	0.092	0.148	0.22	0.31	0.42	0.58	0.88	∞	
0.8	0.0	0.010	0.036	0.079	0.134	0.20	0.29	0.41	0.57	0.86	∞	
1.0	0.0	0.008	0.031	0.071	0.0126	0.20	0.29	0.40	0.57	0.85	∞	"0"

（续）

α	固结度 H_4											类型
	0.0	0.1	0.2	0.3	0.4	0.5	0.6	0.7	0.8	0.9	1.0	
1.5	0.0	0.008	0.024	0.058	0.107	0.17	0.26	0.38	0.54	0.83	∞	
2.0	0.0	0.006	0.019	0.050	0.095	0.16	0.24	0.36	0.52	0.81	∞	
3.0	0.0	0.005	0.016	0.041	0.082	0.14	0.22	0.34	0.50	0.79	∞	
4.0	0.0	0.004	0.014	0.040	0.080	0.13	0.21	0.33	0.49	0.78	∞	"0—2"
5.0	0.0	0.004	0.013	0.034	0.069	0.12	0.20	0.32	0.48	0.77	∞	
7.0	0.0	0.003	0.012	0.030	0.065	0.12	0.19	0.31	0.47	0.76	∞	
10.0	0.0	0.003	0.011	0.028	0.060	0.11	0.18	0.30	0.46	0.75	∞	
20.0	0.0	0.003	0.010	0.026	0.060	0.11	0.17	0.29	0.45	0.74	∞	
∞	0.0	0.002	0.009	0.024	0.048	0.09	0.16	0.23	0.44	0.73	∞	"2"

对于双面排水的情况（即土层的顶面和底面均为排水面），经论证后认为，5种应力分布情况都可按情况1来计算其固结度，但需注意最大排水距离 H 为土层厚度的一半。

4.6　地基沉降与时间的关系

在实际工程中，有时不仅需要知道地基的最终沉降量，同时需要预计建筑物在施工期间和使用期间的地基沉降量、地基沉降过程，即沉降与时间的关系，以便控制施工速度或考虑保证建筑物正常使用的安全措施，如考虑预留建筑物有关部分之间的净空问题、连接方法及施工顺序等。对发生裂缝、倾斜等事故的建筑物，更需要了解地基当时的沉降与今后沉降的发展，即沉降与时间的关系，作为事故处理方案的重要依据，有时地基加固处理方案如堆载预压等，也需要考虑地基变形与时间的关系。

【看台的倒塌与地基沉降】

如前所述，饱和土的沉降过程主要是土中孔隙水的挤出过程，即饱和土的压缩变形是在外荷载作用下使得充满于孔隙中的水逐渐被挤出，固体颗粒压密的过程。因此，土颗粒很细，孔隙也很细，使孔隙中的水通过弯弯曲曲的细小孔隙中排出，必然要经历相当长的时间。时间的长短取决于土层排水的距离、土粒粒径与孔隙的大小、土层的渗透系数、荷载大小和压缩系数的高低等因素。不同土质的地基，在施工期间完成的沉降量不同，碎石土和砂土压缩性小，渗透性大，变形经历的时间很短，因此施工结束时，地基沉降已全部或基本完成；黏性土完成固结所需要的时间比较长。在厚层的饱和软黏土中，固结变形需要经过几年甚至几十年时间才能完成，下面将讨论饱和土的变形与时间的关系。

4.6.1　地基沉降与时间关系的理论计算法

1. 求某特定时刻的变形

已知地基的最终变形，求某特定时刻的变形。

固结度的概念：当土层为均质时，地基在固结过程中任一时间的沉降量 s_t 与地基的最终固结沉降 s 之比称为地基在 t 时刻的固结度，用 U_t 表示，即

$$U_t = \frac{s_t}{s}$$

（4－64）

当土层的渗透系数 k，压缩系数 a 或压缩指数 C_c，孔隙比 e 和压缩层的厚度 H，以及给定的时间 t 已知时，可根据已知值分别算出土层的固结系数 C_v 和时间系数 T_v，然后在 U_t-T_v 曲线上，如图 4.20 所示查出相应的固结度 U_t，按下式计算某一时刻的变形量：

$$s_t = U_t s \tag{4-65}$$

2. 当土层达到一定变形时所需时间

已知地基的最终变形，求土层达到一定变形时所需时间。先求出土层的固结度 $U_t = \dfrac{s_t}{s}$，再从 U_t-T_v 曲线上查出相应的时间系数 T_v，即可按下式求出相应的时间：

$$t = \frac{H^2 T_v}{C_v} \tag{4-66}$$

【例 4.2】 设某建筑物地基如图 4.22 所示，表层为厚 10m 的饱和软黏土层，下卧层为不透水的坚硬岩层。基础荷载压力作用于黏土层上的竖向附加应力为均布荷载 $p=240$kPa。土层的初始孔隙比 $e_0=1.2$，压缩系数 $a_v=5\times10^{-4}$ kPa^{-1}。由试验测定得到的固结系数 $C_v=2\times10^{-3}$ cm^2/s。试求：

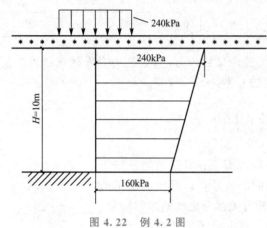

图 4.22　例 4.2 图

（1）加荷完成后 2 年（相当瞬时加荷后 2 年），基础中心轴线的沉降量；

（2）当固结沉降量为 40cm 时，需要历时多长的时间（为了简化计算，算例允许不分层计算，以下 d 为天的符号，a 为年的符号）。

解：

（1）该黏土层的平均附加应力为

$$\overline{\sigma_z} = \left[\frac{1}{2}\times(240+160)\right]\text{kPa} = 200\text{kPa}$$

则基础的最终固结沉降量为

$$s_{cf} = \frac{a_v}{1+e_0}\cdot\sigma_z\cdot H = \left(\frac{5}{1+1.2}\times10^{-4}\times200\times1000\right)\text{cm}$$
$$=45.45\text{cm}$$

时间因数为

$$T_v = \frac{C_v\cdot t}{H^2} = \frac{2\times10^{-3}\times86400\times730}{1000^2} = 0.126$$

土层的附加应力分布为梯形，参数 α 为

$$\alpha = \frac{240}{160} = 1.5$$

属于情况 5。

查 T_v-U_t 关系曲线（图 4.21），得 $U_t=43\%$。

也可用 U_{t1} 和 U_{t2} 两种情况叠加平均求得，即

$$U_{t5} = \frac{p_a H\cdot U_{t1} - \frac{1}{2}(p_a - p_b)H\cdot U_{t2}}{\frac{1}{2}(p_a + p_b)\cdot H}$$

$$= \frac{2\alpha U_{t1} + (1-\alpha)U_{t2}}{\alpha + 1}$$

由 T_v-U_t 关系表，查得 $U_{t1}=0.4$，$U_{t2}=0.25$。

所以

$$U_{t5} = \frac{2 \times 1.5 \times 0.4 - 0.5 \times 0.25}{1 + 1.5} \times 100\% = 43\%$$

故历时两年的沉降量为

$$s_{ct} = U_t \cdot s_{cf} = (0.43 \times 45.45)\text{cm} = 19.54\text{cm}$$

(2)已知基础的固结沉降为40cm，土层的平均固结度为

$$\overline{U_t} = \frac{s_{ct}}{s_{cf}} = \frac{40}{45.45} = 0.88$$

由图4.20查得 $U_t=0.88$，对应 $T_v=0.8$。

而 $T_v = \frac{c_v \cdot t}{H^2}$，则

$$t = \frac{H^2 \cdot T_v}{c_v} = \left(\frac{1000^2 \times 0.8}{2 \times 10^{-3} \times 86400}\right)\text{d} = 4629.6\text{d} = 4630\text{d}$$

4.6.2 地基沉降与时间关系的经验估算法

上述固结理论，由于做了各种简化假设，很多情况与实际有出入。为此国内外建议用经验公式来估算地基沉降与时间的关系。根据建筑物的沉降观测资料，多数情况下可用双曲线式或对数曲线式表示地基沉降与时间的关系。

(1)双曲线式的计算公式为

$$s_t = \frac{t}{a+t}s_\infty \tag{4-67}$$

式中 a——经验参数；

s_∞——最终沉降量。

确定式(4-67)中的两个待定参数 s_∞ 和 a，可按以下步骤进行。

将式(4-67)化为

$$\frac{t}{s_t} = \frac{1}{s_\infty}t + \frac{a}{s_\infty} = at + b \tag{4-68}$$

如图4.23所示以 t 为横坐标，以 $\frac{t}{s_t}$ 为纵坐标，将已掌握的 s_t-t 实测数据值按此坐标点绘在坐标系中，然后根据这些点作出一回归线，根据直线的斜率 $a = \frac{1}{s_\infty}$、截距 $b = \frac{a}{s_\infty}$ 即可求得 s_∞ 和 a，从而得到了用双曲线法推算的后期 s_t-t 关系。

(2)对数曲线式。对数曲线式是参照一维太沙基固结理论得到的式(4-69)所反映出的固结度与时间的指数关系而选用式(4-70)形式的，即

$$U_0 = 1 - \frac{8}{\pi^2}e^{-\frac{\pi^2}{4}T_v} \tag{4-69}$$

$$\frac{s_t}{s_\infty} = (1 - Ae^{-Bt}) \tag{4-70}$$

式(4-70)用 A、B 两个待定参数替代了式(4-69)中的常数。

要确定出 s_t-t 关系，需定出式(4-70)中3个量 A、B 及 s_∞，为此利用已有的沉降—时间实测关系曲线（图4.24）的末段，在实测曲线上选择3点 t_1-s_{t1}、t_2-s_{t2}、t_3-s_{t3} 值，$t=0$ 时刻选在施工期的一半处开始，代入式(4-69)即可确定出式(4-70)中3个待定值 A、B 及 s_∞，从而得到了用对数曲线法推算的后期的 s_t-t 关系。

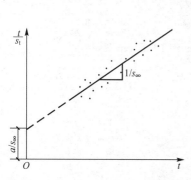

图4.23 根据 $\frac{t}{s_t}-t$ 关系推算后期沉降

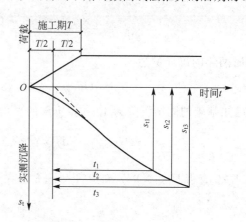

图4.24 早期实测沉降与时间关系曲线

用实测资料推算建筑物沉降与时间关系的关键问题是必须有足够长时间的观测资料，才能得到比较可靠的 s_t-t 关系，同时它也提供了一种估算建筑物最终沉降的方法。

背景知识

1. 管涌

坝身或坝基内的土壤颗粒被渗流带走的现象称为管涌，如图4.25所示。

图4.25 堤坝管涌现场

管涌发生时，水面出现翻花，随着上游水位升高，持续时间延长，险情不断恶化，大量涌水翻沙，使堤防、水闸地基土壤骨架破坏，孔道扩大，基土被淘空，引起建筑物塌陷，造成决堤、垮坝、倒闸等事故。

发生原因如下。

(1)堤坝、水闸地基土壤级配缺少某些中间粒径的非黏性土壤，在上游水位升高，出逸点渗透坡降大于土壤允许值时，地基土体中较细土粒被渗流推动带走形成管涌。

(2)基础土层中含有强透水层，上面覆盖的土层压重不够。

(3)工程防渗或排水(渗)设施效能低或损坏失效。

2. 管涌的治理

1) 反滤倒渗(图4.26)

反滤倒渗也称滤水压浸台，在大片管涌面上分层铺填粗砂、石屑、碎石，下细上粗，每层厚20cm左右，最后压块石或土袋。如缺乏沙石料，可用秸柳做成柴排(厚15～30cm)，再压块石或土袋，袋上也可再压沙料，厚度以不使柴排太紧为限。此法适用于管涌数目多，出现范围较大的情况。如系水下发生管涌，切不可将水抽干再填料，以免险情恶化。

2) 反滤围井(图4.27)

在冒水孔周围垒土袋，筑成围井。井壁底与地面紧密接触，井内按三层反滤要求分铺垫沙石或柴草

图 4.26 反滤倒渗模拟图

滤料。在井口安设排水管，将渗出的清水引走，以防溢流冲塌井壁。如遇涌水势猛量大，粗砂压不住，可先填碎石、块石压压水势，再按反滤要求铺填滤料，注意观察防守，填料下沉，则继续加填，直到稳定为止。此法适应于地基土质较好，管涌集中出现，险情较严重的情况。

3）蓄水反压(图 4.28)

蓄水反压也称养水盆。在管涌周围用土袋垒成围井，井中不填反滤料，井壁必须漏水，如险情面积较大。险口附近地基良好时，可筑成土堤，形成一个蓄水池(即养水盆)，不使渗水流走，蓄水抬高井(池)内水位，以减小监背水位差，制止险情发展。此法适用于监背水位差小、高水位持续时间短的情况，也可与反滤井结合处理。

图 4.27 反滤围井模拟图

图 4.28 蓄水反压模拟图

小 结

(1) 水在土孔隙中渗流，水与土相互作用，导致土体中应力状态的改变、变形和强度特性的变化，甚至出现水体的渗漏和土的渗流变形(或渗透破坏)等，影响建筑地基的变形与稳定。

(2) 达西定律即层流渗透定律，指出水在土中的渗透速度与水头梯度成正比。定义了综合反映土体渗透能力的一个指标渗透系数 k，其数值的正确确定对渗透计算有着非常重要的意义，相应的规范中给出了一些土的渗透系数参考值，也可以在实验室或现场试验测定。

(3) 二维渗流基本方程在一定的边界条件下积分，就能得到由流线和等势线组成的流网。通过流网可以分析渗流的各项要素，应用于分析工程问题。

(4) 渗透时单位体积土骨架所受到的推力称为渗透力，渗透力的大小与单位土体内水流所受到的阻力大小相等，方向相反。土工建筑物及地基由于渗流的作用而出现的变形或破坏称为渗透变形或渗透破坏。由于各种土类颗粒成分、级配及结构的差异及其在地基中分布部位的不同，土的渗透变形表现的形式有多种，如流土、管涌、接触流土和接触冲刷等。

（5）土体上施加荷载压力增量后，土的骨架受压产生压缩变形，导致土孔隙中水产生渗流，孔隙中水随时间的发展逐渐渗流排出，孔隙体积缩小，土体体积逐渐压缩，最后趋于稳定，这一过程称为渗透固结，简称固结。固结过程历时的长短与土层的厚度和土的渗透性质有关。固结过程不但反映沉降随时间的变化关系，同时也反映地基土抗剪强度随地基固结的变化(增大或衰减)，也可用于控制地基的稳定性。

思考题及习题

一、思考题

4.1　影响土的渗透性的主要因素有哪些？

4.2　渗透系数的测定方法有哪些？

4.3　如何理解临界水头梯度？

4.4　渗透破坏的形式有哪几种？

4.5　流网的绘制方法主要有哪几种？近似作图法有哪些步骤？

4.6　在一维固结中，土层达到同一固结度所需的时间与土层厚度的平方成正比。该结论的前提条件是什么？

二、习题

4.1　某一粗砂试样高 15cm，直径 5.5cm，在常水头渗透试验仪中进行试验，在静水头高位 40cm 下经过历时 6.0s，流过水量重为 400g。试求在试验温度 20℃下试样的渗透系数。

（参考答案：1.05×10^{-2} m/s）

4.2　厚度为 6m 的饱和黏性土层，其下为不可压缩的不透水层。已知黏土层的竖向固结系数 $C_v = 4.5 \times 10^{-3}$ cm^2/s，$\gamma = 16.8$ kN/m^3。黏土层上为薄透水砂层，地表瞬时施加无穷均布荷载 $p = 120$ kPa。分别计算下列几种情况：

（1）若黏土层已经在自重作用下完成固结，然后施加 p，求达到 50% 固结度所需的时间。（参考答案：185d）

（2）若黏土层尚未在自重作用下固结，则施加 p，求达到 50% 固结度所需的时间。

（参考答案：213d）

【土的渗透性典型例题】

第5章

土的抗剪强度与地基承载力

📚 教学目标与要求

- **概念及基本原理**

【掌握】土的抗剪强度、抗剪强度理论；土的极限平衡理论与应用；极限承载力；容许承载力。

【理解】土在动荷载作用下的变形和强度性质；砂土液化理论；地基破坏模式；浅基础的临塑荷载和塑性荷载。

- **计算理论及计算方法**

【掌握】处于极限状态时应力计算；判断土中一点是否处于极限状态；用公式计算地基极限承载力。

【理解】临塑压力及塑性区最大深度的推导及计算；按《地基基础设计规范》计算地基极限承载力。

- **试验**

【掌握】直剪试验。

【理解】单轴试验；三轴试验；荷载试验确定地基承载力；旁压试验确定承载力。

📚 导入案例

南京砂的液化与判别

饱和砂土是砂和水的复合，在强震作用过程中，土体在地震力作用下振动，砂土结构在强烈的剪切变形下发生破坏。原先由砂土骨架承担的粒间应力，在砂土结构破坏后逐渐转移给孔隙水，引起孔隙水压力的增高和有效应力的降低。在排水不畅时，砂土产生液化，出现喷砂冒水现象。

在我国的历史文献上，曾留下了大量的砂土液化记载，引起人们的注意。但从工程角度研究砂土液化的历史并不长。20世纪60年代发生了几次大地震，1960年智利地震，1964年美国阿拉斯加地震和日本新潟地震，1966年中国邢台地震中都出现了砂土液化现象，引发了边坡滑动，破坏了建筑物地基，使建筑物出现沉陷、倾斜甚至破坏；地震引发的喷砂冒水覆盖农田，淤塞渠道，影响了震后生产的恢复。严重的砂土液化震害促使地震工程界对这个问题开始进行系统的研究。

土是一种多相介质。不同地区的土因其沉积历史不同，土的组分和微结构也不同，具有不同的液化性质。土动力学是土力学的一个重要分支。确定特殊土的液化性质是地基与基础设计的一项基础工作，也是地震工程地质研究的一项重要内容。南京地区位于宁镇山脉山麓，沿江两岸基岩为白垩纪浦口组紫红色砂岩及砂砾岩、角砾岩层，古地貌为宽缓的河流侵蚀堆积地形，基岩以上为砂与轻亚黏土互层的松软沉积物。全新世沉积物分析表明，该地区为近代河流冲积的河漫滩相沉积，其中稍密至中密粉砂层含水丰富，主要成分为石英碎屑，以及少量的绿泥石、白云母片以及其他黏土质矿物和风化重矿物，颗粒呈片状。片状颗粒的南京砂和标准圆颗粒石英砂在组成和级配等方面都有一定的差别，主要表现为片状砂具有各向异性性质，具有与一般砂土不完全相同的特殊动力性质和液化特征，在与石英砂有相同密度时更容易液化。

由于南京砂中的片状颗粒成分含量较高，它们在原状土中主要沿水平方向排列。因此，南京砂在水平向和垂直向有不同的力学性质，在密度较小时表现出明显的各向异性，这与圆颗粒石英砂的工程性质有一定的差别。对于南京砂表现出的这种特殊工程性质应该做专门的研究，把建立在石英砂研究基础上的工程经验应用于南京砂时，应该注意由于砂的结构影响引起的变化。

由于南京砂片状颗粒的水平排列产生的各向异性性质，在以标贯击数为判别参数时，同样的标贯击数下，南京砂的密度小于标准砂，因而更容易液化。采用基于标准砂研究的液化判别标准会高估这种砂的抗液化能力。南京砂产生孔隙水压力的剪应变阈值为 $\gamma_t = 0.5 \times 10^{-4}$，略低于标准砂。在同样剪应变的条件下，南京砂孔隙水压力的增长也比福建砂快许多，这表明南京砂比福建砂更容易液化，甚至在中等强度的近震下都有发生液化的可能。

5.1 概　　述

土的抗剪强度是土的重要力学性质之一。建筑物地基承载、挡土墙的土压力，以及堤坝、基坑、土坡和地基等的稳定性，都与土的抗剪强度有直接关系，所以抗剪强度理论是分析这类工程问题的理论基础。

研究土的强度，首先需要了解其破坏形式。大量的工程实践和室内试验都表明：土的破坏大多数是剪切破坏。这是因为土颗粒自身的强度远大于颗粒间的连接强度，在外力作用下，土中的颗粒沿接触处互相错动而发生的剪切破坏，是常见的土坡的破坏形式，如图 5.1(a) 和图 5.1(b) 所示。

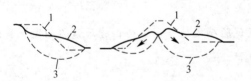

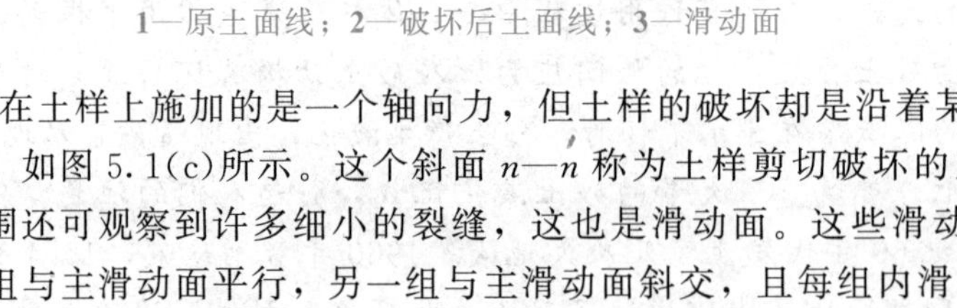

(a) 实际土地破坏形式　　(b) 实际土体破坏形式　　(c) 土样破坏素描图

图 5.1　土体破坏形式示意图

1—原土面线；2—破坏后土面线；3—滑动面

【土有没有受压破坏】

试验结果表明，虽然在土样上施加的是一个轴向力，但土样的破坏却是沿着某一斜面 n—n 面发生错动，如图 5.1(c) 所示。这个斜面 n—n 称为土样剪切破坏的主滑动面。在主滑动面周围还可观察到许多细小的裂缝，这也是滑动面。这些滑动面大体上可分为两组，一组与主滑动面平行，另一组与主滑动面斜交，且每组内滑动面都大致平行。这种现象不仅在室内试验中能观察到，而且也为理论所证明。

土的抗剪强度是指土抵抗剪切变形与破坏的极限能力。众所周知：在荷载作用下，地基或土体中任意一点始终存在一对反向的作用力，即由外荷载或自重引起的剪应力 τ 与土结构所固有的抵抗剪切变形和剪切破坏的抗剪阻力 τ_f。当该点上荷载引起的剪应力不很大时，土结构所发挥的抗剪阻力足以平衡剪应力,使土处于弹性平衡或塑性平衡状态。随着荷载引起的剪应力增大,当抗剪阻力达到最大时,土的结构就处于被剪切破坏的极限状态,此时剪应力也达到极限。这一极限值就是土的抗剪强度。

如果地基土体内某一部分区域的剪应力达到了土的抗剪强度,则该部分土体就开始出现剪切破坏,随着荷载的继续增大,剪切破坏的区域进一步扩大,最终形成土体的整体破坏。此时,建筑物基础下的地基将产生剪切变形而下沉倾覆,失去其承载力;堤坝、基坑、土坡等将产生滑动破坏,失去其稳定性。

影响抗剪强度大小变化的因素是多方面的,然而主要因素是土的成分、颗粒大小及其结构性质,历史应力水平,排水条件,应力路径,加载速率与剪切速率,应力状态等。抗剪强度就是研究具有不同抗剪性质的土类在不同的剪切条件下剪切破坏的规律。这是本章将要讨论的主要内容。

研究土的抗剪强度特性常借助于实验室中的各种剪切试验或原位剪切试验,以测定土在各种特定剪切条件下应力与应变的关系,分析剪切破坏的性质,寻求剪切破坏的一般规律和特殊规律,这就是常说的土的强度理论或强度准则。关于这方面的研究,人们早已做了大量的工作。研究的结果表明:摩尔-库仑强度理论相对而言比较符合土的剪切性状,使土体剪切破坏的应力主要是有效应力,黏性土与无黏性土及其他类土的剪切特性是不相同的。所以本章着重介绍摩尔-库仑抗剪强度理论、主要的强度试验方法、有效应力与孔隙水压力即黏性土的抗剪强度特性等。

【填方挖方对粘土地基强度的影响】

5.2 土的抗剪强度理论及测定方法

土的抗剪强度决定了土体承受外部及自身荷载的能力,因而在地基、边坡、各类工程问题中,土的抗剪强度具有极其重要的意义。在分析土的抗剪强度时,通常将土分为无黏性土与黏性土两类。

为了测定土的抗剪强度,可采用图5.2所示的直剪仪,对土进行剪切试验。试验时,将试样装在剪力盒中,先在试样上施加一法向力P,然后加水平力T,推动上、下盒产生错动,而使试样在两盒的接触面处受剪,直到试样破坏。图5.3所示是试样在六级水平荷载作用下剪变形λ与时间t的关系曲线。图中表明当施加第一级剪应力时,破坏了试样原有的平衡,产生了剪变形,随着变形的发展,抗剪强度的一部分发挥出来,与施加的剪应力达到了新的平衡,从而变形趋于稳定。前五级水平荷载作用下,都是这种情况,当第六级水平荷载施加后,试样在剪应力作用下,出现了不断发展的变形,说明试样的抗剪强度全部发挥出来也不能平衡所施加的剪应力,此时试样中出现了明显的剪切面,试样达到了破坏。上述的试验结果说明:

$$\tau < \tau_f \quad \text{平衡}$$

$$\tau = \tau_f \quad \text{极限平衡}$$

式中 τ——施加在试样上的剪应力(kPa);

  τ_f——试样的抗剪强度(kPa)。

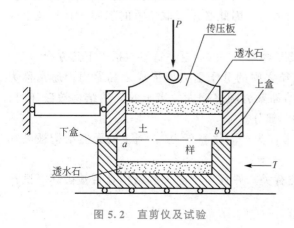

图 5.2 直剪仪及试验

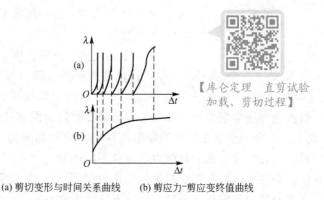

【库仑定理 直剪试验加载、剪切过程】

(a) 剪切变形与时间关系曲线   (b) 剪应力-剪应变终值曲线

图 5.3 剪切变形曲线

土中剪应力等于抗剪强度时，是土趋于破坏的临界状态，称为极限平衡状态。从变形过程看，抗剪强度仅在施加了剪应力发生了剪变形后才能表现出来，所以抗剪强度只能用达到极限平衡时的剪应力来衡量。

1773 年库仑(C. A. Coulumb)根据砂土在直接剪切仪中的试验结果［图 5.4(a)］，提出了抗剪强度表达式，即

$$\tau_f = \sigma \tan\varphi \tag{5-1}$$

其后又在黏性土中试验，结果如图 5.4(b)所示，抗剪强度表达式为

$$\tau_f = c + \sigma \tan\varphi \tag{5-2}$$

【抗剪强度的总应力法和有效应力法表示】

式中 τ_f——抗剪强度(kPa)；

σ——剪切面上的法向应力(kPa)；

c——土的黏聚力（内聚力，kPa）；

φ——土的内摩擦角(°)。

式(5-1)及式(5-2)统称为库仑公式或库仑定律，c、φ 称为抗剪强度指标。从公式或图 5.4 都可看出，无黏性土的抗剪强度与剪切面上法向应力成正比。其物理本质是土颗粒间相互滑动摩擦及镶嵌作用产生的阻力，其大小由土颗粒的大小、表面粗糙度和密实度等决定。黏性土的抗剪强度则由两方面因素组成：一部分是摩擦力，与法向应力成正比；另一部分是由于黏土矿物颗粒间通过水膜接触，常形成相互吸引和胶结，这种力称为黏聚力。

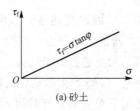
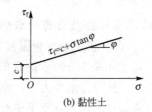

图 5.4 土的抗剪强度与法向应力之间的关系

【土体置换时混合后的骨架形成情况影响承载力】

抗剪强度指标 c、φ 可以反映土的抗剪强度变化的规律。按照库仑定律，对于某一种土，它们是作为常数来使用的。实际上它们是随着具体试验条件变化的，不完全是常数。对于洁净的干砂，黏聚力 $c=0$，因此有式(5-1)，其实非干砂土也可以有一些很小的黏聚力（一般不超过 9.81kPa），这或者是由于砂土中夹有一些黏土颗粒，或者是因为砂土处于潮湿（但不是饱和）状态，由于毛细水的作用而形成黏聚力。

【土体颗粒骨架摩擦力】

砂土的内摩擦角 φ 值取决于砂粒间的摩擦阻力以及连锁作用。一般中砂、粗砂、砾砂取 $\varphi=32°\sim40°$；粉砂、细砂取 $\varphi=28°\sim36°$。孔隙比越小时，φ 越大。但是，含水饱和的粉砂、细砂很容易失去稳定，因此必须采取慎重的态度，有时规定取 $\varphi=20°$ 左右。

关于黏性土的抗剪强度，主要是黏聚力 c 的问题。这里包括以下几方面。

① 由于土粒间水膜与相邻土粒之间的分子引力所形成之黏聚力，通常称为"原始黏聚力"。当土被压密时，土粒间的距离减小，原始黏聚力随之增大。当土的天然结构被破坏时，将丧失原始黏聚力的一部分，但会随着时间而恢复其中的一部分。

② 由于土中化合物的胶结作用而形成的黏聚力，通常称为"固化黏聚力"。当土的天然结构被破坏时，即丧失这一部分黏聚力，而且不能恢复。

黏性土的抗剪强度指标的变化范围很大，与土的种类有关，并且与土的天然结构是否被破坏、试样在法向压力下的排水固结、试验方法等因素有关。

直接剪切试验目前依然是室内最基本的抗剪强度测定方法。试验和工程实践都表明土的抗剪强度与土受力后的排水固结状况有关，因而在土工工程设计中所需要的强度指标试验方法必须与现场的施工加荷实际相符合。如软土地基上快速堆填路堤，由于加荷速度快，地基土体渗透性低，则这种条件下的强度和稳定问题是处于不能排水条件下的稳定分析问题，它就要求室内的试验条件能模拟实际加荷状况，即在不能排水条件下进行剪切试验。

但是直剪仪的构造却无法做到控制任意土样是否排水的要求。为了在直剪试验中能考虑这类实际需要，很早以来便通过采用不同的加荷速率来达到排水控制的要求。这便是直剪试验中 3 种不同试验方法——快剪、固结快剪和慢剪的出发点。

（1）快剪。竖向压力施加后立即施加水平剪力进行剪切，而且剪切的速率也很快。一般从加荷到剪坏只用 3～5min。由于剪切速率快，可认为土样在这样短暂时间内没有排水固结或者说模拟了"不排水"剪切情况。得到的强度指标用 c_q、φ_q 表示。

（2）固结快剪。竖向压力施加后，给以充分的时间使土样排水固结。固结终了后再施加水平剪力，快速地（在 3～5min 内）把土样剪坏，即剪切时模拟不排水条件。得到的强度指标用 c_{cq}、φ_{cq} 表示。

（3）慢剪。竖向压力施加后，让土样排水固结，固结后以慢速施加水平剪力，使土样在受剪过程中一直有充分的时间排水和产生体积变形，得到的强度指标用 c_s、φ_s 表示。

上述 3 种试验方法对黏性土是有意义的，但效果要视土的渗透性大小而定。对于非黏性土，由于土的渗透性很大，即使快剪也会产生排水固结，所以常只采用一种剪切速率进行"排水剪"试验。

5.3　土的极限平衡理论

从根据库仑定律和试验作出的强度破坏线（图 5.5）不难看出，它是代表着土体的一种受剪破坏的极限状态。如果已知在某一个平面上作用着法向压力 σ 以及剪应力 τ，则由 τ 与抗剪强度 τ_f 的对比，可能有下列 3 种情况。

$$\tau < \tau_f（在破坏线以下）\quad 安全$$

$$\tau = \tau_f（正好在破坏线上）\quad 临界状态$$

$$\tau > \tau_f（在破坏线上方）\quad 破坏$$

剪切试验所获得的强度规律以及土的强度条件判断可以进一步推广到复杂的受力状态。即在土中某点，当在外荷载下出现 6 个应力分量时，土的强度条件是可以建立的。为了简化分析，我们考虑平面问题。根据材料力学，设某一土体单元上作用着大、小主应力分别为 σ_1 和 σ_3，则在任一与大主应力面间的夹角为 α 的平面 a-a 上的应力状态可以用 τ-σ 关系坐标图中摩尔应力圆上的一点（图 5.6）的应力坐标大小来表示。这个平面上的法向应力 σ_α 和剪应力 τ_α 可用式（5-3）、式（5-4）分别表示，即

【摩尔应力圆与土体内任一微小单元体的应力状态对应变化关系】

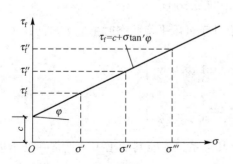

图 5.5　抗剪强度-法向应力关系

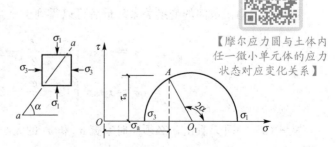

图 5.6　摩尔圆表示一点的应力状态

$$\sigma_{\mathrm{a}}=\frac{\sigma_1+\sigma_3}{2}+\frac{\sigma_1-\sigma_3}{2}\cos2\alpha \tag{5-3}$$

$$\tau_{\mathrm{a}}=\frac{\sigma_1-\sigma_3}{2}\sin2\alpha \tag{5-4}$$

同时，如果又把库仑强度线也画在同一个 τ-σ 关系坐标图中，则单元土体的应力圆与强度破坏线的相互位置必然是相割、相切以及不相交的 3 种情况中的一种(图 5.7)。对于不相交的情况，表明通过该点的任意平面上的剪应力都小于土的抗剪强度，故不会发生剪切破坏(图 5.7 中圆弧 c)，也即该点处于弹性平衡状态；对于应力圆与强度线相割的情况，表明该点土体已经破坏(图 5.7 中圆弧 a)，事实上该应力圆所代表的应力状态是不存在的。至于应力圆与强度线相切的情况即为土体处于剪切破坏的极限应力状态，称为极限平衡状态，与强度线相切的应力圆称为极限应力圆(图 5.7 中圆弧 b)，切点 A 的坐标是表示通过土中一点的某一截面处于极限平衡状态时的应力条件。通过库仑定律与摩尔应力圆原理的结合，可以推导出表示土体极限平衡状态时的主应力之间的相互关系式或应力条件。

【土中一点应力状态】

在图 5.8 中，根据极限应力圆 O_1 与强度线 $\tau_{\mathrm{f}}=c+\sigma\tan\varphi$ 相切于 A 点的几何关系，由直角三角形 ABO_1 中得到式(5-5)，即

【摩尔应力圆与抗剪
强度线关系】

$$\sin\varphi=\frac{\overline{AO_1}}{\overline{BO_1}}=\frac{\dfrac{\sigma_1-\sigma_3}{2}}{\dfrac{(\sigma_1+\sigma_3)}{2}+c\cdot\cot\varphi} \tag{5-5}$$

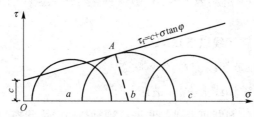

图 5.7　不同应力状态时的摩尔圆

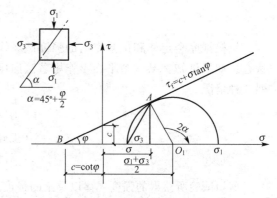

图 5.8　极限平衡条件时应力圆

由此得

$$\sigma_1-\sigma_3=\sigma_1\sin\varphi+\sigma_3\sin\varphi+2c\cos\varphi$$

$$\sigma_1(1-\sin\varphi)=\sigma_3(1+\sin\varphi)+2c\cos\varphi$$

再通过三角函数间的变换关系，最后可以得到土中某点处于极限平衡状态时主应力之间的关系式，即

$$\sigma_1=\sigma_3\tan^2\left(45°+\frac{\varphi}{2}\right)+2c\cdot\tan\left(45°+\frac{\varphi}{2}\right) \tag{5-6}$$

$$\sigma_3=\sigma_1\tan^2\left(45°-\frac{\varphi}{2}\right)-2c\cdot\tan\left(45°-\frac{\varphi}{2}\right) \tag{5-7}$$

从式(5-7)可以看出，必须同时掌握 σ_1 和 σ_3 的大小及其关系，才能判断土中一点是否处于极限平衡状态。

从上述关系式以及图 5.8 中可以看出以下几点。

（1）土中某点处于剪切破坏时，剪切面与大主应力 σ_1 作用面间的夹角 α 值是

$$2\alpha = 90° + \varphi$$

因此

$$\alpha = 45° + \frac{\varphi}{2}$$

【土样剪切破坏面（破裂面）的特征】

剪切面与小主应力 σ_3 作用面夹角将是

$$90° - \left(45° + \frac{\varphi}{2}\right) = 45° - \frac{\varphi}{2}$$

（2）式（5-6）和式（5-7）可以用来判断土体是否达到剪切破坏。如果把上述的已知值作出摩尔应力圆及库仑强度线，则根据它们之间的相互位置也可做出同样的判断。

【土的极限平衡条件】

（3）土中某点濒于剪切破坏状态时的应力条件必须是法向应力 σ 和剪应力 τ 的某种组合符合库仑破坏准则时，而不是最大剪应力 $\tau_{\max}$ 达到了抗剪强度 τ_f 的条件，即破坏面并不是发生在最大剪应力 $\tau_{\max}$ 的作用面（$\alpha = 45°$）上，而是发生在 $\alpha = 45° + \frac{\varphi}{2}$ 的平面上。

【例 5.1】 某土样 $\varphi = 26°$，$c = 20kPa$，承受大小主应力分别为 $\sigma_1 = 450kPa$，$\sigma_3 = 150kPa$，试判断该土样是否达到极限平衡状态？

解：

已知最小主应力 $\sigma_3 = 150kPa$，现将已知的有关数据代入式（5-7）中，得最小主应力的计算值为

$$
\begin{aligned}
\sigma_3 &= \sigma_1 \tan^2\left(45° - \frac{\varphi}{2}\right) - 2c \cdot \tan\left(45° - \frac{\varphi}{2}\right) \\
&= 450 \times \tan^2(32°) - 2 \times 20 \times \tan(32°) \\
&= 150.5(kPa)
\end{aligned}
$$

【土的极限平衡判断】

计算结果可以认为 σ_3 的计算值与已知值相等，所以该土样处于极限平衡状态。

1910 年，摩尔（Mohr）在库仑早期理论研究的基础上提出了摩尔强度理论，即在应力的作用下，土的破坏属于剪切破坏，并沿一定的剪切面产生剪切。当沿该剪切面上的剪应力增大到极限值时，该单元土体就沿该剪切面发生剪切破坏。这一极限剪应力 τ_f 为土的抗剪强度，并决定于该剪切破坏面上法向应力 σ，即

$$\tau_f = f(\sigma)$$

这一函数关系在 $\tau_f - \sigma$ 关系坐标上为一条曲线，如图 5.9 所示，称为摩尔强度包线（或称摩尔破坏包线）。摩尔包线表示材料受到不同应力作用达到极限状态时，滑动面上法向应力 σ 与剪应力 τ_f 的关系。这一包线的意义表示单元土体受到一组不同应力（例如一组不同的大小主应力 σ_1，σ_3）的作用，达到剪切破坏极限状态时，各极限状态摩尔应力圆（见图 5.9 中圆 a、b、c）的公切线。土的摩尔包线通常可以近似地用直线表示，该直线方程就是库仑定律所表示的方程。由库仑公式表示摩尔包线的土体强度理论可称为摩尔-库仑强度理论。

【抗剪强度包线】

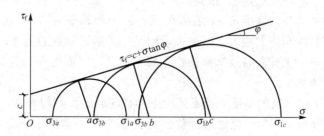

图 5.9 摩尔强度包线

5.4　不同固结和排水条件下土的抗剪强度

土的抗剪强度的试验方法有很多，目前室内最常用的是直接剪切试验和三轴压缩试验。

5.4.1　直接剪切试验

要测定土的抗剪强度，最简单的方法是直接剪切试验。这种试验所使用的仪器称为直剪仪，按加荷方式的不同，直剪仪可分为应变控制式和应力控制式两种。前者是等速水平推动试样产生位移测定相应的剪应力；后者则是对试样分级施加水平剪应力测定相应的位移。我国目前普遍采用的是应变控制式直剪仪，如图5.10所示。该仪器的主要部件由固定的上盒和活动的下盒组成，试样放在盒内上下两块透水石之间。试验时，由杠杆系统通过加压活塞和透水石对试样施加某一法向应力σ，然后匀速推动下盒，使试样在沿上、下盒之间的水平面上受剪直至破坏，剪应力τ的大小可借助与上盒接触的量力环而确定。

【直剪试验】

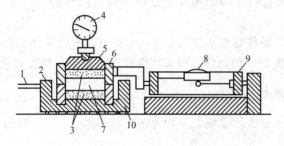

图 5.10　应变控制式直剪仪

1—轮轴；2—底座；3—透水石；4—测微表；
5—活塞；6—上盒；7—土样；8—测微表；
9—量力环；10—下盒

图5.11所示为试样在剪切过程中剪应力τ与剪切位移δ之间的关系曲线，当曲线出现峰值时，取峰值剪应力作为该级法向应力σ下的抗剪强度τ_f；当曲线无峰值时，可取剪切位移$\delta=2mm$时所对应的剪应力作为该级法向应力σ下的抗剪强度。

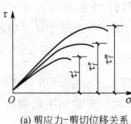
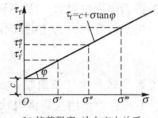

(a) 剪应力-剪切位移关系　　　　(b) 抗剪强度-法向应力关系

图 5.11　直剪试验结果

对同一种土取3～4个试样，分别在不同的法向应力σ下剪切破坏，可将试验结果绘制成如图5.11所示的抗剪强度τ_f与法向应力σ之间的关系图。试验结果表明，对于黏性土，抗剪强度与法向应力之间基本成直线关系，该直线与横轴的夹角为内摩擦角φ，在纵轴上的截距为黏聚力c，直线方程可用库仑公式(5-2)表示；对于砂性土，抗剪强度与法向应力之间的关系则是一条通过原点的直线，可用式(5-1)表示。

直剪试验具有设备简单，土样制备及试验操作方便等优点，因而至今仍为国内一般工程所广泛使用。但它也存在不少缺点，主要如下。

（1）剪切面限定在上下盒之间的平面，而不是沿土样最薄弱的面剪切破坏。

（2）剪切面上剪应力分布不均匀，且竖向荷载会发生偏转（上下盒的中轴线不重合），主应力的大小及方向都是变化的。

（3）在剪切过程中，土样剪切面逐渐缩小，而在计算抗剪强度时仍按土样的原截面面积计算。

（4）试验时不能严格控制排水条件，并且不能量测孔隙水压力。

（5）试验时上下盒之间的缝隙中易嵌入砂粒，使试验结果偏大。

5.4.2　三轴压缩试验

三轴压缩试验也称三轴剪切试验（简称三轴试验），是测定抗剪强度的一种较为完善的方法。

1. 三轴试验的基本原理

图 5.12 所示为三轴压缩试验所使用的仪器——三轴压缩仪（也称三轴剪切仪）的构造示意图，主要由主机、稳压调压系统以及量测系统 3 个部分组成，各系统之间用管路和各种阀门开关连接。

主机部分包括压力室、横向加荷系统等。压力室是三轴压缩仪的主要组成部分，它是一个由金属上盖、底座以及透明有机玻璃圆筒组成的密闭容器，压力室底座通常有 3 个小孔分别与稳压系统以及体积变形和孔隙水压力量测系统相连。

稳压调压系统由压力泵、调压阀和压力表等组成。试验时通过压力室对试样施加周围压力，并在试验过程中根据不同的试验要求对压力予以控制或调节，如保持恒压或变化压力等。

量测系统由排水管、体变管和孔隙水压力量测装置等组成。试验时分别测出试样受力后土中排出的水量变化以及土中孔隙水压力的变化。对于试样的竖向变形，则利用置于压力室上方的测微表或位移传感器测读。

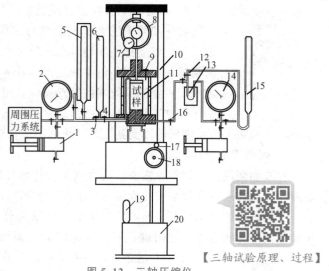

图 5.12　三轴压缩仪

1—调压筒；2—周围压力表；3—周围压力阀；4—排水阀；5—体变管；6—排水管；7—变形量表；8—量力环；9—排气孔；10—轴向加压设备；11—压力室；12—量筒阀；13—零位指示器；14—孔隙压力表；15—量管；16—孔隙压力阀；17—离合器；18—手轮；19—马达；20—变速器

常规三轴试验的一般步骤是：将土样切割成圆柱体套在橡胶膜内，放在密闭的压力室中，然后向压力室内注入气压或液压，使试件在各向均受到周围压力 σ_3，并使该周围压力在整个试验过程中保持不变，这时试件内各向的主应力都相等，因此在试件内不产生任何剪应力 [图 5.13（a）]。然后通过轴向加荷系统对试件施加竖向压力，当作用在试件上的水平向压力保持不变，而竖向压力逐渐增大时，试件终因受剪而破坏 [图 5.13（b）]。设剪切破坏时轴向加荷系统加在试件上的竖向压应力（称为偏应力）为 $\Delta\sigma_1$，则试件上的大主应力为 $\sigma_1 = \sigma_3 + \Delta\sigma_1$，而小主应力为 σ_3，据此可作出一个摩尔极限应力圆，如图 5.13（c）中的圆弧Ⅰ所示，用同一种土样的若干个试件（3 个以上）分别在不同的周围压力 σ_3 下进行试验，可得一组摩尔极限应力圆，并作一条公切线，由此可求得土的抗剪强度指标 c、φ 值。

2. 三轴试验方法

根据土样剪切前固结的排水条件和剪切时的排水条件，三轴试验可分为以下 3 种试验方法。

1）不固结不排水剪（UU 试验）

试验在施加周围压力和随后施加偏应力直至剪坏的整个试验过程中都不允许排水，这样从开始加压直至试样剪坏，土中的含水量始终保持不变，孔隙水压力也不可能消散。这种试验方法所对应的实际工程条件相当于饱和软黏土中快速加荷时的应力状况，得到的抗剪强度指标用 c_u、φ_u 表示。

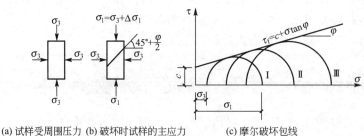

图 5.13　三轴压缩试验原理

【三轴试验排水
条件控制】

2）固结不排水剪（CU 试验）

在施加周围压力 σ_3 时，将排水阀门打开，允许试样充分排水，待固结稳定后关闭排水阀门，然后再施加偏应力，使试样在不排水的条件下剪切破坏。由于不排水，试样在剪切过程中没有任何体积变形。若要在受剪过程中量测孔隙水压力，则要打开试样与孔隙水压力量测系统间的管路阀门。得到的抗剪强度指标用 c_{cu}、φ_{cu} 表示。

固结不排水剪试验是经常要做的工程试验，它适用的工程条件常常是一般正常固结土层在工程竣工或在使用阶段受到大量、快速的活荷载或新增加的荷载作用时所对应的受力情况。

3）固结排水剪（CD 试验）

在施加周围压力和随后施加偏应力直至剪切破坏的整个试验过程中都将排水阀门打开，并给予充分的时间让试样中的孔隙水压力能够完全消散。得到的抗剪强度指标用 c_{cd}、φ_{cd} 表示。

三轴试验的突出优点是能够控制排水条件以及可以量测土样中孔隙水压力的变化。此外，三轴试验中试件的应力状态也比较明确，剪切破坏时的破裂面在试件的最弱处，而不像直剪试验那样限定在上、

【快剪与不排水剪的不同】

下盒之间。一般来说，三轴试验的结果还是比较可靠的，因此，三轴压缩仪是土工试验不可缺少的仪器设备。三轴压缩试验的主要缺点是试件所受的力是轴对称的，也即试件所受的 3 个主应力中，有两个是相等的，但在工程实际中土体的受力情况并非属于这类轴对称的情况，而真三轴仪可在不同的三个主应力（$\sigma_1 \neq \sigma_2 \neq \sigma_3$）作用下进行试验。

3. 三轴试验结果的整理与表达

从以上不同试验方法的讨论可以看出，同一种土施加的总应力 σ 虽然相同，但若试验方法不同，或者说控制的排水条件不同，则所得的强度指标就不相同，故土的抗剪强度与总应力之间没有唯一的对应关系。有效应力原理指出，土中某点的总应力 σ 等于有效应力 σ' 和孔隙水压力 u 之和，即 $\sigma = \sigma' + u$，因此，若在试验时测量了土样的孔隙水压力，可以据此算出土中的有效应力，从而可以用有效应力与抗剪强度的关系表达式来表示试验成果。

5.4.3　无侧限抗压强度试验

无侧限抗压强度试验实际上是三轴压缩试验的一种特殊情况，即周围压力 $\sigma_3 = 0$ 的三轴试验，所以又称单轴试验。无侧限抗压强度试验所使用的无侧限压力仪如图 5.14(a)所示。但现在也常利用三轴仪做该种试验，试验时，在不加任何侧向压力的情况下，对圆柱体试样施加轴向压力，直至试样剪切破坏为止。试样破坏时的轴向压力以 q_u 表示，称为无侧限抗压强度。

由于不能变化周围压力，因而根据试验结果，只能作一个极限应力圆，难以得到破坏包线，如图 5.14(b)所示。饱和黏性土的三轴不固结不排水试验结果表明，其破坏包线为一个水平线，即 $\varphi_u = 0$，因此，对于

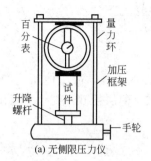
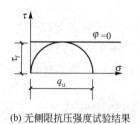

(a) 无侧限压力仪　　(b) 无侧限抗压强度试验结果

图 5.14　无侧限抗压强度试验

饱和黏性土的不排水抗剪强度，就可利用无侧限抗压强度 q_u 来得到，即

$$\tau_f = c_u = \frac{q_u}{2} \tag{5-8}$$

式中　τ_f——土的不排水抗剪强度(kPa)；

c_u——土的不排水黏聚力(kPa)；

q_u——无侧限抗压强度(kPa)。

5.4.4　十字板剪切试验

前面所介绍的 3 种试验方法都是室内测定土的抗剪强度的方法，这些试验方法都要求事先取得原状土样，但由于试样在采取、运送、保存和制备等过程中不可避免地会受到扰动，土含水量也难以保持天然状态，特别是对于高灵敏度的黏性土，因此，室内试验结果对土的实际情况的反映就会受到不同程度的影响。十字板剪切试验是一种土的抗剪强度的原位测试方法，这种试验方法适合于在现场测定饱和黏性土的原位不排水抗剪强度，特别适用于均匀饱和软黏土。

十字板剪力仪的构造如图 5.15 所示。试验时，先把套管打入土中要求测试的深度以上 75cm 处，并将套管内的土清除，然后通过套管将安装在钻杆下的十字板压入土中至测试的深度。由地面上的扭力装置对钻杆施加扭矩，使埋在土中的十字板扭转，直至土体剪切破坏，破坏面为十字板旋转所形成的圆柱面。

设土体剪切破坏时所施加的扭矩为 M，则它应该与剪切破坏圆柱面(包括侧面和上下面)上土的抗剪强度所产生的抵抗力矩相等，即

$$M = \pi DH \cdot \frac{D}{2} \tau_V + 2 \cdot \frac{\pi D^2}{4} \cdot \frac{D}{3} \cdot \tau_H$$

$$= \frac{1}{2} \pi D^2 H \tau_V + \frac{1}{6} \pi D^3 H \tau_H \tag{5-9}$$

式中　M——剪切破坏时的扭矩(kN·m)；

τ_V、τ_H——分别为剪切破坏时圆柱体侧面和上下面土的抗剪强度(kPa)；

H——十字板的高度(m)；

D——十字板的直径(m)。

天然状态的土体是各向异性的，但实用上为了简化计算，假定土体为各向同性体，即 $\tau_V = \tau_H$，并记作 τ_+，则式(5-9)可写成

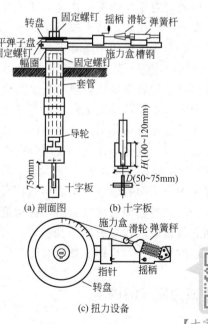

图 5.15　十字板剪力仪

$$\tau_+ = \frac{2M}{\pi D\left(H + \dfrac{D}{3}\right)}$$

(5－10)

式中　τ_+——十字板测定的土的抗剪强度(kPa)。

十字板剪切试验由于是直接在原位进行试验，不必取土样，故土体所受的扰动较小，被认为是比较能反映土体原位强度的测试方法；但如果在软土层中夹有薄层粉砂，则十字板试验结果就可能会偏大。

5.4.5　强度试验方法与指标的选用

从以上几个问题的介绍中可以看到，土的抗剪强度及其指标的确定将因所采用的分析方法(总应力法或有效应力法)的不同而有所不同。目前常用的试验手段有三轴压缩试验(简称三轴试验)与直接剪切试验(简称直剪试验)两种，前者能够控制排水条件并可以量测土样中孔隙水压力的变化，后者则不能。三轴试验与直剪试验各自的3种试验方法，理论上是一一对应的。直剪试验方法中的"快"和"慢"只是"不排水"和"排水"的等义词，并不是为了解决剪切速率对强度的影响问题，而仅是为了通过快和慢的剪切速率来解决土样的排水条件问题。所以，当把慢剪与排水剪，快剪与不排水剪，固结快剪与固结不排水剪一一对应分析之后，便可以明确在实际工程中不同试验方法及相应的强度指标的选用条件，可归纳如下。

【土方工程的"快挖慢填"】

(1) 与有效应力法和总应力法相对应，应分别采用土的有效应力强度指标或总应力强度指标。当土中的孔隙水压力能通过试验、计算或其他方法加以确定时，宜采用有效应力法。有效应力法及相应指标概念明确、指标稳定，是一种比较合理的分析方法，只要能比较准确地确定孔隙水压力，就应该推荐采用有效应力强度指标来进行计算。有效应力强度可用直剪的慢剪、三轴排水剪和三轴固结不排水剪(测孔隙水压力)等方法测定。

(2) 三轴试验中的不固结不排水剪和固结不排水剪这两种试验方法的排水条件是很明确的，所以它们的工程应用也是明确的。不固结不排水剪相应于所施加的外力全部为孔隙水压力所承担，土样完全保持初始的有效应力状态；固结不排水剪的固结应力全部转化为有效应力，而在施加偏应力时又产生了孔隙水压力。所以仅当实际工程中的有效应力状况与上述两种情况相对应时，采用上述试验方法及相应指标才是合理的。因此，对于可能发生快速加荷的正常固结黏性土上的路堤进行稳定分析时，可采用不固结不排水剪的强度指标。反之，当土层较薄、渗透性较大、施工速度较慢的竣工期分析，可采用固结不排水剪的强度指标；对于工程使用期分析，一般采用固结不排水的强度指标。

(3) 对于上面所述的一些工程情况不一定都是很明确的，如加荷速度的快慢、土层的厚薄、荷载大小以及加荷过程等都是没有定量的界限值与之对应。因此在具体使用中，常结合工程经验予以调整和判断，这也是应用土力学基本原理解决工程实际问题的基本条件。此外，常用的三轴不固结不排水剪和固结不排水剪的试验条件也是理想化了的室内条件，在实际工程中完全符合这两个特定试验条件的情况并不多，大多只是近似的情况，这也是在具体使用强度指标时需结合实际工程经验的主要原因之一。

(4) 直剪试验不能控制排水条件，因此，若用同一剪切速率和同一固结时间进行直剪试验，这对渗透性不同的土样来说，不但有效应力不同而且固结状态也不明确，若不考虑这一点，则使用直剪试验结果就会带来很大的随意性。但直剪试验的设备构造简单，操作方便，国内各土工试验室都具备，比较普及，而目前完全用三轴试验取代直剪试验其条件又尚不具备，在大多场合下仍然采用直剪试验方法，因此必须注意直剪试验的适用性，也即注意和明确实际工程中的具体排水条件。

5.4.6　应力路径的概念

应力路径是指在外力作用下土中某一点的应力变化过程在应力坐标图中的轨迹。它是描述土体在外力作用下应力变化情况或过程的一种方法。对于同一种土，当采用相同的试验手段和不同的加荷方法使之被剪切破坏，其应力变化过程是不相同的，这种不同的应力变化过程对土力学性质（包括强度）将发生影响。

最常用的应力路径表达方式有下列两种。

(1) σ-τ 关系直角坐标系统：表示一定剪切面上法向应力和剪应力变化的应力路径 [图 5.16(a)]。

(2) p-q 关系直角坐标系统：其中 $p=\frac{1}{2}(\sigma_1+\sigma_3)$，$q=\frac{1}{2}(\sigma_1-\sigma_3)$，这是表示大小主应力和的一半与大小主应力差的一半的变化关系的应力路径 [图 5.16(b)]，常用以表示最大剪应力 (τ_{max}) 面上的应力变化情况。这里 $\frac{1}{2}(\sigma_1-\sigma_3)$ 是摩尔应力圆的半径，$\frac{1}{2}(\sigma_1+\sigma_3)$ 是摩尔应力圆的圆心横坐标。

由于土中应力有总应力和有效应力之分，因此在同一应力坐标图中也存在两种不同的应力路径，即总应力路径(total stress pass，TSP)和有效应力路径(effective stress pass，ESP)。前者是指受荷后土中某点的总应力变化的轨迹，它与加荷条件有关，而与土质和土的排水条件无关；后者则指在已知的总应力条件下，土中某点有效应力变化的轨迹，它不仅与加荷条件有关，而且也与土体排水条件、土的初始状态、初始固结条件及土类等土质条件有关。

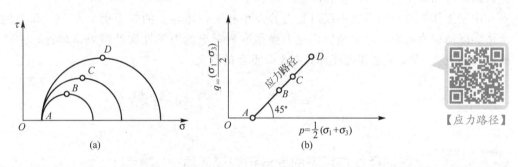

图 5.16 应力路径

每一个土样剪切的全过程都可以按应力-应变的记录整理出一条总应力路径，若在试验中还记录了土中孔隙压力的数据，则可绘出土中任一点的有效应力路径。

图 5.17 所示为三轴固结不排水试验中最大剪应力面上的应力路径，图 5.17(a)中 AB 是总应力路径，AB' 是有效应力路径。由于在试验中是等向固结，所以两条应力路径同时出发于 A 点 ($p=\sigma_3$，$q=0$)，受剪时，总应力路径是向右上方延伸的直线（与横轴夹角为 $45°$），而有效应力是向左上方弯曲的曲线，它们分别终止于总应力强度包线和有效应力强度包线。总应力路径线与有效应力路径线之间各点横坐标的差值即为施加偏应力 ($\sigma_1-\sigma_3$) 过程中所产生的孔隙压力 u，而 B、B' 两点间的横坐标差值即为土样剪损时的孔隙压力 u_f，由于有效应力圆与总应力圆的半径是相等的，所以 B、B' 两点的纵坐标（即强度值）是相同的。图中 K_f 线和 K_f' 线分别为以总应力和有效应力表示的极限应力圆顶点的连线。图 5.17(b) 所示为超固结土的应力路径，图中 CD 和 CD' 分别为弱超固结土的总应力路径和有效应力路径，由于弱超固结土在受剪过程中

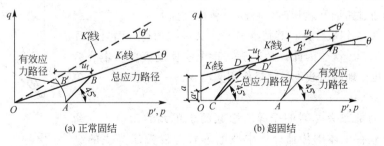

(a) 正常固结　　　　(b) 超固结

图 5.17 三轴固结不排水剪试验中的应力路径

【深基坑开挖过程中的应力路径分析】

173

产生正的孔隙压力，因此，有效应力路径仍然在总应力路径的右边；图中 CD 和 CD' 分别为弱超固结土的总应力路径和有效应力路径，由于强超固结土具有剪胀性，在受剪过程中开始时是出现正的孔隙压力，以后逐渐转为负值，因此，有效应力路径开始时是在总应力路径的左边，以后逐渐转移到总应力路径的右边，直至 D' 点（剪切破坏处）。

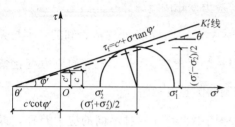

图 5.18 a'、θ' 与 c'、φ' 之间的关系

试验表明，土样在剪切破坏时，应力路径将发生转折或趋向于水平，因此可将应力路径的转折点作为判断试样破坏的标准。将利用有效应力路径所确定的 K'_f 线与破坏包线绘在同一张图上，可以求得有效应力强度参数 c 和 φ'。如图 5.18 所示，设 K'_f 线与纵坐标的截距为 a'，倾角为 θ'，由几何关系可以证明，a'、θ' 与 c'、φ' 之间有如下关系：

$$\sin\varphi' = \tan\theta' \qquad (5-11)$$

$$c' = \frac{a'}{\cos\varphi'} \qquad (5-12)$$

如此，就可以根据 a'、θ' 反算 c'、φ'，这种方法称为应力路径法，该法比较容易从同一批土样但较为分散的试验结果中得出 c'、φ' 值，如图 5.18 所示。

由于土体的变形和强度不仅与受力的大小有关，还与土的应力历史有关，而土的应力路径可以模拟土体实际的应力历史，全面地研究应力变化过程对土的力学性质的影响，因此，土的应力路径对进一步探讨土的应力-应变关系和强度都具有十分重要的意义。

5.5　土的动力特性

5.5.1　土在动荷载作用下的变形和强度性质

1. 作用在土体的动荷载和土中波

车辆的行驶、风力、波浪、地震、爆炸以及机器的振动都可能是作用在土体的动力荷载。这些荷载的特点，一是荷载施加的瞬时性，二是荷载施加的反复性（加卸荷或者荷载变化方向）。一般来说，加荷时间在 10s 以上者都看作静力问题，10s 以下者都看作动力问题。反复荷载作用的周期往往短至几秒、几分之一秒乃至几十分之一秒，反复次数从几次、几十次乃至千万次。由于这两个特点，在动力条件下考虑土的变形和强度问题时，往往都要考虑速度效应和循环（振次）效应。考虑速度效应时，应将加荷时间的长短换算成加荷速度或相应的应变速度，加荷速度不同，土的反应也不同。如图 5.19 所示，慢速加荷时土的强度虽然低于快速加荷，但承受的应变范围较大。循环（振次）效应是指土的力学特性受荷载循环次数的影响情况。

汽车、火车分别通过路面和轨道时，将动荷载传到路基上，它们荷载的周期不规则，约从 0.1s 到数分钟，其特点是一次又一次加荷，而且循环次数很多，往往远大于 10^3 次。因此，必须从防止土体反复应变产生疲劳的角度考虑其性质变化。地震荷载也是随机作用的动载，一般为 0.2～1.0s 的周期作用，次数不多。

位于土体表面、内部或者基岩的振源所引起的土单元的动应力、动应变，将以波动的方式在土体中传播。土中波的形式有以拉压为主的纵

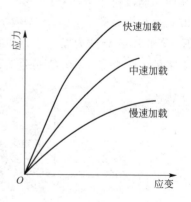

图 5.19　加荷速度对土应力应变关系的影响

波、以剪应变为主的横波和主要发生在土体自由界面附近的表面波（瑞利波）。作用于地表面的竖向动荷载主要以表面波的形式扩散能量。水平土层中传播的地震波主要是剪切波。波动能量在土体表面和内部层面处将发生反射、折射和透射等物理现象。

2. 土的动力变形特性

在周期性的循环荷载作用下，土的变形特性已不能用静力条件的概念和指标来表征，而需要了解动态的应力应变关系。影响土的动力变形特性的因素包括周围压力、孔隙比、颗粒组成、含水量等，同时它还受到应变幅值的影响，而且又以后者最为显著。同一种土，它的动力变形性状将会随着应变幅值的不同而发生质的变化。日本石原研二的研究指出，只有当应变幅值在 10^{-4} 以下的范围内时，土的变形特性才可认为是属于弹性性质。一般由火车、汽车的行驶以及机器基础等所产生的振动的反应都属于这种弹性范围。这种条件下土的应力应变关系及相应参数可在现场或室内进行测定研究。当应变幅值为 $10^{-4} \sim 10^{-2}$ 时，土表现为弹塑性性质，在工程中，如打桩、地震等所产生的土体振动反应即属于此，可以用非线性的弹性应力应变关系来加以描述。当应变幅值超过 10^{-2} 时，土体将破坏或产生液化、压密等现象，此时土的动力变形特性可用仅仅反复几个周期的循环荷载试验来确定。

最简单的反复荷载下土的应力应变关系如图 5.20 所示，这是在静三轴仪中确定弹性模量所作的加卸荷试验曲线。图 5.21 则是动力荷载中所得到的土在黏弹性阶段的应力-应变关系曲线。

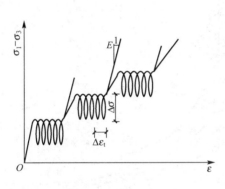

图 5.20 三轴试验确定土的弹性模量

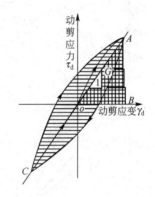

图 5.21 动力试验得到的应力-应变曲线

静三轴加卸荷试验所确定的模量以及用动三轴试验得到的模量都可以用来表示土在动力条件下的变形特性。前者是以静代动的方法，只要应变幅值对应，将拟静法确定的模量用于动力分析，不会有太大的问题。

在动三轴试验仪或动单剪仪上对土样进行等幅值循环荷载试验，动态应力-应变曲线为一斜置闭合回线，称为滞回圈（图 5.21）。滞回圈的特征可由两个参数——模量和阻尼比来表示，它们就是表征土体动力变形特性的两个主要指标。土的弹性模量 E（剪切模量 G）是指产生单位动应变所需要的动应力，亦即动应力幅值 $\sigma_d(\tau_d)$ 与动应变幅值 $\varepsilon_d(\gamma_d)$ 的比值。它可由滞回圈顶点与坐标原点连线的斜率来确定，即

$$E = \frac{\sigma_d}{\varepsilon_d} \qquad (5-13)$$

$$G = \frac{\tau_d}{\gamma_d} \qquad (5-14)$$

E 和 G 之间，一般符合下列关系

$$G = \frac{E}{2(1+\mu)} \qquad (5-15)$$

式中 μ——土的泊松比。

滞回圈所表现的循环加荷过程中应变对应力的滞后现象和卸荷曲线与加荷曲线的分离，反映了土体

对动荷载的阻尼作用。这种阻尼作用主要是由土粒之间相对滑动的内摩擦效应所引起，故属于内阻尼。作为衡量土体吸收振动能量的能力的尺度，土的阻尼比由滞回圈的形状所决定。如图5.21所示，土的阻尼比 λ 为

$$\lambda = \frac{A_0}{4\pi A_T} \tag{5-16}$$

式中 A_0——滞回圈所包围的面积，表示在加卸荷一个周期中土体所消耗的机械能；

A_T——$\triangle AOB$ 的面积，表示在一个周期中土体所获得的最大弹性能。

动力试验表明土的动应力动应变关系具有强烈的非线性性质，滞回圈位置和形状随动应变幅值的大小而变化。一般而言，当动应变幅值小于 10^{-5} 量级时，参数 $E(G)$ 和 λ 可视作常量，即作为线性变形体看待。随着动应变幅值的增大，土的模量逐步减小，阻尼比逐步加大。因此，为土体动力分析选用变形参数时，应考虑土的这种非线性特点，对应于动应变幅值的不同量级，选用不同的模量和阻尼比。

3. 土的动强度

土在动荷载下的抗剪强度即动强度问题，不同于静强度，由于存在速度效应和循环效应以及动静应力状态的组合问题，土的动强度试验确定远比静强度更为复杂。循环荷载作用下土的强度有可能高于或低于静强度，这要由土的类别、所处的应力状态以及加荷速度、循环次数等而定，图5.22(a)、(b)定性

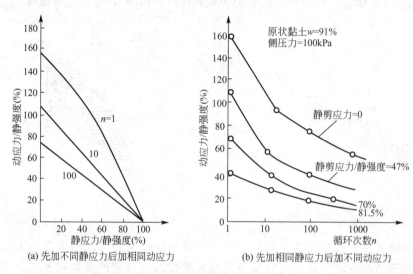

图 5.22 黏性土动强度

地反映了这种影响。图5.22(a)表明，如果对于给定的土样，在固结后施加动应力之前，先在轴向加上不同的静应力(偏应力)，然后再施加相同大小的动应力，则各土样到达破坏时循环次数就各不相同。静应力越大，破坏所需的振动次数越少；反之亦然。此外，若对各个土样施加同样大小的静应力，但由于动应力不同，则各土样达到破坏的振动次数也不一样，它将随动应力的增加而减小 [图5.22(b)]。

试验研究还表明，黏性土强度的降低与循环应变的幅值有很大关系。例如，当应变幅值的大小不超过1.5%时，即使是中灵敏的软黏土，在200次循环荷载作用下，其强度也几乎等于静强度。

综合国内外的试验来看，对于一般的黏土，在地震或其他动荷载作用下，破坏时的综合应力与静强度比较，并无太大的变化。但是对于软弱的黏性土，如淤泥和淤泥质土等，则动强度会有明显降低，所以在路桥工程遇到此类地基时，必须考虑地震作用下的强度降低问题。

土的动强度也可如静强度一样通过动强度指标 c_d、φ_d 得到反映。黏性土的动强度指标是指黏性土在动荷载作用下发生屈服破坏或产生足够大的应变(如可以用综合应变达到15%作为破坏标准)时所具有的黏聚力和内摩擦角。动强度指标的确定方法示例如图5.23所示。

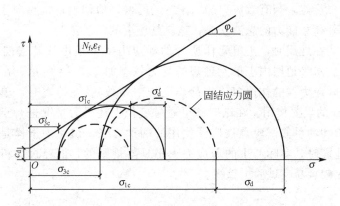

图 5.23 动态应力圆和动强度指标

5.5.2 砂土和粉土的振动液化

1. 土体液化现象及其工程危害

砂土液化是指饱和状态砂土或粉土在一定强度的动荷载作用下表现出类似液体的性状，完全失去强度和刚度的现象。

地震、波浪、车辆、机器振动、打桩以及爆破等都可能引起饱和砂土或粉土的液化，其中又以地震引起的大面积甚至深层的土体液化的危险性最大，它具有面积广、危害重等特点，常能造成场地的整体失稳。因此，近年来土体液化引起国内外工程界的普遍重视，成为工程抗震设计的重要内容之一。

【砂土液化】

砂土液化造成的灾害的宏观表现主要有以下几方面。

（1）喷砂冒水。液化土层中出现相当高的孔隙水压力，会导致低洼的地方或土层缝隙处喷出砂、水混合物。喷出的砂粒可能破坏农田，淤塞渠道。喷砂冒水的范围往往很大，持续时间可达几小时甚至几天，水头可高达 $2 \sim 3 \mathrm{m}$。

（2）震陷。液化时喷砂冒水带走了大量土颗粒，地基产生不均匀沉陷，使建筑物倾斜、开裂甚至倒塌。

（3）滑坡。在岸坡或坝坡中的饱和砂粉土层，由于液化而丧失抗剪强度，使土坡失去稳定，沿着液化层滑动，形成大面积滑坡。

（4）上浮。储罐、管道等空腔埋置结构可能在周围土体液化时上浮，对于生命线工程来讲，这种上浮常常引起严重的后果。

2. 液化机理及影响因素

饱和的、较松散的、无黏性的或少黏性的土在往复剪应力作用下，颗粒排列将趋于密实（剪缩性），而细、粉砂和粉土的透水性并不太大，孔隙比一时来不及排出，从而导致孔隙水压力上升，有效应力减小。当周期性荷载作用下积聚起来的孔隙水压力等于总应力时，有效应力就变为零。根据有效应力原理，饱和砂土抗剪强度可表达为

$$\tau_\mathrm{f} = (\sigma - u)\tan\varphi' = \sigma'\tan\varphi' \tag{5-17}$$

可见，当孔隙水压力 $u = \sigma$ 时，没有黏聚力的砂土的强度就完全丧失。同时，土体平衡外力的能力，即模量的大小也是与土体的有效应力成正比关系，如剪切模量为

$$G = K(\sigma')^n \tag{5-18}$$

式中 K、n——试验常数。

【地基液化模型试验】

显然，当有效应力趋向于零的时候，剪切模量也趋向于零，即土体处于没有抵抗外荷载能力的悬液状态，这就是所谓的"液化"。

在地震时，土单元体所受的动应力主要是由从基岩向上传播的剪切波所引起的。水平地层内土单元理想的受力状态如图 5.24 所示。在地震前，单元体上受到有效应力和的作用（K_0 为静止土压力系数）。在地震时，单元上将受到大小和方向都在不断变化的剪应力 τ_d 的反复作用。在试验室里通过模拟上述受力情况进行试验研究有助于揭示液化的机理，其中动三轴试验和动单剪试验是被广泛使用的两种方法。试验中土样是在不排水条件下，承受着均匀的周期荷载。当地震时，实际产生的剪应力大小是不规则的，但经过分析，认为可以转换为等效的均匀周期荷载，这就比较容易在试验中重视。

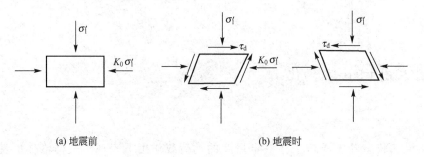

(a) 地震前   (b) 地震时

图 5.24   地震时土单元受力状态

图 5.25 所示为饱和粉砂的液化试验结果。从图中的周期偏应力 σ_d、动应变 ε_d 和动孔隙水压力 u_d 等与循环次数 n 关系的曲线可以看到，即使偏应力在很小的范围内变动，每次应力循环后都残留着一定的孔隙水压力；随着应力循环次数的增加，孔隙水压力因积累而逐步上升，有效应力逐步减小；最后有效应力接近于零，土的刚度和强度骤然下降至零，试样发生液化。应变幅的变化在开始阶段很小，动应力 σ_d 维持等幅值循环，孔隙水压力逐渐上升；到了某个循环以后，孔隙水压力急剧上升，应变幅急剧放大，动应力幅值开始降低，这说明已在孕育着液化，土的刚度和承载力正在逐渐丧失；当孔隙水压力与固结压力几乎相等时，土已不能再承受荷载，应变猛增，动应力缩减到零，此后进入完全的液化状态，土丧失其全部承载能力。

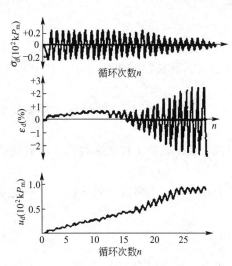

图 5.25   饱和粉砂液化动三轴试验记录

研究与观察发现，并不是所有的饱和砂土和少黏性土在地震时都一定发生液化现象，因此必须了解影响砂土液化的主要因素，才能做出正确的判断。

影响砂土液化的主要因素如下。

（1）土类。土类是一个重要的条件，黏性土由于有黏聚力 c，即使孔隙水压力等于全部固结应力，抗剪强度也不会全部丧失，因而不具备液化的内在条件。粗颗粒砂土由于透水性好，孔隙水压力易消散，在周期荷载作用下，孔隙水压力亦不易积累增长，因而一般也不会产生液化。只有没有黏聚力或黏聚力相当小、处于地下水位以下的粉细砂和粉土，由于渗透系数比较小，不足以在第二次荷载施加之前把孔隙水压力全部消散掉，才具有积累孔隙水压力并使强度完全丧失的内部条件。因此，土的粒径大小和级配是一个重要因素。试验及实测资料都表明：粉、细砂土和粉土比中、粗砂土容易液化；级配均匀的砂土比级配良好的砂土容易发生液化。

（2）土的密度。松砂在振动中体积易于缩小，孔隙水压力上升快，故松砂比较容易液化。根据关于砂土液化机理的论述可知，往复剪切时，孔隙水压力增长的原因在于松砂的剪缩性，而随着砂土密度的增大，其剪缩性会减弱。一旦砂土开始具有剪胀性，剪切时土体内部便产生负的孔隙水压力，土体阻抗反而增大了，因而不可能发生液化。

（3）土的初始应力状态。在地震作用下，土中孔隙水压力等于固结压力是初始液化的必要条件。固结压力越大，在其他条件相同时越不易发生液化。试验表明，对于同样条件的土样，发生液化所需的动应力将随着固结压力的增加而成正比地增加。显然，土单元体的固结压力是随着它的埋藏深度和地下水位深度而呈直线增加的，然而，地震在土单元体中引起的动剪应力随深度的增加却不如固结压力的增加来得快。于是，土的埋藏深度和地下水位深度，即土的有效覆盖压力大小就成了直接影响土体液化可能性的因素。

除了上述因素以外，还有地震强度和地震持续时间这两个动荷载方面的因素。室内试验表明，对于同一类和相近密度的土，在一定固结压力时，动应力较高则振动次数不多就会发生液化；而动应力较低时，需要较多振动次数才发生液化。

3. 土体液化可能性的判别

1）基于现场试验的经验对比方法

饱和砂土和粉土的地震现场调查是一种重要的研究手段。液化调查应在如下3个方面取得定量的资料：①场地受到的地震作用，即地震震级、震中距、烈度或持续时间等；②场地土层剖面，主要是各埋藏土层的类别、埋深、厚度、重度和地下水位；③影响土体抗液化能力的主要物理力学参数，至今为止的研究中应用较多的参数是标准贯入试验锤击数 N，还可以考虑采用的现场测试参数有静力触探贯入阻力 P_s、剪切波速 v_s 或轻便触探贯入击数 N_{10} 等。对现场调查得到的上述3方面资料进行加工整理和归纳统计，可以得出各种液化可能性判别的经验对比方法。

我国地震工作者根据我国20世纪六七十年代初发生的8次强地震和海城、唐山大地震中液化场地的调查资料，经过统计分析，在 GBJ 11—1989，已废止《建筑抗震设计规范》中提出基于现场标准贯入试验结果的经验判别式为"$N_{cr} = N_0 \left[1 + 0.1(d_s - 3) - 0.1(d_w - 2) \right] \sqrt{\dfrac{3}{\rho_c}}$"，后在《建筑抗震设计规范》（GB 50011—2010）中调整为

$$N_{cr} = N_0 \beta \left[\ln(0.6 d_s + 1.5) - 0.1 d_w \right] \sqrt{\frac{3}{\rho_c}} \tag{5-19}$$

式中　N_{cr}——液化判别标准贯入试验锤击数临界值；

N_0——液化判别标准贯入试验锤击数基准值，可按《建筑抗震设计规范》表4.3.4采用；

d_s——标准贯入试验锤击数 N 所对应的土层埋深(m)；

d_w——场地地下水位深度(m)；

ρ_c——土中黏粒含量百分数，小于3或为砂土时采用3；

β——调整系数，设计地震第一组取0.80，第二组取0.95，第三组取1.05。

当实测标准贯入试验锤击数 N 小于 N_{cr} 时，相应的土层即应判为可能液化。

多次地震调查资料都证明，用式(5-19)进行判别的结果与宏观现象基本一致。由于标准贯入试验技术和设备方面的问题，贯入试验锤击数一般比较离散，为消除偶然误差，每个场地钻孔不应少于5个，每层土中应取得15个以上的贯入试验锤击数，并根据统计方法进行数据处理以取得代表性的数值。

2）基于室内试验的计算对比方法

通过动三轴、动单剪室内试验，可以确定土样的液化强度，用对应于不同作用周次的动剪应力比，即 $\dfrac{\tau_l}{\sigma_0} - N_{eq}$ 曲线来表示。对于指定场地及指定土层，在地震中发生的动剪应力，可按下式近似计算，即

$$\tau_{deq} = 0.65 r_d \sigma_v \frac{a_{max}}{g} \tag{5-20}$$

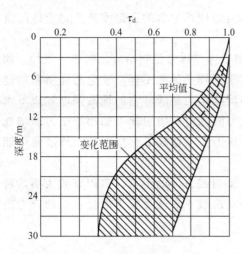

图 5.26 地震剪应力简化计算中用的修正系数

式中 σ_v——上覆竖向压力，地下水位上下的土重分别用天然重度和饱和重度计算（kPa）；

a_{max}——地面水平振动加速度时程曲线最大峰值（m/s²）；

g——重力加速度值，取 10m/s²；

r_d——对将黏弹性的土体简化为刚性计算得到的地震剪应力进行近似修正的系数，具体数值如图 5.26 所示；

0.65——将随机的地震剪应力波按最大幅值转换成等幅剪应力波的折减系数。

同时，按土层的有效重度计算同一处的上覆竖向有效应力 σ_v'。然后，按下式判别该土层为可能液化，即

$$\frac{\tau_{deq}}{\sigma_v} > C_r \frac{\tau_1}{\sigma_0'} \tag{5-21}$$

式中 C_r——考虑室内试验条件与现场差别的修正系数，一般取 0.6。

在应用式（5-21）时，还要考虑等效动剪力的作用周数 N_{eq}，可以根据可能的地震震级，按表 5-1 确定 N_{eq} 值。

表 5-1 地震震级与等效振动周数的统计关系

震级 M	等效动剪应力的作用周数 N_{eq}	震级 M	等效动剪应力的作用周数 N_{eq}
5.5～6.0	5	7.5	20
6.5	8	8.0	30
7.0	12		

我国 JTG/TB 02—01—2008《公路桥梁抗震设计细则》规定的地基土液化判别方法，与《建筑抗震设计规范》的方法一致。

3）场地液化危险性的评价

上面介绍的两种方法解决了对某一土层液化可能性的判别问题。事实上，震害调查表明，对于某一场地而言，液化导致的危害程度，应该与可液化土层的厚度、埋藏深度以及液化可能性的大小联系起来。因此，可以用如下的场地液化指数 I_{lE} 来定量地评估场地的液化危害性，其计算公式为

$$I_{lE} = \sum_{i=1}^{n} \left(1 - \frac{N_i}{N_{cri}}\right) d_i W_i \tag{5-22}$$

式中 I_{lE}——液化指数；

n——在判别深度范围内每一个钻孔标准贯入试验点的总数；

N_i，N_{cri}——分别为 i 点标准贯入锤击数的实测值和临界值（当实测值大于临界值时应取临界值；当只需要判别 15m 范围以内的液化时，15m 以下的实测值可按临界值采用）；

d_i——i 点所代表的土层厚度（m），可采用与该标准贯入试验点相邻的上、下两标准贯入试验点深度差的一半，但上界不高于地下水位深度，下界不深于液化深度；

W_i——i 土层单位土层厚度的层位影响权函数值（单位为 m⁻¹，具体取法如图 5.27 所示），当该层中点深度不大于 5m 时应取 10，等于 20m 时应取零值，5～20m 时应按线性内插法取值。

《建筑抗震设计规范》根据我国的震害调查资料，简易地对场地的液化危害性按液化指数 I_{lE} 做如下分级：$0 < I_{lE} \leqslant 6$ 为轻微液化或不液化；$6 < I_{lE} \leqslant 18$ 为中等液化；$I_{lE} > 18$ 为严重液化。对应于不同的液化等级，应采取不同的抗液化措施。

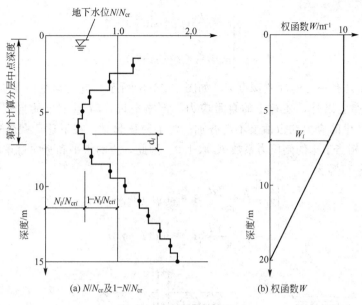

图 5.27　埋深权数的取法

4. 场地液化危害性防治措施简介

为保证承受场地地震危害的建筑物的安全和选用，必须采取相应的工程
措施。

防止液化危害从加强基础方面着手，主要是采用桩基或沉井、全补偿筏板
基础、箱形基础等深基础。采用桩基础时，桩端伸入液化深度以下稳定土层中
的长度应按计算确定，对碎石土，砾、粗、中砂，坚硬黏性土不应小于 0.5m，
对其他非岩石土不应小于 2m。采用深基础时，基础底面埋入液化深度以下稳定
土层中的深度不应小于 0.5m。对于穿过液化土层的桩基，其桩周摩擦阻力应视土层液化可能性大小，或
全部扣除，或做适当折减。对于液化指数不高的场地，仍可采用浅基础，但应适当调整基底面积，以减
小基底压力和荷载偏心；或者选用刚度和整体性较好的基础形式，如十字交叉条形基础、筏板基础等。

【地震液化地基上的建筑物
为什么倒而不塌】

从消除或减轻土层液化可能性着手，则有换土、加密、胶结和设置排水系统等方法。加密处理方法
主要有振冲、挤密砂桩、强夯等。加密处理或换土处理以后土层的实测标准贯入试验锤击数应大于规范
规定的临界值。胶结法包括使用添加剂的深层搅拌和高压喷射注浆。设置排水通道往往与挤密结合起来
做，材料可以用碎石或砂。对于排水系统的长期有效性，一般还有不同看法。

在选用和确定抗液化措施的过程中，应综合考虑方法的可行性、经济性和次生影响（比如对结构静力
稳定性的影响），具体权衡场地勘察结果的确定型、防治方法的技术结果、造价、长期维护可能性、环境
影响等方面的影响，从风险水平和花费代价两方面的平衡出发来进行决策。

5.6　浅基础地基的临塑荷载和塑性荷载

临塑荷载 p_{cr} 和塑性荷载（$p_{1/4}$、$p_{1/3}$ 等）都是在整体剪切破坏的条件下导得的，对于局部剪切和冲剪破
坏的情况，目前尚无理论公式可循。

临塑荷载是指地基土中将要出现但尚未出现塑性变形区时的基底压力，其计算公式可根据土中应力
计算的弹性理论和土体极限平衡条件导出。

设地表作用一均布条形荷载 p_0，如图 5.28(a)所示，在地表下任一深度点 M 处产生的大、小主应力
可按下式求得

$$\begin{cases} \sigma_1 = \dfrac{p_0}{\pi}(\beta_0 + \sin\beta_0) \\ \sigma_3 = \dfrac{p_0}{\pi}(\beta_0 - \sin\beta_0) \end{cases}$$

(5-23)

实际上一般基础都具有一定的埋置深度 d，如图 5.28(b) 所示，此时地基中某点 M 的应力除了有基底附加应力 $p_0 = p - \gamma d$ 产生以外，还有土的自重应力。严格地说，M 点上土的自重应力在各向是不同的，因此上述两项在 M 点产生的应力在数值上不能叠加。为了简化起见，在下述荷载公式推导中，假定土的自重应力在各向相等，即相当于土的侧压力系数 K_0 取 1.0，因此，土的水平和竖向自重应力取值为 $(\gamma_0 d + \gamma z)$。地基中任一点的 σ_1 和 σ_3 可写为

$$\begin{cases} \sigma_1 = \dfrac{p_0 - \gamma d}{\pi}(\beta_0 + \sin\beta_0) + \gamma_0 d + \gamma z \\ \sigma_3 = \dfrac{p_0 - \gamma d}{\pi}(\beta_0 - \sin\beta_0) + \gamma_0 d + \gamma z \end{cases}$$

(5-24)

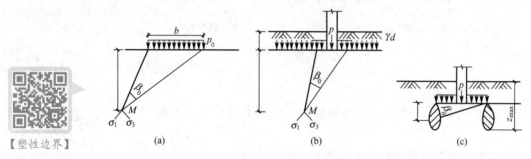

【塑性边界】

图 5.28　条形均布荷载作用下的地基主应力及塑性区

根据极限平衡理论，当 M 处于极限平衡状态时，该点的大、小主应力应满足极限平衡条件式，即

$$\sin\varphi = \frac{\sigma_1 - \sigma_3}{\sigma_1 + \sigma_3 + 2c\cot\varphi}$$

将式 (5-24) 代入上式，整理可得塑性区的边界方程为

$$z = \frac{p - \gamma_0 d}{\pi\gamma}\left(\frac{\sin\beta_0}{\sin\varphi_0} - \beta_0\right) - \frac{c}{\gamma\tan\varphi} - \frac{\gamma_0}{\gamma}d$$

(5-25)

式 (5-25) 表示在荷载 p 作用下地基土的塑性区边界上任一点的 z 与 β_0 之间的关系，也称塑性界线方程。如果 p、γ_0、γ、d、c 和 φ 已知，则根据式 (5-25) 可绘出塑性区的边界线，如图 5.28(c) 所示。采用弹性理论计算，基础两边点的主应力最大，因此塑性区首先从基础两边点开始，向深度发展。

塑性区发展的最大深度 z_{max}，可由 $\dfrac{dz}{d\beta_0} = 0$ 的条件求得，即

$$\frac{dz}{d\beta_0} = \frac{p - \gamma_0 d}{\pi\gamma}\left(\frac{\cos\beta_0}{\sin\varphi} - 1\right) = 0$$

则有

$$\cos\beta_0 = \sin\varphi$$

即

$$\beta_0 = \frac{\pi}{2} - \varphi$$

(5-26)

将 β_0 代入式 (5-25)，得塑性区发展最大深度 z_{max} 的表达式为

$$z_{max} = \frac{p - \gamma_0 d}{\pi\gamma}\left[\cot\varphi - \left(\frac{\pi}{2} - \varphi\right)\right] - \frac{c}{\gamma\tan\varphi} - \frac{\gamma_0}{\gamma}d$$

(5-27)

由式 (5-27) 可见，当其他条件不变时，荷载 p 增大，塑性区就发展，该区的最大深度也随着增

大。若 $z_{max}=0$，则表示地基中将要出现但尚未出现塑性变形区，其相应的荷载即为临塑荷载 p_{cr}。因此，在式(5-27)中令 $z_{max}=0$，可得到临塑荷载的表达式为

$$p_{cr}=\frac{\pi(\gamma_0 d+c\cot\varphi)}{\cot\varphi+\varphi-\dfrac{\pi}{2}}+\gamma_0 d \qquad (5-28)$$

式中 γ_0——基底标高以上土的加权平均重度(kN/m^3)；

φ——地基土的内摩擦角。

工程实践表明，即使地基发生局部剪切破坏，地基中塑性区有所发展，只要塑性区范围不超出某一限度，就不致影响建筑物的安全和正常使用，因此以 p_{cr} 作为地基土的承载力偏于保守。塑性荷载就是指地基土中已经出现塑性变形区，但尚未达到极限破坏时的基底压力($p_{1/4}$、$p_{1/3}$ 等)。地基塑性区发展的容许深度与建筑物类型、荷载性质以及土的特性等因素有关，目前在国际上尚无一致意见。

一般认为，在中心垂直荷载下，塑性区的最大发展深度 z_{max} 可控制在基础宽度的 $1/4$，相应的塑性荷载用 $p_{1/4}$ 表示。因此，在式(5-27)中令 $z_{max}=b/4$，可得到 $p_{1/4}$ 的计算公式为

$$p_{1/4}=\frac{\pi(\gamma_0 d+c\cot\varphi+\gamma b/4)}{\cot\varphi+\varphi-\dfrac{\pi}{2}}+\gamma_0 d \qquad (5-29)$$

【临界荷载 塑性区、临塑、塑性荷载】

式(5-29)也可改用下式表达：

$$p_{1/4}=N_b\gamma b+N_d\gamma_0 d+N_c c \qquad (5-30)$$

式中 N_b、N_d、N_c——承载力系数，仅与土的抗剪强度指标 φ 有关，其计算公式为

$$N_b=\frac{\pi}{4\left(\cot\varphi+\varphi-\dfrac{\pi}{2}\right)}, \quad N_d=\frac{\cot\varphi+\varphi+\dfrac{\pi}{2}}{\left(\cot\varphi+\varphi-\dfrac{\pi}{2}\right)}, \quad N_c=\frac{\pi\cot\varphi}{\cot\varphi+\varphi-\dfrac{\pi}{2}}$$

上式经过与载荷试验结果对比后，发现该公式计算结果较适合黏性土，对内摩擦角 φ 较大的砂类土，N_b 值偏低。

而对于偏心荷载作用的基础，也可取 $z_{max}=b/3$ 相应的塑性荷载 $p_{1/3}$ 作为地基的承载力，即

$$p_{1/3}=\frac{\pi(\gamma_0 d+c\cot\varphi+\gamma b/3)}{\cot\varphi+\varphi-\dfrac{\pi}{2}}+\gamma_0 d \qquad (5-31)$$

必须指出，上述公式是在条形均布荷载作用下导出的，对于矩形和圆形基础，其结果偏于安全。此外，在公式的推导过程中采用了弹性力学的解答，对于已出现塑性区的塑性变形阶段，其推导是不够严格的。

【基础加宽和加深总是对承载能力有利吗】

【例 5.2】 某条形基础宽 6m，基底埋深 1.4m，地基土 $\gamma=18.0kN/m^3$，$\varphi=22°$，$c=15.0kPa$，试计算该地基的临塑荷载 p_{cr} 及塑性荷载 $p_{1/4}$。

解：

(1) 由式(5-28)可求得临塑荷载 p_{cr} 为

$$p_{cr}=\frac{\pi(18.0\times1.4+15.0\cot22°\times\pi/180)}{\cot22°\times\pi/180+\cot22°\times\pi/180-\pi/2}kPa+18.0\times1.4kPa=178.9kPa$$

(2) 由式(5-29)可求得 $p_{1/4}$ 为

$$p_{1/4}=\frac{\pi(18.0\times1.4+15.0\cot22°\times\pi/180+18.0\times6/4)}{\cot22°\times\pi/180+\cot22°\times\pi/180-\pi/2}kPa+18.0\times1.4kPa=243.0kPa$$

5.7 地基破坏模式与极限承载力

5.7.1 地基破坏模式

地基从开始发生变形到失去稳定（即破坏）的发展过程，可用现场静载荷试验进行研究。图 5.29 所示为载荷试验测得的 $p-s$ 曲线。典型的 $p-s$ 曲线可以分成顺序发生的 3 个阶段，即压密变形阶段(Oa)、局部剪损阶段(ab)和整体剪切破坏阶段(b 以后)。

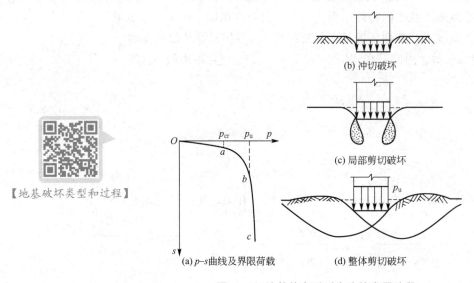

【地基破坏类型和过程】

(a) $p-s$曲线及界限荷载
(b) 冲切破坏
(c) 局部剪切破坏
(d) 整体剪切破坏

图 5.29　地基从变形到失稳的发展阶段

3 个阶段之间存在两个界限荷载。

第一界限荷载标志着地基土从压密阶段进入局部剪损阶段。当荷载小于这一界限荷载时，地基内各点土体均未达到极限平衡状态。当荷载大于这一界限荷载时，位于基础下的局部土体（通常是基础边缘下的土体）首先达到极限平衡状态，于是地基内开始出现弹性区和塑性区并存的现象，这一界限荷载称为临塑荷载，用 p_{cr} 表示。

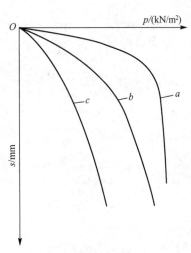

图 5.30　$p-s$ 曲线

第二个界限荷载标志着地基土从局部剪损破坏阶段进入整体破坏阶段。这时基础下滑动边界范围内的全部土体都处于塑性破坏状态，地基丧失稳定，称为极限荷载，也表达作地基的极限承载力，用 p_u 表示。这两个界限荷载对于研究地基的稳定性有很重要的意义。

以上所描述的地基从压密到失稳过程的 $p-s$ 曲线，仅仅是载荷试验所归纳的一类常见的 $p-s$ 曲线（图 5.30 中的 a），它所代表的破坏形式称为整体剪切破坏，但它并不是地基破坏的唯一形式。在松软的土层中，或者荷载板的埋置深度较大时，经常会出现图 5.30 中所示的 b 型和 c 型的 $p-s$ 曲线。b 型曲线的特点是板底的压应力 p 与变形量 s 的关系从一开始就呈现非线性变化，且随着 p 的增加，变形加速发展，但是直至地基破坏，仍然不会出现曲线 a 那样变形量突然急剧增加的现象。相应于 b 型曲线，荷载板下土体的剪切破坏也是从基础边缘开始的，且随着基底压应力 p 的增加，极限平衡区相应扩大。但是荷载进一步增大，极限平衡区却限制在一定的范围内，不会形成延伸至地面的连续破裂面，如图 5.31(b) 所示。

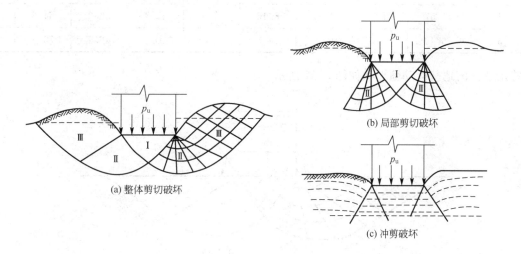

图 5.31 地基破坏形式

地基破坏时，荷载板两侧地面只略为隆起，但变形速率加大，总变形量很大，说明地基已破坏，这种破坏形式称为局部剪切破坏。局部剪切破坏的发展是渐进的，即破坏面上的抗剪强度未能同时发挥出来，所以地基承载的能力较低。b 型曲线由于没有明显的转折点，只能根据曲线上坡度变化比较强烈处来定义极限荷载 p_u。图 5.30 中的 c 型曲线表示地基的第三种破坏形式，它与 b 型曲线类似，但是变形的发展速率更快。试验中，荷载板几乎是垂直下切的，两侧不发生土体隆起，地基土沿板侧发生垂直的剪切破坏面，这种破坏形式称为冲剪破坏。

【堆积体地基破坏
形式模拟试验】

整体剪切破坏、局部剪切破坏和冲剪破坏是竖直荷载作用下地基失稳的 3 种破坏形式。实际产生哪种形式的破坏取决于许多因素，主要因素是地基土的特性和基础的埋置深度。土质比较坚硬、密实，基础埋深不大时，通常会出现整体剪切破坏。地基土质松软，则容易出现局部剪切破坏和冲剪破坏。随着基础埋深增加，局部剪切破坏和冲剪破坏变得更为常见。

5.7.2 极限承载力计算

地基极限承载力除了可以从载荷试验求得外，还可以用半理论半经验公式计算，这些公式都是在刚塑体极限平衡理论基础上解得的。下面介绍常用的几个极限承载力公式。

1. 普朗特尔地基极限承载力公式

普朗特尔(L. Prandtl, 1920)根据极限平衡理论，推导出当不考虑土的重力($\gamma = 0$)，且假定基底面光滑无摩擦力时，置于地基表面的条形基础的极限荷载公式：

$$p_u = c\left[e^{\pi \tan\varphi}\tan^2\left(\frac{\pi}{4}+\frac{\varphi}{2}\right)-1\right]\cot\varphi = cN_c \tag{5-32}$$

式中 N_c 承载力系数，$N_c = \left[e^{\pi \tan\varphi}\tan^2\left(\frac{\pi}{4}+\frac{\varphi}{2}\right)-1\right]\cot\varphi$，是土内摩擦角 φ 的函数，其值见表 5-2。

表 5-2 普朗特尔公式的承载力系数表

φ	0°	5°	10°	15°	20°	25°	30°	35°	40°	45°
N_t	0	0.62	1.75	3.82	7.71	15.2	30.1	62.0	135.5	322.7
N_q	1.00	1.57	2.47	3.94	6.40	10.7	18.4	30.3	64.2	134.9
N_c	5.14	6.49	8.35	11.0	14.8	20.7	30.1	46.1	75.3	133.9

普朗特尔解得的地基滑动面形状如图 5.32 所示。

【普朗特尔课题】

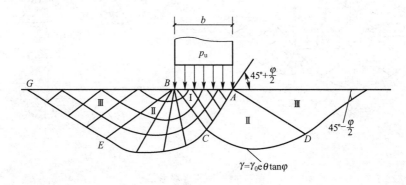

图 5.32 普朗特尔公式的滑动面形状

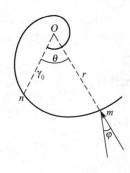

图 5.33 对数螺旋线

地基的极限平衡区可分为 3 个区：在基底下的 Ⅰ 区，因为假定基底无摩擦力，故基底平面是最大主应力面，两组滑动面与基础底面间成 $\left(45° + \dfrac{\varphi}{2}\right)$ 角，也就是说 Ⅰ 区是朗肯主动状态区；随着基础下沉，Ⅰ 区土楔向两侧挤压，因此 Ⅲ 区为朗肯被动状态区，滑动面也是由两组平面组成，由于地基表面为最小主应力平面，故滑动面与地基表面成 $\left(45° - \dfrac{\varphi}{2}\right)$ 角；Ⅰ 区与 Ⅲ 区的中间是过渡区 Ⅱ 区，Ⅱ 区的滑动面一组是辐射线，另一组是对数螺旋曲线，如图 5.32 中的 CD 及 CE，其方程为（图 5.33）

$$r = r_0 e^{\theta \tan\varphi}$$

2. 雷斯诺对普朗特尔公式的补充

普朗特尔公式是假定基础底面与地基的表面光滑无摩擦接触，但一般基础均有一定的埋置深度，若埋置深度较浅时，为简化起见，可忽略基础底面以上土的抗剪强度，而将这部分土作为分布在基础两侧的均布荷载 $q = \gamma d$ 而作用在 GF 面上，如图 5.34 所示。

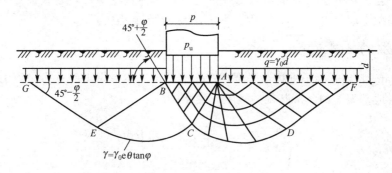

图 5.34 基础有埋置深度时的雷斯诺解

雷斯诺(H. Reissner，1924)在普朗特尔公式假定的基础上，导得了由超载 q 产生的极限荷载公式：

$$p_u = q e^{\pi \tan\varphi} \tan^2\left(\frac{\pi}{4}+\frac{\varphi}{2}\right) = qN_q \tag{5-33}$$

式中　N_q——承载力系数，$N_q = e^{\pi \tan\varphi} \tan^2\left(\frac{\pi}{4}+\frac{\varphi}{2}\right)$，是土内摩擦角 φ 的函数，其值见表 5-2。

将式(5-32)及式(5-33)合并，得到当不考虑土重力时，埋置深度为 D 的条形基础的极限荷载公式为

$$p_u = qN_q + cN_c \tag{5-34}$$

式中　N_c——承载力系数，可按土的内摩擦角 φ 值由表 5-2 查得。

上述普朗特尔及雷斯诺导得的公式，均是假定土的重度 $\gamma=0$，但是由于土的强度很小，同时内摩擦角 φ 又不等于零，因此不考虑土的重力作用是不妥当的。若考虑土的重力时，普朗特尔导得的滑动面Ⅱ区中的 CD、CE 就不再是对数螺旋曲线了，其滑动面形状很复杂，目前尚无法按极限平衡理论求得其解析解，只能采用数值计算方法求得。

3. 泰勒(D. W. Taylor，1948)对普朗特尔公式的补充

普朗特尔-雷斯诺公式是假定土的重度 $\gamma=0$ 时，按极限平衡理论解得的极限荷载公式。若考虑土体的重力时，目前尚无法得到其解析解，但许多学者在普朗特尔公式的基础上做了一些近似计算。

泰勒在 1948 年提出，若考虑土体重力时，假定其滑动面与普朗特尔公式相同，那么图 5.34 中的滑动土体 $ABGECDF$ 的重力，将使滑动面 $GECDF$ 上土的抗剪强度增加。泰勒假定其增加值可用一个换算黏聚力 $c' = \gamma t \tan\varphi$ 来表示，其中 γ、φ 为土的重度及内摩擦角，t 为滑动土体的换算高度，假定 $t = \overline{OC} = \frac{b}{2}\cot\alpha = \frac{b}{2}\tan\left(\frac{\pi}{4}+\frac{\varphi}{2}\right)$。这样用 $(c+c')$ 代替式(5-50)中的 c，即得考虑滑动土体重力时的普朗特尔极限荷载计算公式：

$$\begin{aligned}
p_u &= qN_q + (c+c')N_c = qN_q + cN_c + c'N_c \\
&= qN_q + cN_c + \gamma \frac{b}{2}\tan\left(\frac{\pi}{4}+\frac{\varphi}{2}\right)\left[e^{\pi\tan\varphi}\tan^2\left(\frac{\pi}{4}+\frac{\varphi}{2}\right)-1\right] \\
&= \frac{1}{2}\gamma b N_r + qN_q + cN_c
\end{aligned} \tag{5-35}$$

式中　N_r——承载力系数，$N_r = \tan\left(\frac{\pi}{4}+\frac{\varphi}{2}\right)\left[e^{\pi\tan\varphi}\tan^2\left(\frac{\pi}{4}+\frac{\varphi}{2}\right)-1\right]$，可按 φ 值由表 5-3 查得。

4. 太沙基极限承载力公式

太沙基(K. Terzaghi，1943)提出了确定条形浅基础的极限荷载公式。太沙基认为从实用考虑，当基础的长宽比 $L/b \geqslant 5$ 及基础的埋置深度 $d \leqslant b$ 时，就可视为是条形浅基础。基础以上的土体看作作用在基础两侧的均布荷载 $q = \gamma d$。

太沙基假定基础底面是粗糙的，地基滑动面的形状如图 5.35 所示，地基下土体也分成 3 个区。

【太沙基课题】

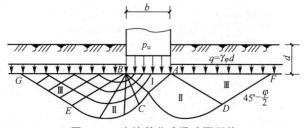

图 5.35　太沙基公式滑动面形状

Ⅰ区：在基础底面下的土楔 ABC ，由于假定基底是粗糙的，具有很大的摩擦力，因此 AB 不会发生剪切位移，Ⅰ区内土体不是处于朗肯主动状态，而是处于弹性压密状态，它与基础底面一起移动。太沙基假定滑动面 AC （或 BC ）与水平面成 φ 角。

Ⅱ区：假定与普朗特尔公式一样，滑动面一组是通过 AB 点的辐射线，另一组是对数螺旋线 CD 、 CE 。前面已经指出，如果考虑土的重度时，滑动面就不会是对数螺旋曲线，目前尚不能求得两组滑动面的解析解。因此，太沙基忽略了土的重度对滑动面形状的影响，其公式求得的是一种近似解。由于滑动面 AC 与 CD 间的夹角应该等于 $\left(\dfrac{\pi}{2}+\varphi\right)$ ，所以对数螺旋曲线在 C 点的切线是竖直的。

Ⅲ区：是朗肯被动状态区，滑动面 AD 及 DF 与水平面成 $\left(\dfrac{\pi}{4}-\dfrac{\varphi}{2}\right)$ 角。

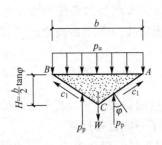

图 5.36 土楔 ABC 受力示意图

若作用在基底的极限荷载为 p_u 时，假设此时发生整体剪切破坏，那么基底下的弹性压密区（Ⅰ区） ABC 将贯入土中，向两侧挤压土体 $ACDF$ 及 $BCEG$ 达到被动破坏。因此，在 AC 及 BC 面上将作用被动力 p_p ， p_p 与作用面的法线方向成 δ 角。已知摩擦角 $\delta=\varphi$ ，故 p_p 是竖直向的，如图 5.36 所示。

取脱离体 ABC ，考虑单位长基础，根据平衡条件，有

$$p_u b = 2c_1 \sin\varphi + 2p_p - W \tag{5-36}$$

式中 c_1 —— AC 及 BC 面上土黏聚力的合力， $c_1 = c \cdot \overline{AC} = \dfrac{Cb}{2\cos\varphi}$ ；

W ——土楔体 ABC 的重力， $W = \dfrac{1}{2}\gamma Hb = \dfrac{1}{4}\gamma b^2 \tan\varphi$ 。

由此，式（5-36）可写成

$$p_u = c \cdot \tan\varphi + \frac{2p_p}{b} - \frac{1}{4}\gamma b \tan\varphi \tag{5-37}$$

被动力 p_p 是由土的重度 γ 、黏聚力 c 及超载 q （也即基础埋置深度 d ）3 种因素引起的总值，要精确地确定它是很困难的。太沙基认为从实际工程要求的精度，可以用下述简化方法分别计算由 3 种因素引起的被动力的总和。

（1）土无质量、有黏聚力、有内摩擦角、没有超载，即 $\gamma=0$ 、 $c\neq0$ 、 $q=0$ ；

（2）土无质量、无黏聚力、有内摩擦角、有超载，即 $\gamma=0$ 、 $c=0$ 、 $\varphi\neq0$ 、 $q\neq0$ ；

（3）土有质量、无黏聚力、有内摩擦角、无超载，即 $\gamma\neq0$ 、 $c=0$ 、 $\varphi\neq0$ 、 $q=0$ 。

最后代入式（5-37）可得太沙基的极限承载力公式，即

$$p_u = \frac{1}{2}\gamma b N_r + q N_q + c N_c \tag{5-38}$$

式中 N_r 、 N_q 、 N_c ——承载力系数，可由表 5-3 查得。

式（5-38）只适用于条形基础，对于圆形或方形基础，太沙基提出了半经验的极限荷载公式。

圆形基础为

$$p_u = 0.6\gamma R N_r + q N_q + 1.2 c N_c \tag{5-39}$$

式中 R ——圆形基础的半径；

其余符号意义同前。

方形基础为

$$p_u = 0.4\gamma b N_r + q N_q + 1.2 c N_c \tag{5-40}$$

式（5-38）、式（5-39）、式（5-40）只适用于地基土是整体剪切破坏的情况。对于地基破坏是局部剪切破坏时，太沙基建议在这种情况下采用较小的 c'、φ' 值代入上列各式计算极限荷载，即令

$$\tan\varphi' = \frac{2}{3}\tan\varphi, \quad c' = \frac{2}{3}c \tag{5-41}$$

根据 φ' 值从表 5-3 中查承载力系数，并用 c' 代入公式进行计算。

表 5-3 太沙基公式承载力系数表

φ	0°	5°	10°	15°	20°	25°	30°	35°	40°	45°
N_r	0	0.51	1.20	1.80	4.0	11.0	21.8	45.4	125	326
N_q	1.00	1.64	2.69	4.45	7.42	12.7	22.5	41.4	81.3	173.3
N_c	5.71	7.32	9.58	12.9	17.6	25.1	37.2	57.7	95.7	172.2

用太沙基极限公式计算地基承载力时，其安全系数应取为 3。

【例 5.3】 某路堤如图 5.37 所示，检算路堤下地基承载力是否满足。采用太沙基公式计算地基极限荷载。计算时要求按下述两种施工情况进行分析。

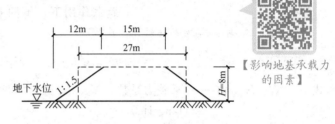

【影响地基承载力的因素】

（1）路堤填土填筑速度很快，它比荷载在地基中所引起的超孔隙水压力的消散速率快。

（2）路堤填土施工速度很慢，地基土中不引起超孔隙水压力。

图 5.37 例 5.3 图

已知路堤填土性质：$\gamma_1 = 18.8\text{kN/m}^3$，$c_1 = 33.4\text{kPa}$，$\varphi_1 = 20°$。地基土（饱和黏土）性质：$\gamma_2 = 15.7\text{kN/m}^3$，土的不排水抗剪强度指标为 $c_u = 22\text{kPa}$，$\varphi_u = 0$，土的固结排水抗剪强度指标为 $c_d = 4\text{kPa}$，$\varphi_d = 22°$。

解：

将梯形断面路堤折算成等面积和等高度的矩形断面（如图中虚线所示），求得其换算路堤宽度 $b = 27\text{m}$，地基土的浮重度 $\gamma_2' = \gamma_2 - g = (15.7 - 9.81)\text{kN/m}^3 = 5.9\text{kN/m}^3$。

用太沙基公式（5-39）计算极限荷载，得

$$p_u = \frac{1}{2}\gamma b N_r + q N_q + c N_c$$

情况一：

$\varphi_u = 0°$，由表 5-3 查得承载力系数为：$N_r = 0$，$N_q = 1.0$，$N_c = 5.71$。

已知：$\gamma_2' = 5.9\text{kN/m}^3$，$c_u = 22\text{kPa}$，$D = 0$，$q = \gamma_1 d = 0$，$b = 27\text{m}$。

代入上式得

$$p_u = \left(\frac{1}{2} \times 5.9 \times 27 \times 0 + 0 \times 1 + 22 \times 5.71\right)\text{kPa} = 125.4\text{kPa}$$

路堤填土压力为

$$p = \gamma_1 H = (18.8 \times 8)\text{kPa} = 150.4\text{kPa}$$

地基承载力安全系数 $K = \dfrac{p_u}{p} = \dfrac{125.4}{150.4} = 0.83 < 3$，故路堤下的地基承载力不能满足要求。

情况二：

$\varphi_d = 22°$，由表 5-3 得承载力系数为：$N_r = 6.8$，$N_q = 9.17$，$N_c = 20.2$，所以

$$p_u = \left(\frac{1}{2} \times 5.9 \times 27 \times 6.8 + 0 + 4 \times 20.2\right)\text{kPa} = (541.6 + 80.8)\text{kPa} = 622.4\text{kPa}$$

地基承载力安全系数 $K=\dfrac{622.4}{150.4}=4.1>3$，故地基承载力满足要求。

从上述计算可知，当路堤填土填筑速度较慢，允许地基土中的超孔隙水压力充分消散时，则能使地基承载力得到满足。

5. 汉森公式

前面所介绍的普朗特尔公式及太沙基极限承载力公式，都只是用于中心竖向荷载作用时的条形基础，

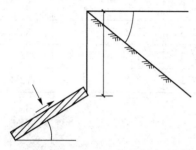

图 5.38 地面或基底倾斜情况

同时不考虑基底以上土的抗剪强度的作用。因此，若基础上作用的荷载是倾斜（图 5.38）或偏心的，基础的形状是矩形或圆形，基础的埋置深度较深，计算时需要考虑基底以上土的抗剪强度影响；或是土中有地下水时，就不能直接应用前述极限荷载公式。针对这类情况，介绍一下汉森极限承载力计算公式。

汉森（Hanse）建议，对于均质地基，基底完全光滑，在中心倾斜荷载作用下，不同基础形状及不同埋置深度时的极限承载力计算公式为

$$p_u=\frac{1}{2}\gamma bN_r i_r s_r d_r g_r b_r+qN_q i_q s_q d_q g_q b_q+cN_c i_c s_c d_c g_c b_c \tag{5-42}$$

式中　N_r、N_q、N_c——承载力系数，N_q、N_c值与普朗特尔公式相同，N_r值汉森建议按 $N_r=1.5(N_q-1)\tan\varphi$ 计算；

　　　　i_r、i_q、i_c——荷载倾斜系数；

　　　　g_r、g_q、g_c——地面倾斜系数；

　　　　b_r、b_q、b_c——基底倾斜系数；

　　　　s_r、s_q、s_c——基础形状系数；

　　　　d_r、d_q、d_c——深度系数。

从式（5-42）可知，汉森公式考虑的承载力影响因素比较全面，在国外许多设计规范中得到广泛的采用，北欧各国运用颇多，如丹麦基础工程实用规范等。下面介绍汉森公式的使用说明。

（1）荷载偏心及倾斜的影响。如果作用在基础底面的荷载是竖直偏心荷载，那么计算极限超载力时，可引入假想的基础有效宽度 $b'=b-2e_b$ 来代替基础的实际深度 b，其中 e_b 为荷载偏心距。如果有两个方向的偏心，这个修正方法对基础长度方向的偏心荷载也同样适用，即用有效长度 $l'=l-2e_l$ 代替基础实际长度 l。

如果作用的荷载是倾斜的，汉森建议可以把中心竖向荷载作用的极限荷载承载力公式中的各项分别乘以荷载倾斜系数 i_r、i_q、i_c，以示考虑荷载倾斜的影响。

（2）基础底面形状及埋置深度的影响。矩形或圆形基础的极限承载力计算在数学上求解比较困难，目前都是根据各种形状基础所做的对比荷载试验，提出了将条形基础极限荷载公式进行逐项修正。

前面的极限荷载承载力计算公式，都忽略了基础底面以上土的抗剪强度影响，也即假定滑动面发展到基底水平面为止。这对基础埋深较浅，或基底以上土层较弱时适用的，但当基础埋深较大，或基底以上土层的抗剪强度较大时，就应该考虑这一范围内土的抗剪强度影响。汉森建议用深度系数 d_r、d_q、d_c 对前述极限承载力公式进行逐项修正。汉森公式的承载力修正系数表请参见相关文献。

（3）地下水的影响。式（5-42）中的第一项 γ 是基底下最大滑动深度范围内地基土的重度，第二项（$q=\gamma d$）中的 γ 是基底以上地基土的重度，在进行承载力计算时，水下的土均采用有效重度，如果在各自范围内的地基有效重度不同的多层土组成，应按层加权平均取值。

由上述理论公式计算的极限承载力是在地基处于极限平衡的承载力，为了保证建筑物的安全和正常使用，地基承载力设计值应以一定的安全度将极限承载力加以折减。

【承载力设计中3种设计理论】

【例 5.4】　若例 5.3 地基属于整体剪切破坏，试分别采用太沙基公式及汉森公式确定其承载力设计值，并与 $p_{1/4}$ 进行比较。

解：

采用太沙基公式计算：根据 $\varphi = 22°$，由表 5-3 用插值法可得太沙基承载力因数为

$$N_r = 6.8, \quad N_q = 9.5, \quad N_c = 20.6$$

由式(5-42)可得极限承载力为

$$p_u = (6.8 \times 18.0 \times 6/2 + 9.5 \times 18.0 \times 1.4 + 20.6 \times 15.0)\text{kPa} = 915.6\text{kPa}$$

采用汉森公式计算：由式(5-42)可得 $N_r = 4.4$，$N_q = 8.3$，$N_c = 17.2$；垂直荷载 $i_r = i_q = i_c = 1$；条形基础 $s_r = s_q = s_c = 1$；又 $\beta = 0$ 且 $\eta = 0$，故 $g_r = g_q = g_c = b_r = b_q = b_c = 1$；根据 $d/b = 0.24$，可得

$$d_r = 1$$
$$d_q = 1 + \tan 22° \times \pi/180(1 - \sin 22° \times \pi/180) \times 0.24 = 1.1$$
$$d_c = 1 + 0.35 \times 0.24 = 1.1$$

所以

$$p_u = (18.0 \times 6 \times 4.4 \times 1 \times 1 \times 1 \times 1/2 + 18.0 \times 1.4 \times 8.3 \times 1 \times 1.1 \times 1 \times 1 \times 1 +$$
$$15.0 \times 17.2 \times 1 \times 1.1 \times 1 \times 1 \times 1)\text{kPa} = 751.5\text{kPa}$$

若取安全系数 $K = 3$（黏性土）。则可得承载力特征值 p_v 分别为

太沙基公式：$p_v = \dfrac{915.6}{3}\text{kPa} = 305.2\text{kPa}$

汉森公式：$p_v = \dfrac{751.5}{3}\text{kPa} = 250.5\text{kPa}$

而 $p_{1/4} = 243.0\text{kPa}$

由上可见，对于该例题地基，当取安全系数为 3.0 时，汉森公式计算的承载力特征值与 $p_{1/4}$ 比较一致；而太沙基公式计算的结果则偏大。

6. 载荷试验确定地基承载力

以上各种承载力的求法，都必须先测定地基原状土的物理或化学性质指标。取原状土样都要经过钻探取样、运输、制备等过程，在这一过程中，要完全保证土样不受扰动是很不容易的。在饱和软黏土或砂、砾等粗粒土中，取原状土样就更为困难。为避免原状取土样，地基承载力的另一种确定方法就是用原位试验。

在现场通过一定尺寸的载荷板对扰动较少的地基土体直接施加荷载，所测得的结果一般能反映相当于 1～2 倍载荷板宽度的深度以内土体的平均性质。这样大的影响范围为许多其他测试方法所不及。载荷试验虽然比较可靠，但费时、耗资而不能多做，而对于成分或结构很不均匀的土层(如杂填土、裂隙土、风化岩等)，则显示出用别的方法所难以代替的优点。规范中的地基承载力表所提供的经验性数值也是以载荷试验结果为基础的。下面讨论怎样利用由载荷试验记录整理而成的 p-s 曲线来确定地基承载力基本值。

【确定地基承载力应考虑的因素】

对于密实砂土、硬塑黏土等低压缩性土，其 p-s 曲线通常有比较明显的起始直线段和极限值，即呈急进破坏的"陡降型"。考虑到低压缩性土的承载力基本值一般由强度安全控制，故《建筑地基基础设计规范》规定取 p_1(比例界限荷载)作为承载力基本值。此时，地基的沉降量很小，为一般建筑物所允许，强度安全储备也绰绰有余，因此从 p_1 发展到破坏还有很长的过程。但是对于少数呈"脆性"破坏的土，p_1 与极限荷载 p_u 很接近，当 $p_u < 1.5p_1$ 时，取 $p_u/2$ 作为承载力基本值。

对于有一定强度的中、高压缩性土，如松砂、填土、可塑黏土等，p-s 曲线无明显转折点，但曲线的斜率随荷载的增加而逐渐增大，最后稳定在某个最大值，即呈渐进破坏的"缓变型"。此时，极限荷载

p_u 可取曲线斜率开始到达最大值时所对应的压力。不过，要取得 p_u 值，必须把载荷试验进行到有很大的沉降才行。而实践中往往因受加荷设备的限制，或出于对安全的考虑，不能将试验进行到这种地步，因而无法取得 p_u 值。此外，土的压缩性较大，通过极限荷载确定的基本承载力未必能满足对地基沉降的限制。

事实上，由于中、高压缩性土的基本承载力往往受允许沉降量控制，故应当从沉降的观点来考虑。但是沉降量与基础(或载荷板)底面尺寸、形状有关，而试验采用的载荷板通常总是小于实际基础的底面尺寸，为此不能直接以基础的允许沉降值在 $p-s$ 曲线上定出承载力基本值。由变形计算原理得知，如果载荷和基础下的压力相同，且地基土是均匀的，则它们的沉降值与各自宽度 b 的比值 (s/b) 大致相等。土力学专家总结了许多实测资料，当承压板面积为 $0.25 \sim 0.5 m^2$ 时，规定取 $s/b = 0.02$ 的经验值作为黏性土确定基本承载力的依据，即以 $p-s$ 曲线上载荷板的沉降量等于 $0.02b$ (b 为载荷板的宽度)时的压力 $p_{0.02}$ 作为承载力基本值。对于砂土，可采用 $s = (0.010 \sim 0.015)b$ 所对应的压力作为承载力基本值。

对同一土层，若条件许可，应选择 3 个以上的试验点，如所得的基本值的极差不超过平均值的 30%，则取该平均值作为地基承载力标准值，然后考虑实际基础的宽度 b 和埋深 d，将其修正为特征值。

【原位测试与现场试验】

载荷板的尺寸一般比实际基础小，影响深度较小，试验只反映这个范围内土层的承载力。如果荷载板影响深度之下存在软弱下卧层，而该层又处于基础的主要受力层内，此时除非采用大尺寸载荷板做试验，否则意义不大。

背景知识

砂土液化是砂土变成液体了吗？

饱和的疏松粉、细砂土体在振动作用下有颗粒移动和变密的趋势，对应力的承受由砂土骨架转向水，由于粉、细砂土的渗透性不良，孔隙水压力急剧上升。当达到总应力值时，有效正应力下降到 0，颗粒悬浮在水中，砂土体即发生振动液化，完全丧失强度和承载能力。但是砂粒依然存在，并没有呈液体。

砂土发生液化后，在超孔隙水压力作用下，孔隙水自下向上运动。如果砂土层上部无渗透性更弱的盖层，地下水即大面积地漫溢于地表；如果砂土层上有渗透性更弱的黏性土覆盖，当超孔隙水压力超过盖层强度，则地下水携带砂粒冲破盖层或沿盖层已有裂缝喷出地表，即产生所谓的"喷水冒砂"现象。地基砂土液化可导致建筑物大量沉陷或不均匀沉陷，甚至倾倒，造成极大危害。地震、爆破、机械振动等均能引起砂土液化，其中尤以地震范围最广，危害最大(图 5.39)。

砂土液化引起的破坏主要有以下 4 种。

(1) 涌砂：涌出的砂掩盖农田，压死作物，使沃土盐碱化、砂质化，同时造成河床、渠道、径井筒等淤塞，使农业灌溉设施受到严重损害。

(2) 地基失效：随粒间有效正应力的降低，地基土层的承载能力也迅速下降，甚至砂体呈悬浮状态时地基的承载能力完全丧失。建于这类地基上的建筑物就会产生强烈沉陷、倾倒以致倒塌。例如，日本新潟 1964 年的地震引起的砂土液化，由于地基失效使建筑物倒塌 2130 所，严重破坏 6200 所，轻微破坏 31000 所。1976 年唐山地震时，天津市新港望河楼建筑群，地基失效突然下沉 38cm，倾斜度达 30%。

(3) 滑塌：由于下伏砂层或敏感黏土层震动液化和流动，可引起大规模滑坡。如 1964 年阿拉斯加地震，安克雷奇市就因敏感黏土层中的砂层透镜体液化而产生大滑坡。这类滑坡可以产生在极缓，甚至水平场地。

(4) 地面沉降及地面塌陷：饱水疏松砂因振动而变密，地

图 5.39　地震引起砂土液化(台中港 1—4 码头)

面也随之而下沉，低平的滨海湖平原可因下沉而受到海湖及洪水的浸淹，使之不适于作为建筑物地基。例如1964年阿拉斯加地震时，波特奇市因震陷量大而受海潮浸淹，迫使该市迁址。地下砂体大量涌出地表，使地下的局部地带被掏空，则往往出现地面局部塌陷。例如1976年唐山地震时天津市宁河县富庄镇后全村下沉2.6～2.9m，塌陷区边缘出现大量宽1～2m的环形裂缝，全村变为池塘。

　　按判别条件进行初判砂土是否液化，可归纳为如图5.40的流程框图。初判结果虽偏于安全，但可将广大非液化区排除，把进一步的工作集中于可能液化区。

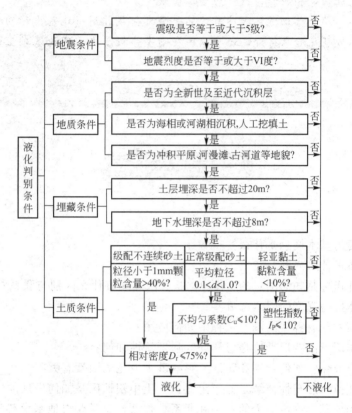

图5.40　地震砂土液化限界指标初判流程图

　　(1) 土的强度理论是研究地基承载力、边坡稳定及土压力计算的基础。土的抗剪强度是指土抵抗剪切变形与破坏的极限能力。土的破坏大多数是剪切破坏。

　　(2) 在试验的基础上，库仑提出了土的抗剪强度公式。黏聚力、内摩擦角称为抗剪强度指标，它们反映土的抗剪强度变化的规律。土的抗剪强度与土受力后的排水固结状况有关。

　　(3) 土中剪应力等于抗剪强度时，是土趋于破坏的临界状态，称为极限平衡状态。摩尔包线表示土体受到不同应力作用达到极限状态时，滑动面上法向应力与剪应力的关系。由库仑公式表示摩尔包线的土体强度理论称为摩尔-库仑强度理论。通过土体中某点达到极限平衡状态的基本方程，可以方便地判断出土体是否发生剪切破坏及破坏面的位置。

　　(4) 测定土的抗剪强度指标的试验称为剪切试验。土的剪切试验既可在实验室进行，也可在现场进行原位测试。

（5）土在动荷载作用下的变形与强度特性不同于静载情况。饱和状态砂土或粉土在一定强度的动荷载作用下表现出类似液体的性状，完全失去强度和刚度形成砂土液化。它的工程危害严重，应对场地液化危险性进行评价并采取防治措施。

（6）临塑荷载是指地基土中将要出现但尚未出现塑性变形区时的基底压力。其计算公式可根据土中应力计算的弹性理论和土体极限平衡条件导出。工程上一般认为，塑性区的最大发展深度可控制在基础宽度的一定比例范围内，相应的荷载称为塑性荷载。

（7）整体剪切破坏、局部剪切破坏和冲剪破坏是竖直荷载作用下地基失稳的3种破坏形式。地基极限承载力除了可以从载荷试验求得外，还可以用在刚塑体极限平衡理论基础上的半理论半经验公式计算解得。

思考题及习题

一、思考题

5.1　土的抗剪强度的基本概念是什么？

5.2　库仑定律表述了什么内容？

5.3　土的抗剪强度指标是如何测定的？各种试验方法之间有什么区别与联系？

5.4　论述影响土体抗剪强度的因素有哪些。

5.5　土的极限平衡方程有哪些内涵？工程中如何应用？

5.6　土在动荷载作用下的变形性质是怎样的？强度特性如何？

5.7　如何解释砂土液化？如何判别和防治？影响砂土液化的因素有哪些？

5.8　浅基础的临塑荷载和塑性荷载是如何定义的？土中塑性区是如何发展的？

5.9　地基承载力和地基容许承载力的区别和联系是什么？怎样获得地基承载力？

5.10　论述典型的地基破坏过程和破坏形式。

二、习题

5.1　某饱和黏性土由三轴不固结不排水剪切试验测定的不排水剪切强度为40kPa。如果对同一土样进行三轴不固结不排水剪切试验，施加围压力为100kPa。试问将在多大轴压力下发生破坏？（参考答案：180kPa）

5.2　某饱和黏性土试样固结不排水剪切试验结果得：$c'=0$，$\varphi'=28°$。如果这一试样受到$\sigma_1=200kPa$，$\sigma_3=150kPa$的作用，测得孔隙水压力$u=100kPa$。问该试样是否会被破坏？

5.3　一组砂土的直剪试验，$\sigma=250kPa$，$\tau_f=100kPa$。试用应力圆求土样剪切面处大小主应力的方向。

第6章
土压力和土坡稳定

 教学目标与要求

● 概念及基本原理

【掌握】静止土压力；主动土压力；被动土压力；墙体位移与墙后土压分布的关系；静止土压理论基本假设；朗肯土压理论基本假设；库仑土压理论基本假设；土坡稳定的概念。

【理解】库仑主动最大、被动最小原理；条分法的基本原理。

● 计算理论及计算方法

【掌握】静止土压计算公式及计算；墙背垂直、土面水平且作用有均匀满布荷载、墙后土由不同土层组成时朗肯土压计算公式及公式推导、计算；墙背及土面为平面、土面作用满布均载时的库仑土压计算；平面滑面的土坡稳定检算。

【理解】墙背及土面为平面、土面作用满布均载时的库仑土压计算公式及推导过程；瑞典圆弧滑面法；挡土墙设计内容。

导入案例

盐池河山崩

1980 年 6 月 3 日，湖北省远安县盐池河磷矿突然发生了一场巨大的岩石崩塌(岩崩，又称山崩)，标高 839m 的鹰嘴崖部分山体从 700m 标高处以 34m/s 的运动速度俯冲到 500m 标高的谷底(见右图)。在山谷中乱石块覆盖面积南北长 560m，东西宽 400m，石块加泥土厚度 30m，崩塌堆积的体积约 100 万 m³，最大岩块质量超过 2700t。顷刻之间，盐池河上筑起一座高达 38m 的堤坝，构成了一座天然湖泊。乱石块把磷矿基地的 5 层大楼掀倒、掩埋，导致 307 人死亡，还毁坏了该矿基地的设备，损失十分惨重。

盐池河山崩现场

盐池河山体产生灾害性崩塌具有多方面的原因。除地质基础因素外，地下磷矿层的开采是上覆山体变形崩塌的最主要的人为因素。磷矿层贮存在崩塌山体下部，在谷坡底部露出。该矿采用房柱采矿法及全面空场采矿

法，1979年7月采用大规模爆破房间矿柱的放顶管理方法，加速了上覆山体及地表的变形过程。采空区上部地表和崩塌山体中先后出现地表裂缝约10条。裂缝产生的部位都分布在采空区与非采空区对应的边界部位。说明地表裂缝的形成与地下采矿有着直接的关系。后来裂缝不断发展，在降雨激发之下，终于形成了严重的崩塌灾害。

在房屋建筑、铁路桥梁以及水利工程中，经常遇到切割土体造成土体坍塌，或是需要堆积散体材料的情况。为此，常需要建造一些构筑物，以阻挡土坡或作为材料的挡墙，如地下室的外墙、重力式码头的岸壁、桥梁接岸的桥台以及地下硐室的侧墙等，都支持着侧向土体（图6.1）。这些用来侧向支持土体的结构物，统称为挡土墙，而被支持的土体作用于挡土墙上的侧向压力，称为土压力。

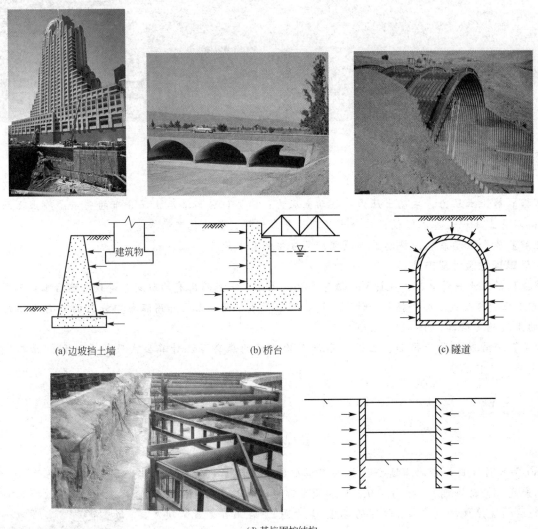

(a) 边坡挡土墙   (b) 桥台   (c) 隧道

(d) 基坑围护结构

图 6.1   各种挡土结构物及其上所受土压力

土压力是设计挡土结构物断面和验算其稳定性的主要荷载。土压力的计算是个比较复杂的问题，影响因素很多。土压力的大小和分布，除了与土的性质有关外，还和墙体的位移方向、位移量、土体与结构物间的相互作用以及挡土结构物的类型有关。

土压力问题是土力学的一个重大课题，从16世纪以来就产生了多种土压力理论。目前广泛采用的朗肯理论和库仑理论都是以极限平衡为基础的。有限单元法和电子计算机技术运用到土压力课题正在研究中。

6.1 挡土墙及土压力的类型

6.1.1 挡土结构类型

挡土结构是一种常见的岩土工程建筑物，它是为了防止边坡的坍塌失稳，保护边坡的稳定，由人工完成的构筑物。挡土墙是一种防止土体下滑或截断土坡延伸的构筑物，在土木工程中应用很广，结构形式也很多。

常用的支挡结构结构有重力式、悬臂式、扶臂式、锚杆式和加筋土式等类型。图 6.2 所示为挡土墙的常用类型。挡土墙的建筑材料有砖砌、块石、素混凝土、钢筋混凝土。

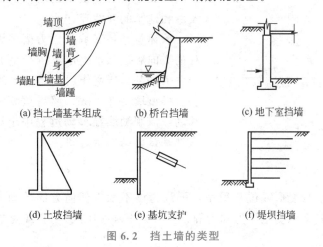

图 6.2 挡土墙的类型

挡土墙按其刚度和位移方式分为刚性挡土墙、柔性挡土墙和临时支撑 3 类。

1. 刚性挡土墙

刚性挡土墙指用砖、石或混凝土所筑成的断面较大的挡土墙，如图 6.3(a)所示中的重力式。墙身不允许有过大的挠曲变形，在土压力作用下，与墙身的位移比起来，挠曲变形对土压力的影响甚微，可以忽略不计。具有就地取材的优点，所以仍是当前大量采用的一种挡土结构形式。这类挡土墙是利用材料的重力来维持稳定的，需要有较大的断面尺寸，存在结构笨重、施工慢和投资多等弊病。

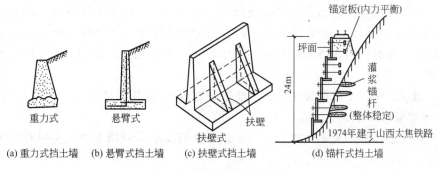

图 6.3 挡土墙的结构形式

由于刚度大，墙体在侧向土压力作用下，自身整体平移或转动的挠曲变形可忽略。墙背受到的土压力呈三角形分布，最大压力强度发生在底部，类似于静水压力分布。

本章主要介绍刚性挡土墙土压力的计算与分布。

2. 柔性挡土墙

当墙身受土压力作用时发生挠曲变形，如图 6.3(b)中的悬臂式；为了减小变形和提高抗弯能力，可以采用扶壁措施，如图 6.3(c)所示；还有用锚杆来保持稳定的锚杆式挡土墙，如图 6.3(d)所示。

3. 临时支撑

边施工边支撑的临时性挡墙。

6.1.2 墙体位移与土压力类型

【土侧压力的形成】

【土侧压力演示】

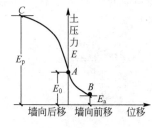

图 6.4 挡土墙的位移与土压力的关系

土压力的性质和大小与墙身的位移、墙体的材料、墙体高度及结构形式、墙后填土的性质、填土表面的形状以及墙和地基的弹性等有关。

墙体位移是影响土压力诸多因素中最主要的。墙体位移的方向和位移量决定着所产生的土压力性质和土压力大小。太沙基为研究作用于墙背上的土压力，曾做过模型试验。模型墙高 2.18m，墙后填满中砂。试验时使墙向前后移动，以观测墙在移动过程中土压力值的变化。图 6.4 为太沙基试验结果示意图。

1. 静止土压力(E_0)

墙受侧向土压力后，墙身变形或位移很小，可认为墙不发生任何方向转动或位移，墙后土体没有破坏，处于弹性平衡状态，墙上承受土压力称为静止土压力 E_0，如图 6.4 中 A 点的情形。

2. 主动土压力(E_a)

挡土墙在填土压力作用下，向着背离填土方向平移或沿墙前趾的转动，墙后土体有随墙的运动而下滑的趋势，为阻止其下滑，土内沿潜在滑动面上的剪应力增加，从而使墙后土压力逐渐减小。当位移达到一定量时，滑动面上的剪应力等于土的抗剪强度，墙后土体达到主动极限平衡状态，填土中开始出现滑动面，这时作用在挡土墙上的土压力减至最小，此时的土压力称为主动土压力 E_a，如图 6.4 中 B 点的情形。

3. 被动土压力(E_p)

挡土墙在外力作用下向着土体的方向移动或转动，墙挤压土，墙后土体有向上滑动的趋势，土压力逐渐增大。当位移达到一定值时，潜在滑动面上的剪应力等于土的抗剪强度，墙后土体达到被动极限平衡状态，形成滑动面。这时作用在挡土墙上的土压力增加至最大，此时的土压力称为被动土压力 E_p，如图 6.4 中 C 点的情形。

这里的主动、被动，是从土体作为主体的角度来看的（即土作用于墙的力分为主被动）：土体主动压墙时产生 E_a，土体被墙压产生 E_p。

土压力类型与挡土墙位移的关系如图 6.5 所示。同样高度填土的挡土墙，作用有不同性质的土压力时，有如下的关系，即

$$E_p > E_0 > E_a$$

实验表明：当墙体离开填土移动时，在位移量很小的情况下，对砂土约需 $0.001h$（h 为墙高），对黏性土约需 $0.004h$，即发生主动土压力；当墙体从静止位置被外力推向土体时，只有当位移量大到相

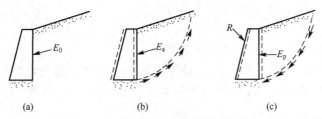

图 6.5 墙体位移对挡土墙类型的影响

当值后,才能达到稳定的被动土压力值 E_p,该位移量对砂土约需 $0.05h$,黏性土填土约需 $0.1h$,而这样大小的位移量实际上对工程常是不容许的。表 6-1 给出了产生主动和被动土压力所需墙的位移量参考值。

表 6-1　产生主动和被动土压力所需墙的位移量

土　类	应力状态	墙运动形式	可能需要的位移量
砂　土	主　动	平　移	$0.0001h$
		绕墙趾转动	$0.001h$
		绕墙顶转动	$0.02h$
	被　动	平　移	$>0.05h$
		绕墙趾转动	$>0.1h$
		绕墙顶转动	$0.05h$
黏　土	主　动	平　移	$0.004h$
		绕墙趾转动	$0.004h$

　　本章主要介绍曲线上的 3 个特定点的土压力计算,即 E_0、E_a 和 E_p。在计算土压力时,需先考虑位移产生的条件,然后方可确定可能出现的土压力并进行计算。计算土压力的方法有多种,迄今在实用上仍广泛采用古典的朗肯理论(Rankine,1857)和库仑理论(Coulomb,1773)。一个多世纪以来,各国的工程技术人员做了大量挡土墙的模型试验、原位观测以及理论研究。实践表明,用上述两个古典理论来计算挡土墙土压力仍不失为有效实用的计算方法。

　　介于主动和被动极限平衡状态之间的土压力,除静止土压力这一特殊情况之外,由于填土处于弹性平衡状态,是一个超静定问题,目前还无法求其解析解。不过由于计算机技术的发展,现在已可以根据土的实际应力-应变关系,利用有限元法来确定墙体位移量与土压力大小的定量关系。

6.1.3　影响土压力的因素

　　挡土墙模型试验表明:当挡土墙固定不动时测得土压力数值为 E_0;挡土墙向前移动时,测得土压力数值减小;相反,当挡土墙向后即推向填土时,测得的土压力增大。由此可见挡土墙土压力不是一个常量,有很多影响因素,归纳起来有以下几方面。

　　1. 挡土墙的位移

　　挡土墙的位移方向和位移量的大小,是影响土压力大小的最主要因素。挡土墙位移的方向不同,土压力的种类就不同,而且相差很大。

　　2. 挡土墙的形状和墙背的光滑程度

　　挡土墙的形状,包括墙背为竖直或是倾斜,以及墙背为光滑或粗糙,都关系到采用何种土压力计算理论公式和计算结果。

3. 填土的性质

挡土墙后填土的性质包括：填土松密程度（即重度）、干湿程度（即含水量），土的强度指标——内摩擦角和黏聚力的大小，以及填土的表面形状（水平、向上倾斜、向下倾斜）等，也都影响土压力的大小。

4. 挡土墙的建筑材料和地基的变形

采用素混凝土和钢筋混凝土，可认为墙的表面光滑，不计摩擦力；若为砌石挡土墙，就要计入摩擦力，因而土压力的大小和方向都不相同。

6.1.4 研究土压力的目的

研究土压力的目的主要是用于：设计挡土构筑物，如挡土墙、地下室侧墙、桥台和储仓等；地下构筑物和基础的施工、地基处理方面；地基承载力的计算，岩石力学和埋管工程等领域。

【挡土墙破坏】

6.2 静止土压力

6.2.1 产生条件

静止土压力产生的条件：挡土墙静止不动（水平位移 $\Delta=0$，转角为零）。

修筑在坚硬土质地基上断面很大的挡墙，由于墙的自重大，不会发生位移；又因地基坚硬不会产生转动。此时，挡土墙背面的土体处于静止的弹性平衡状态，作用在此挡土墙背上的土压力即为静止土压力（图6.6）。

图6.6 静止土压力工程现场

6.2.2 计算公式

设一土层，表面是水平的，土的重度为 γ，设此土体为弹性状态，如图6.7所示，在半无限土体（即垂直向下和沿水平方向都为无限伸展）内任取出竖直平面。此对称平面上不应有剪应力存在，所以，竖直平面和水平平面都是主应力平面。

在填土表面下深度 z 处，作用在水平面上的主应力为

$$\sigma_v = \gamma \cdot z$$

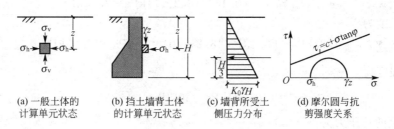

(a) 一般土体的 计算单元状态   (b) 挡土墙背土体 的计算单元状态   (c) 墙背所受土 侧压力分布   (d) 摩尔圆与抗 剪强度关系

图 6.7 静止土压力分析

作用在竖直面的主应力为

$$\sigma_h = K_0 \cdot \gamma \cdot z \tag{6-1}$$

式中 σ_h——为作用在竖直墙背上的静止土压应力（kPa）；

     K_0——土的静止侧压力系数，一般砂土取 $K_0 = 0.35 \sim 0.45$，黏性土取 $K_0 = 0.50 \sim 0.70$；

     γ——土的重度（kN/m³）；

     z——计算点距地面的深度（m）。

可见，静止土压应力与 z 成正比，沿墙高呈三角形线性分布。单位长度的挡土墙上的静压应力合力 E_0 为

$$E_0 = \int_0^H \sigma_h dz = \frac{1}{2} \gamma \cdot K_0 \cdot H^2 \tag{6-2}$$

式中 E_0——单位墙长度上的静止土压力（kN/m）；

     H——挡土墙的高度（m）。

总的静止土压力 E_0 为应力三角形分布图的面积，它的作用点位于静止土压应力三角形分布图形的重心，即墙底面以上 $H/3$ 处［图 6.7(c)］。若将处在静止土压力状态下的土单元的应力状态用摩尔圆表示在 $\tau - \sigma$ 坐标上，则如图 6.7(d) 所示。可以看出，这种应力状态离破坏包线还很远，属于弹性平衡应力状态。

静止侧压力系数 K_0 与土的性质、密实程度、应力历史等因素有关，其数值可通过室内静止侧压力试验测定。它的物理意义是，在不允许有侧向变形的情况下，土样受到轴向压力增量 $\Delta \sigma_1$ 将会引起侧向压力的相应增量 $\Delta \sigma_3$，比值 $\Delta \sigma_3 / \Delta \sigma_1$ 称为土的侧压力系数 ξ 或静止土压力系数 K_0，即

$$\xi = K_0 = \frac{\Delta \sigma_3}{\Delta \sigma_1} = \frac{\nu}{1 - \nu} \tag{6-3}$$

室内测定方法如下。

（1）压缩仪法：在有侧限压缩仪中装有测量侧向压力的传感器。

（2）三轴压缩仪法：在施加轴向压力时，同时增加侧向压力，使试样不产生侧向变形。

上述两种方法都可得出轴向压力与侧向压力的关系曲线，其平均斜率即为土的侧压力系数。

毕肖普（Bishop，1958）通过试验指出，对于无黏性土及正常固结黏土也可用下式近似地计算，即

$$K_0 = 1 - \sin\varphi' \tag{6-4}$$

式中 φ'——为填土的有效内摩擦角。

【例 6.1】 一光滑不可移动的挡墙，墙后填土为砂土，其中有地下水，如图 6.8 所示。土体的饱和重度 $\gamma = 18.2$ kN/m³（设水位以上也接近饱和），有效内摩擦角 $\varphi' = 35°$。试求墙上的总压力。

解：

用近似公式计算

     $K_0 = 1 - \sin\varphi' = 0.43$

B 点的土压力强度为

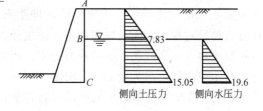

侧向土压力   侧向水压力

图 6.8 例 6.1 图

$$\sigma_{0B}=K_0\gamma h_{AB}=(0.43\times18.2\times1)\text{kPa}=7.83\text{kPa}$$

C 点的土压力强度为

$$\sigma_{0C}=\sigma_{0B}+K_0\gamma' h_{BC}=7.83\text{kPa}+[0.43\times(18.2-10)\times2]\text{kPa}=15.05\text{kPa}$$

C 点的水压力强度为

$$\sigma_{\text{w}}=\gamma_{\text{w}}h_{BC}=(10\times2)\text{kPa}=20\text{kPa}$$

沿纵向每米墙上的总压力为

$$E=E_0+E_{\text{w}}=\left(\frac{1}{2}\times7.83\right)\text{kN/m}+\left[\frac{1}{2}\times(7.83+15.05)\times2\right]\text{kN/m}+\left(\frac{1}{2}\times20\times2\right)\text{kN/m}=45.4\text{kN/m}$$

【墙后有地下水的
土压力计算】

6.2.3　静止土压力的应用

（1）地下室外墙：靠内隔墙支挡，墙位移与转角为零，按静止土压力计算。

（2）岩基上的挡土墙：与岩石地基牢固连接，墙体不可能位移与转动，按静止土压力计算。

（3）拱座：不允许产生位移，故按静止土压力计算。

6.3　朗肯土压力理论

6.3.1　基本原理

1857 年英国学者朗肯（Rankine）研究了土体在自重作用下发生平面应变时达到极限平衡的应力状态，建立了计算土压力的理论。由于其概念明确，方法简便，至今仍被广泛应用。

朗肯研究自重应力作用下，半无限土体内各点的应力从弹性平衡状态发展为极限平衡状态的条件，提出计算挡土墙土压力的理论，又称为极限应力法。

1. 假设条件

朗肯土压力理论即用墙背来代替半无限土体中的竖直面。当墙产生位移，使墙后填土达到主动或被动极限平衡状态时，墙背上的土压力强度等于半无限土体达到主动或被动极限平衡状态时竖直面上的极限应力。为了使墙背与土接触能满足剪应力为零的边界应力条件以及产生主动或被动状态的边界变形条件，朗肯土压力理论对墙背及墙后填土做了如下的假定。

（1）挡土墙背垂直（相应于竖直应力面），则作用到墙背上的压力为水平方向，可以看作主应力。

（2）挡墙背面光滑（以满足应力为零的边界条件），则不考虑墙与土之间的摩擦力，即墙后土体达到极限平衡状态时所产生的两组破裂面不受墙身的影响。

（3）墙后填土表面水平，延伸到无限远，则填土面可以作为半无限空间的界面。

2. 分析方法

取一表面水平的均质弹性半无限土体，即垂直向下和沿水平方向都为无限伸展（图 6.9）。由于土体内每一竖直面都是对称面，因此地面以下 z 深度处 M 点在自重作用下垂直截面其上的剪应力为零；又根据剪应力互等原理，水平截面上的剪应力为零。因此它们都是主应力面，σ_z、σ_x 分别为大、小主应力，其应力状态用摩尔应力圆表示为图 6.9(d) 中的圆 I，该点处于弹性平衡状态。

若将垂线 AB 左侧的土体，换成虚设的墙背竖直光滑的挡土墙，则作用在此挡土墙上的土压力，等于原来土体作用在 AB 竖直线上的水平法向应力。

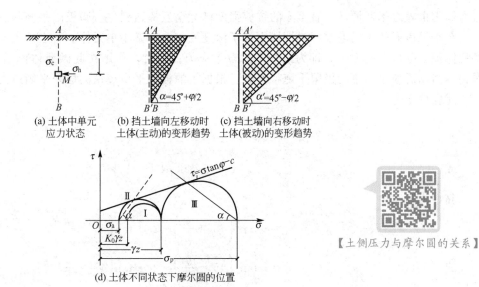

图 6.9　朗肯理论土体极限平衡状态

（1）由图 6.9(a)可知：当土体静止不动时，土体各点处于弹性平衡。深度 z 处土单元体的主应力为 $\sigma_c=\gamma z$，$\sigma_h=k_0\gamma z$，以 $\sigma_1=\sigma_c$ 和 $\sigma_3=\sigma_h$ 作摩尔应力圆，如图 6.9(d)中应力圆 I。

（2）当代表土墙墙背的竖直光滑面 AB 面向外平移（墙前移）时，则右半部分土体有伸张的趋势，土体的水平应力 σ_h 逐渐减小，而 σ_c 保持不变。可以想见，就像是土体撤去侧向支撑，产生主动移动一样。当 AB 位移至 $A'B'$ 时，应力圆与土体的抗剪强度包线相切［图 6.9(d)中的圆 II］，土体达到主动极限平衡状态。此时，作用在墙上的土压力 σ_h 达到最小值，即为主动土压力 σ_a（此时，小主应力 $\sigma_3=\sigma_a$，大主应力 $\sigma_1=\sigma_c$）。此后，即使墙再继续移动，土压力也不会进一步增大，但土体继续伸张，形成一系列滑裂面。滑裂面的方向与大主应力作用面（即水平面）的夹角为 $\alpha=45°+\varphi/2$。滑动土体此时的应力状态称为主动朗肯状态。

（3）当代表土墙墙背的竖直光滑面 AB 面在外力作用下向填土方向移动（墙后退），挤压土时，σ_h 将逐渐增大，而 σ_c 仍然保持不变，直至 σ_h 超过 σ_c 值变为大主应力，σ_c 变为小主应力。剪应力增加到土的抗剪强度时，应力圆又与强度包线相切［图 6.9(d)中的圆 III］，达到被动极限平衡状态。此时作用在 $A'B'$ 面上的土压力达到最大值，即为被动土压力 σ_p（此时，小主应力 $\sigma_3=\sigma_c$，大主应力 $\sigma_1=\sigma_p$）。土体中形成一系列滑裂面［图 6.9(c)］，滑裂面与水平面的夹角为 $\alpha=45°-\varphi/2$。此时滑动土体的应力状态称为被动朗肯状态。

由上述主动或被动土压力产生的条件和半无限弹性体处于主动或被动极限平衡状态时的应力状态，以及朗肯对墙背和墙后填土所做的假定，便可应用在第 5 章中介绍的土中某一点的极限平衡关系式求主动及被动土压力。

6.3.2　水平填土面的朗肯土压力计算

1. 主动土压力

如图 6.10(a)所示，挡土墙在墙后填土的侧压力作用下，向前产生位移时，土体也有向前下滑的趋势，土体内便产生剪切阻力作用，阻止土体滑移，使侧向压力减小。随着墙身向前位移的不断增大，墙后填土内的剪切

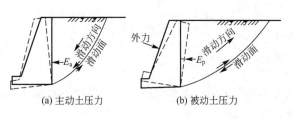

图 6.10　土压力的形成

阻力作用也随之不断增大，直至土的抗剪强度已完全发挥达到（主动）极限平衡状态。

在水平表面的半无限空间弹性体中，于深度处 z 取一微小单元体。若土的天然重度为 γ，则作用在此微元体顶面的法向应力 σ_1，即为该处土的自重应力；同时，作用在此微元体侧面的应力可由弹性力学解得到。当墙后填土达主动极限平衡状态时，根据土的极限平衡理论的极限平衡应力条件如下。

无黏性土为

$$\sigma_1 = \sigma_3 \tan^2\left(45° + \frac{\varphi}{2}\right)$$

或

$$\sigma_3 = \sigma_1 \tan^2\left(45° - \frac{\varphi}{2}\right)$$

黏性土为

$$\sigma_1 = \sigma_3 \tan^2\left(45° + \frac{\varphi}{2}\right) + 2c \cdot \tan\left(45° + \frac{\varphi}{2}\right)$$

或

$$\sigma_3 = \sigma_1 \tan^2\left(45° - \frac{\varphi}{2}\right) - 2c \cdot \tan\left(45° - \frac{\varphi}{2}\right)$$

可以求出作用于任意 z 处土单元上的主应力。

1）无黏性土

将 $\sigma_1 = \sigma_c = \gamma \cdot z$，$\sigma_3 = \sigma_a$ 代入无黏性土极限平衡条件，得

$$\sigma_3 = \sigma_1 \tan^2\left(45° - \frac{\varphi}{2}\right)$$

$$\sigma_a = \gamma \cdot z K_a \tag{6-5}$$

式中　　K_a——朗肯主动土压力系数，$K_a = \tan^2\left(45° - \frac{\varphi}{2}\right)$；

　　　　γ——墙后填土的重度，地下水位以下用有效重度（kPa）；

　　　　E_a——主动土压力，取挡土墙长度方向均匀分布（kN/m）。

σ_a 的作用方向垂直指向墙背面，若填土为均质的，即 γ、φ 为常数，则由式（6-5）可知，σ_a 与深度 z 成正比，压力强度沿墙高呈三角形分布。当墙高为 $H(z=H)$，则作用于单位墙高度上的总土压力 $E_a = \frac{\gamma H^2}{2} K_a$（单位为 kN/m），$E_a$ 垂直于墙背，作用点在距墙底 $\frac{H}{3}$ 处（通过三角形面积重心），如图6.11（b）所示。

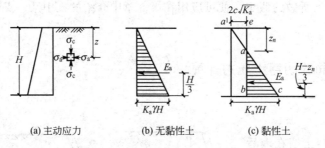

图6.11　主动土压力强度分布及合力

2）黏性土

黏性土的情况与无黏性土的情况相类似。当土体达到极限平衡状态时，将 $\sigma_1 = \sigma_c = \gamma \cdot z$，$\sigma_3 = \sigma_a$ 代入黏性土极限平衡条件，得

$$\sigma_3 = \sigma_1 \tan^2\left(45° - \frac{\varphi}{2}\right) - 2c \cdot \tan\left(45° - \frac{\varphi}{2}\right)$$

得

$$\sigma_a = \gamma z K_a - 2c\sqrt{K_a} \tag{6-6}$$

说明：黏性土得主动土压力由两部分组成，第一项 $\gamma z K_a$ 为土重产生的，是正值，随深度呈三角形分布；第二项为内聚力 c 引起的土压力 $2c\sqrt{K_a}$，是负值，起减少土压力的作用，其值是与深度无关的常量。两项压力分布图叠加如图 6.11(c) 所示。

由于墙面光滑，实际上墙与土并非整体，土对墙面产生的拉力会使土脱离墙，出现深度为 z_0 的裂隙。亦即挡土墙不承受拉力，可认为挡土墙顶部 z_0 范围墙上土压力作用为零。因此，略去这部分土压力后，实际土压力分布为 △abc 部分。

土压力为零的 a 点至填土表面的高度 z_0 称为临界深度，可由 $\sigma_a = 0$ 求得：

$$\sigma_a = \gamma z_0 K_a - 2c\sqrt{K_a} = 0$$

故临界深度

$$z_0 = \frac{2c}{\gamma\sqrt{K_a}}$$

总主动土压力 E_a 应取挡土墙长度方向 1 延米，计算 △abc 之面积，即

$$E_a = \frac{1}{2}\left[\left(\gamma H K_a - 2c \cdot \sqrt{K_a}\right)(H - z_0)\right] \tag{6-7}$$

E_a 作用点则位于 △abc 的重心，即位于墙底以上 $\frac{1}{3}(H - z_0)$ 处。

【例 6.2】 如图 6.12 所示，挡土墙高 10m，墙背铅直光滑，填土面水平。填土的重度 $\gamma = 18.0 \text{kN/m}^3$，凝聚力 $c = 16 \text{kPa}$，内摩擦力 $\varphi = 20°$。试求主动土压力及其作用点，并绘制主动土压力分布图。

解：

(1) 求主动土压力系数，即

$$K_a = \tan^2\left(45° - \frac{\varphi}{2}\right) = 0.49$$

$$\sqrt{K_a} = \tan\left(45° - \frac{20°}{2}\right) = 0.7$$

(2) 求墙底面 $Z = H$ 时主动土压力强度，即

$$\sigma_{a(H)} = \gamma H K_a - 2c\sqrt{K_a} = (18 \times 10 \times 0.49 - 2 \times 16 \times 0.7)\text{kPa} = 65.8 \text{kPa}$$

(3) 绘制主动土压力分布图，如题图中阴影部分。

(4) 求 $\sigma_a = 0$ 处距墙顶的深度 z_0，即

$$z_0 = \frac{2c}{\gamma\sqrt{K_c}} = \frac{2 \times 16}{18 \times 0.7}\text{m} = 2.54\text{m}$$

(5) 求总主动土压力及其作用点，即

$$E_a = \frac{1}{2}\sigma_{a(H)} \times (H - z_0) = \left[\frac{1}{2} \times 65.8 \times (10 - 2.54)\right]\text{kN/m} = 245.4 \text{kN/m}$$

作用点距墙底为

$$\frac{H - z_0}{3} = \frac{10 - 2.54}{3}\text{m} = 2.49\text{m}$$

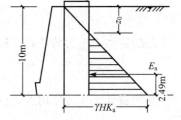

图 6.12 例 6.2 图

2. 被动土压力

如图 6.10(b) 所示，当挡土墙在外力作用下，向后(填土方向)发生位移时，墙后填土受到墙身的挤

压，亦向后产生位移，此时填土内产生剪切阻力作用，阻止墙的挤压，使得侧向压力不断增大。随着墙身向后位移不断增大，墙后土体内的剪切阻力作用也随之不断增大，直至土的抗剪强度完全发挥，达到（被动）极限平衡状态。

当墙后土体达到被动极限平衡状态时，$\sigma_h > \sigma_c$，则 $\sigma_1 = \sigma_h = \sigma_p$，$\sigma_3 = \sigma_c = \gamma z$。如图 6.13 所示为被动土压力强度分布及合力。

1) 无黏性土

当土体达到被动极限平衡状态时，将 $\sigma_1 = \sigma_p$，$\sigma_3 = \gamma z$ 代入无黏性土极限平衡条件式中

$$\sigma_1 = \sigma_3 \tan^2\left(45° + \frac{\varphi}{2}\right)$$

可得

$$\sigma_p = \gamma z \tan^2\left(45° + \frac{\varphi}{2}\right) = \gamma z K_p \tag{6-8}$$

式中　K_p——朗肯被动土压力系数。

σ_p 沿墙高的分布、单位长度墙体上土压力合力 E_p 的计算方法、作用点的位置均与主动土压力相同，如图 6.13(b) 所示。

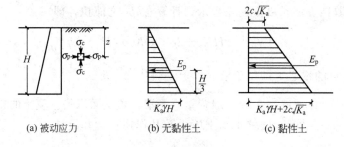

图 6.13　被动土压力强度分布及合力

总的被动土压力的计算，取挡土墙的长度方向 1 延米，计算土压力三角形的分布图面积为

$$E_p = \frac{1}{2}\gamma H^2 K_p \tag{6-9}$$

总的被动土压力作用点，位于土压力三角形分布图形的重心，距墙底处 $H/3$，如图 6.13(b) 所示。

墙后土体破坏，滑动面与小主应力作用面之间的夹角 $\alpha = 45° - \dfrac{\varphi}{2}$，两组破裂面之间的夹角则为 $90° + \varphi$。

2) 黏性土

当土体达到被动极限平衡状态时，将 $\sigma_p = \sigma_1$，$\gamma z = \sigma_3$ 代入黏性土极限平衡条件式中

$$\sigma_1 = \sigma_3 \tan^2\left(45° + \frac{\varphi}{2}\right) + 2c \cdot \tan\left(45° + \frac{\varphi}{2}\right)$$

可得

$$\sigma_p = \gamma z \tan^2\left(45° + \frac{\varphi}{2}\right) + 2c \cdot \tan\left(45° + \frac{\varphi}{2}\right) = \gamma z K_p + 2c \cdot \sqrt{K_p} \tag{6-10}$$

黏性填土的被动压力也由两部分组成，第一部分是由土的自重压力产生的，为 $\gamma z K_p$，与深度成正比，此部分土压力呈三角形分布；第二部分由黏性土的黏聚力产生，与深度无关，是一常数，故此部分土压力呈矩形分布。它们都是正值，墙背与填土之间不出现裂缝；叠加后，其压力强度 σ_p 沿墙高呈梯形分布，如图 6.13(c) 所示。

总被动土压力取挡土墙长度方向 1 延米，计算土压力梯形分布图的面积上的总被动土压力为

$$E_p = \frac{1}{2}\gamma H^2 K_p + 2c \cdot H \sqrt{K_p} \qquad (6-11)$$

E_p 的作用方向垂直于墙背，作用点位于梯形分布图面积重心上。

梯形分布图的重心可以有下面两种求法。

(1) 图解法。如图 6.14 所示，连接上下底中点的连线，再连接上下底的延长线，交点 G 即为其作用点(重心位置)。

(2) 数解法。将图 6.13 中梯形应力分布分为矩形和三角形两部分，得到分力 E_{p1}、E_{p2}，它们对墙底求力矩，按照力矩平衡条件，合力矩等于分力矩之和，有(图 6.15)：

$$E_p \cdot h = E_{p1} \cdot h_1 + E_{p2} \cdot h_2$$

求出 h，即为土压力 E_p 的作用点位置，也即梯形平面的重心位置。

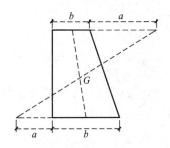

图 6.14 用图解方法求土
压力作用点位置

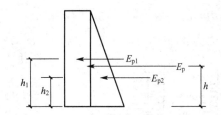

图 6.15 用力矩平衡条件
求土压力作用点位置

以上介绍的朗肯土压力理论是应用弹性半无限土体的应力状态，根据土的极限平衡理论推导并计算土压力的，其概念明确，计算公式简便。但由于假定墙背垂直、光滑、填土表面水平，使计算条件和适用范围受到限制。应用朗肯理论计算土压力，其结果主动土压力值偏大，被动土压力值偏小，因而是偏于安全的。

【例6.3】 已知某混凝土挡土墙，墙高为 $H=6.0\text{m}$，墙背竖直，墙后填土表面水平，填土的重度 $\gamma=18.5\text{kN/m}^3$、$\varphi=20^0$、$c=19\text{kPa}$。试计算作用在此挡土墙上的静止土压力，主动土压力和被动土压力，并绘出土压力分布图。

解：

(1) 静止土压力，取 $K_0=0.5$，$\sigma_0=\gamma z K_0$

$$E_0 = \frac{1}{2}\gamma H^2 K_0 = \left(\frac{1}{2}\times 18.5\times 6^2\times 0.5\right)\text{kN/m}$$
$$=166.5\text{kN/m}$$

E_0 作用点位于下 $\frac{H}{3}=2.0\text{m}$ 处，如图 6.16(a) 所示。

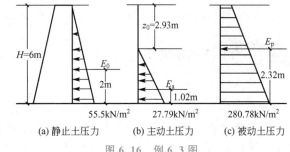

(a) 静止土压力 (b) 主动土压力 (c) 被动土压力

图 6.16 例 6.3 图

(2) 主动土压力。根据朗肯主压力公式：$\sigma_a=\gamma z K_a - 2c\cdot\sqrt{K_a}$，$K_a=\tan^2\left(45°-\frac{\varphi}{2}\right)$

$$E_a = \frac{1}{2}\gamma H^2 K_a - 2cH\sqrt{K_a} + \frac{2c^2}{\gamma}$$
$$= [0.5\times 18.5\times 6^2\times \tan^2(45°-20°/2)]\text{kN/m} - [2\times 19\times 6\times \tan(45°-20°/2)]\text{kN/m} +$$
$$(2\times 19^2/18.5)\text{kN/m}$$
$$=42.6\text{kN/m}$$

临界深度：

$$z_0=\frac{2c}{\gamma\sqrt{K_a}}=\frac{2\times19}{18.5\times\tan\left(45°-\frac{20°}{2}\right)}\text{m}=2.93\text{m}$$

E_a 作用点距墙底：

$\frac{1}{3}(H-z_0)=\left[\frac{1}{3}(6.0-2.93)\right]\text{m}=1.02\text{m}$ 处，如图6.16(b)所示。

（3）被动土压力：

$$E_p=\frac{1}{2}\gamma H^2K_p+2cH\sqrt{K_p}=\left[\frac{1}{2}\times18.5\times6^2\times\tan^2\left(45°+\frac{20°}{2}\right)\right]\text{kN/m}+$$

$$\left[2\times19\times6\tan\left(45°+\frac{20°}{2}\right)\right]\text{kN/m}$$

$$=1005\text{kN/m}$$

墙顶处土压力：$\sigma_{a1}=2c\sqrt{K_p}=54.34\text{kPa}$

墙底处土压力为：$\sigma_b=\gamma HK_p+2c\sqrt{K_p}=280.78\text{kPa}$

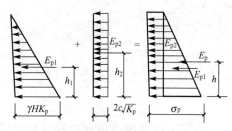

图6.17 被动土压力作用点位置

作用点位置的求解，可以建立力矩平衡条件。如图6.17所示，建立平衡方程为

$$E_p\cdot h=E_{p1}\cdot h_1+E_{p2}\cdot h_2$$

则

$$h=\frac{1}{E_p}(E_{p1}\cdot h_1+E_{p2}\cdot h_2)$$

总被动土压力作用点位于梯形的重心，距墙底2.32m处[图6.16(c)]。

讨论：

（1）由此例可知，挡土墙底形成、尺寸和填土性质完全相同，但$E_0=166.5\text{kN/m}$，$E_a=42.6\text{kN/m}$，即$E_0\approx4E_a$，或$E_a=\frac{1}{4}E_0$。因此，在挡土墙设计时，尽可能使填土产生主动土压力，以节省挡土墙的尺寸、材料、工程量与投资。

（2）$E_a=42.6\text{kN/m}$，$E_p=1005\text{kN/m}$，$E_p>23E_a$。因产生被动土压力时挡土墙位移过大为工程所不许可，通常只利用被动土压力的一部分，其数值也已很大。

6.3.3 特殊条件下的土压力

1. 墙后填土表面上有荷载作用时的土压力计算

当墙背垂直，墙后填土表面水平并有均布荷载q作用时(图6.18)，深度z处微分体的水平面上受有垂直应力

$$\sigma_v=\gamma z+q \quad (6-12)$$

垂直墙面上的土压力强度为

$$\sigma_a=(\gamma z+q)\tan^2\left(45°-\frac{\varphi}{2}\right) \quad (6-13)$$

总主动土压力为

$$E_a=\left(\frac{1}{2}\gamma H^2+qH\right)\tan^2\left(45°-\frac{\varphi}{2}\right) \quad (6-14)$$

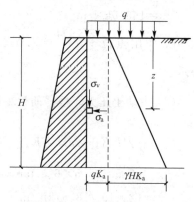

图6.18 水平填土表面有均布荷载时土压力计算

土压力分布如图 6.18 所示，合力作用方向通过梯形形心。

2. 填土成层时的土压力计算

图 6.19 所示为符合朗肯条件的挡土墙，墙后填土由几层不同物理力学性质的水平土层组成。采用朗肯理论计算土压力强度时，先求出计算点的垂直应力 σ_z，然后用该点所处土层的 φ 值求出土压力系数，并用土压力公式计算土压力强度和总土压力。计算时可能出现以下 3 种情况。

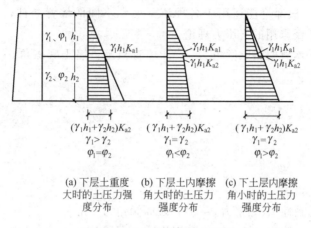

图 6.19　成层填土土压力计算

(1) $\gamma_1 > \gamma_2$，$\varphi_1 = \varphi_2$。

此时在土层的分界面处将出现一转折点，土压力强度沿墙高的分布如图 6.19(a)所示。

(2) $\gamma_1 = \gamma_2$，$\varphi_1 < \varphi_2$。

此时在土层的分界面处出现一突变点。该计算点之上采用 γ_1、φ_1 进行计算，计算点之下采用 γ_2、φ_2 计算，土压力强度沿墙高的分布如图 6.19(b)所示。

(3) $\gamma_1 = \gamma_2$，$\varphi_1 > \varphi_2$。

此时在土层分界面处也将出现突变点。计算方法与第二种情况相同，土压力的分布如图 6.19(c)所示。

如墙后填土有 3 层，则应按上述方法计算第二、三土层界面处的土压力强度。

3. 填土有地下水时的土压力计算

当填土中有地下水时，计算挡土墙的土压力应考虑水位及其变化的影响。此时作用于墙背的土压力由土的自重压力和静水压力两者叠加而成。水的存在不仅影响土的重度 γ，水上水下的 φ 值也有所不同。用朗肯理论计算土压力时，可如同成层土情况一样处理，只是水下采用有效重度 γ'，φ 值取水下值。

当填土表面水平且水位有变化时，计算低水位条件下的土压力，一般在高水位线以上，土的重度取天然重度；高水位线与低水位线之间，取饱和重度；在低水位线以下，采用有效重度。水压力按静水压

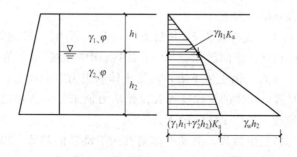

图 6.20　地下水对土压力的影响

力计算。土压力和水压力的矢量和为作用于墙背上的侧压力。地下水位对土压力的影响如图 6.20 所示。

6.4 库仑土压力理论

1776 年法国的库仑（C. A. Coulomb）根据极限平衡的概念，墙后土体处于极限平衡状态并形成一滑动楔体，并假定滑动面为平面，分析了滑动楔体的力系静力平衡，从而求算出挡土墙上的土压力，成为著名的库仑土压力理论。该理论能适用于各种填土面和不同的墙背条件，且方法简便，有足够的精度，至今也仍然是一种被广泛采用的土压力理论。

库仑研究的课题为：①墙背俯斜，倾角为 α；②墙背粗糙，墙土摩擦角 δ；③填土为理想散粒 $c=0$；④填土表面倾斜，坡角为 β。

6.4.1 方法要点

1. 假设条件 [图 6.21(a)，墙高 H]

（1）墙背倾斜，具有倾角 α。

（2）墙后填土为均质无黏性土（黏聚力 $c=0$），表面倾角为 β 角。

（3）墙背粗糙有摩擦力，墙背与填土间的摩擦角为 δ，且（$\delta \ll \varphi$）。

（4）平面滑裂面假设：当墙面向前或向后移动，使墙后填土达到破坏时，填土将沿两个平面同时下滑或上滑；一个是墙背 AB 面，另一个是土体内某一滑动面 BC。设 BC 面通过墙踵并与水平面成 θ 角。

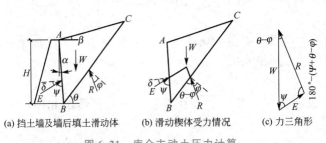

| (a) 挡土墙及墙后填土滑动体 | (b) 滑动楔体受力情况 | (c) 力三角形 |

图 6.21 库仑主动土压力计算

（5）刚体滑动假设：将破坏土楔 ABC 视为刚体，不考虑该滑动楔体内部的应力和变形条件。

（6）楔体 ABC 整体处于极限平衡状态。

2. 计算原理

取滑动楔体 ABC 为隔离体进行受力分析 [图 6.21(b)]。

分析可知，作用于楔体 ABC 上的力有以下几种。

① 土体 ABC 的质量 W，当滑动面 BC 已定时，其数值已知，大小为 ABC 面积乘以单位水平方向的土厚度，再乘以土的重度，方向铅直向下。

② 下滑时受到墙面 AB 给予的支撑反力 E（其反方向就是土压力）。E 的数值未知，此支承力与要计算的土压力的大小相等，方向相反；方向已知，与墙背法线（图中虚线）成 δ 角（墙与土的摩擦角）。若墙背光滑，没有剪力，则 P 与 AB 垂直。因土体下滑，墙给土体的阻力方向朝上，故支承力 E 在法线的下方。

③ BC 滑动面下方不动对滑动楔体的支撑反力 R。此反力值未知而方向已知，R 的方向与滑动面 BC 的法线（图中虚线）成 φ 角。同理，R 位于法线的下方。

当墙身向前（离开填土方向）发生位移，滑动楔体则有向下滑动的趋势，以致达到主动极限平衡状态。这时，墙背上所受的土压力为主动土压力。当墙身向后（填土方向）发生位移，滑动楔体受到挤压，则有向上滑动的趋势，以致达到被动极限平衡状态。这时滑动土体作用在墙背上的阻力即为被动土压力。

（1）根据楔体整体处于极限平衡状态的条件，可得知 E、R 的方向。

（2）根据楔体应满足静力平衡力矢三角形闭合［图 6.21（c）］的条件，按正弦定理得 $\dfrac{E}{\sin(\theta-\varphi)} = \dfrac{W}{\sin(180°-\psi-\theta+\varphi)}$，可知 E 的大小。

（3）求极值。与此极值方向相反，大小相等，作用在墙背上的力即为所求的总土压力，从而得出作用在墙背上的总主动压力 E_a 或被动压力 E_p。

6.4.2 数解法

1. 无黏性土的主动压力

设挡土墙如图 6.19 所示，墙后为无黏性填土。

取土楔 ABC 为隔离体，根据静力平衡条件，作用于隔离体 ABC 上的力 W、E、R 组成力的闭合三角形。

由几何关系可计算土楔自重 W；破裂滑动面 BC 上的反力 R，该力是楔体滑动时产生的土与土之间摩擦力在 BC 面上的合力，作用方向与 BC 面的法线的夹角等于土的内摩擦角 φ。楔体下滑时，R 的位置在法线的下侧；墙背 AB 对土楔体的反力 E，与该力大小相等、方向相反的楔体作用在墙背上的压力，就是主动土压力。力 E 的作用方向与墙面 AB 的法线的夹角 δ 就是土与墙之间的摩擦角，称为外摩擦角。楔体下滑时，该力的位置在法线的下侧。

土楔体 ABC 在以上 3 个力的作用下处于极限平衡状态，则由该 3 力构成的力的矢量三角形必然闭合［图 6.21（c）］。

根据几何关系可知：

W 与 E 之间的夹角 $\psi=90°-\delta-\alpha$；

W 与 R 之间的交角为 $\theta-\varphi$。

利用正弦定律可得
$$\frac{E}{\sin(\theta-\varphi)} = \frac{W}{\sin[180^0-(\theta+\psi-\varphi)]}$$
$$E = \frac{W\sin(\theta-\varphi)}{\sin(\theta+\psi-\varphi)} \tag{6-15}$$

式中 $W=\gamma \cdot \triangle ABC = \dfrac{\gamma H^2}{2} \dfrac{\cos(\alpha-\beta) \cdot \cos(\theta-\alpha)}{\cos^2\alpha \cdot \sin(\theta-\beta)}$。

由此式可知：

（1）滑动面 BC 是假设的，因此 θ 角是任意的。若改变 θ 角，即假定有不同的滑体面 BC，则有不同的 W、E 值，即 $E=f(\theta)$。

（2）当 $\theta=90°+\alpha$ 时，即 BC 与 AB 重合，$W=0$，$E=0$；当 $\theta=\varphi$ 时，R 与 W 方向相反，$P=0$。因此，当 θ 在 $90°+\alpha$ 和 φ 之间变化时，E 将有一个极大值，对应于最大 E 值的滑动面才是所求的主动土压力的滑动面，相应的与最大 E 值大小相等、方向相反的作用于墙背上的土压力才是所求的总主动土压力 E_a。

令 $\dfrac{\mathrm{d}E}{\mathrm{d}\theta}=0$，将求得的 θ 值代入 $E=\dfrac{W\sin(\theta-\varphi)}{\sin(\theta-\varphi+\psi)}$，得
$$E_a = \frac{1}{2}\gamma H^2 K_a \tag{6-16}$$

式中　γ——墙后填土的重度（kN/m^3）；

$\quad\quad H$——墙的高度（m）；

$\quad\quad K_a$——库仑主动土压力系数，可由表 6-2 查取，其计算公式为

$$K_a = \frac{\cos^2(\varphi-\alpha)}{\cos^2\alpha\cdot\cos(\alpha+\delta)\left[1+\sqrt{\dfrac{\sin(\varphi+\delta)\cdot\sin(\varphi-\beta)}{\cos(\alpha+\delta)\cdot\cos(\alpha-\beta)}}\right]^2}$$

$\quad\quad\alpha$——墙背倾角（墙背与铅垂线的夹角）（以铅垂线为准，顺时针为负，称仰斜；逆时针为正，称俯斜）；

$\quad\quad\delta$——墙背与填土之间的摩擦角，由试验确定（无试验资料时，一般取 $\delta = \left(\dfrac{1}{3} - \dfrac{2}{3}\right)\varphi$，也可参考表 6-3 中的数值）；

$\quad\quad\varphi$——墙后填土的内摩擦角；

$\quad\quad\beta$——填土表面的倾角。

当 $\alpha=0$、$\delta=0$、$\beta=0$ 时，由 $E_a = \dfrac{1}{2}\gamma H^2 K_a$，得

$$E_a = \frac{1}{2}\gamma H^2 \tan^2\left(45° - \frac{\varphi}{2}\right)$$

可见此时与朗肯总主动土压力公式完全相同，说明当 $\alpha=0$，$\delta=0$，$\beta=0$ 时，库仑与朗肯理论的结果是一致的。朗肯主动土压力公式是库仑公式的特殊情况。

关于土压力强度沿墙高的分布形式，$\sigma_{az} = \dfrac{\mathrm{d}E_a}{\mathrm{d}z}$，即

$$\sigma_{az} = \frac{\mathrm{d}E_a}{\mathrm{d}z} = \frac{\mathrm{d}}{\mathrm{d}z}\left(\frac{1}{2}\gamma z^2 K_a\right) = \gamma\cdot z\cdot K_a$$

p_{az} 沿墙高呈三角形分布，E_a 作用点在距墙底 $1/3H$ 处，作用方向与墙面的法线成 δ 角，与水平面成 $\delta+\alpha$ 角，如图 6.22 所示。

但这种分步形式只表示土压力大小，并不代表实际作用墙背上的土压力方向，而沿墙背面的压强则为 $\gamma\cdot z\cdot K_a\cdot\cos\alpha$。

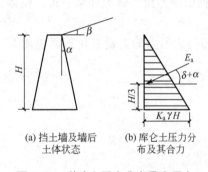

(a) 挡土墙及墙后土体状态　　(b) 库仑土压力分布及其合力

图 6.22　主动土压力分布及土压力

表 6-2　主动土压力系数 K_a 值（仅提供 $\delta=0°$ 的表供参考，其余均略去）

α	β \ φ	15°	20°	25°	30°	35°	40°	45°	50°
0°	0°	0.589	0.490	0.406	0.333	0.271	0.217	0.172	0.132
	5°	0.635	0.524	0.431	0.352	0.284	0.227	0.178	0.137
	10°	0.704	0.569	0.462	0.374	0.300	0.238	0.186	0.142
	15°	0.933	0.639	0.505	0.402	0.319	0.251	0.194	0.147
	20°		0.883	0.573	0.441	0.344	0.267	0.204	0.154
	25°			0.821	0.505	0.379	0.288	0.217	0.162
	30°				0.750	0.436	0.318	0.235	0.172
	35°					0.671	0.369	0.260	0.186
	40°						0.587	0.303	0.206
	45°							0.500	0.242
	50°								0.413

（续）

α	β	φ 15°	20°	25°	30°	35°	40°	45°	50°
10°	0°	0.652	0.560	0.478	0.407	0.343	0.288	0.238	0.194
	5°	0.705	0.601	0.510	0.431	0.362	0.302	0.249	0.202
	10°	0.784	0.655	0.550	0.461	0.384	0.318	0.261	0.211
	15°	1.039	0.737	0.603	0.498	0.411	0.337	0.274	0.221
	20°		1.015	0.685	0.548	0.444	0.360	0.291	0.231
	25°			0.977	0.628	0.491	0.391	0.311	0.245
	30°				0.925	0.566	0.433	0.337	0.262
	35°					0.860	0.502	0.374	0.284
	40°						0.785	0.437	0.316
	45°							0.703	0.371
	50°								0.614
20°	0°	0.736	0.648	0.569	0.498	0.434	0.375	0.322	0.274
	5°	0.801	0.700	0.611	0.532	0.461	0.397	0.340	0.288
	10°	0.896	0.768	0.663	0.572	0.492	0.421	0.358	0.302
	15°	1.196	0.868	0.730	0.621	0.529	0.450	0.380	0.318
	20°		1.205	0.834	0.688	0.576	0.484	0.405	0.337
	25°			1.196	0.791	0.639	0.527	0.435	0.358
	30°				1.169	0.740	0.586	0.474	0.385
	35°					1.124	0.683	0.529	0.420
	40°						1.064	0.620	0.469
	45°							0.990	0.552
	50°								0.904
−10°	0°	0.540	0.433	0.344	0.270	0.209	0.158	0.117	0.083
	5°	0.581	0.461	0.364	0.284	0.218	0.164	0.120	0.085
	10°	0.644	0.500	0.389	0.301	0.229	0.171	0.125	0.088
	15°	0.860	0.562	0.425	0.322	0.243	0.180	0.130	0.090
	20°		0.785	0.482	0.353	0.261	0.190	0.136	0.094
	25°			0.703	0.405	0.287	0.205	0.144	0.098
	30°				0.614	0.331	0.226	0.155	0.104
	35°					0.523	0.263	0.171	0.111
	40°						0.433	0.200	0.123
	45°							0.344	0.145
	50°								0.262
−20°	0°	0.497	0.380	0.287	0.212	0.153	0.106	0.070	0.043
	5°	0.535	0.405	0.302	0.222	0.159	0.110	0.072	0.044
	10°	0.595	0.439	0.323	0.234	0.166	0.114	0.074	0.045
	15°	0.809	0.494	0.352	0.250	0.175	0.119	0.076	0.046
	20°		0.707	0.401	0.274	0.188	0.125	0.080	0.047
	25°			0.603	0.316	0.206	0.134	0.084	0.049
	30°				0.498	0.239	0.147	0.090	0.051
	35°					0.396	0.172	0.099	0.055
	40°						0.301	0.116	0.060
	45°							0.215	0.071
	50°								0.141

表 6 - 3　土对挡土墙墙背的摩擦角

挡土墙情况	摩擦角 δ	挡土墙情况	摩擦角 δ
墙背平滑、排水不良	$(0\sim0.33)\varphi$	墙背很粗糙、排水良好	$(0.5\sim0.67)\varphi$
墙背粗糙、排水良好	$(0.33\sim0.5)\varphi$	墙背与填土间不可能滑动	$(0.67\sim1.0)\varphi$

2. 无黏性土的被动土压力

计算原理与主动土压力相同，用同样的方法可得出总被动土压力 E_p 值为

$$E_p = \frac{1}{2}\gamma H^2 K_p \tag{6-17}$$

式中　K_p——库仑被动土压力系数，其计算公式为

$$K_p = \frac{\cos^2(\varphi+\alpha)}{\cos^2\alpha\cdot\cos(\alpha-\delta)\left[1-\sqrt{\dfrac{\sin(\varphi+\delta)\cdot\sin(\varphi+\beta)}{\cos(\alpha-\delta)\cdot\cos(\alpha-\beta)}}\right]^2}$$

被动土压力强度 σ_{pz} 沿墙呈三角形分布，其方向与墙面法线成 δ 角，与水平面成 $\alpha-\delta$ 角，如图 6.23 所示。

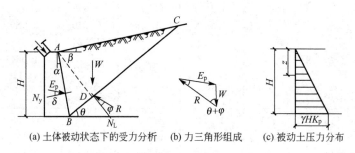

(a) 土体被动状态下的受力分析　(b) 力三角形组成　(c) 被动土压力分布

图 6.23　库仑被动土压力及其分布

6.4.3　黏性土应用库仑土压力公式

在遇到挡土墙背倾斜、粗糙、填土表面倾斜的情况，不符合朗肯土压力理论，应采用库仑土压力理论。若填土为黏性土，工程中常采用等值内摩擦角法。具体计算分两种。

1. 根据抗剪强度相等原理计算

由黏性土的抗剪强度 $\tau_f = \sigma\tan\varphi + c$ 和等值抗剪强度 $\tau_f = \sigma\tan\varphi_D$（式中 φ_D 为等值内摩擦角，将黏性土的 c 折算在内），两式相等可得

$$\varphi_D = \tan^{-1}\left(\tan\varphi + \frac{c}{\sigma}\right) \tag{6-18}$$

式中　σ——滑动面上的平均法向应力，实际上常用土压力合力作用点处的自重应力来代替，即 $\sigma = 2\gamma H/3$，因而产生误差。

2. 根据土压力相等原理计算

为简化计算，不论任何墙的形式与填土的情况，均采用 $\alpha=0$、$\delta=0$、$\beta=0$ 情况的土压力公式来折算等值内摩擦角 φ_D。

填土为黏性土的土压力为

$$P_{a1} = \frac{1}{2}\gamma H^2 \tan^2\left(45° - \frac{\varphi}{2}\right) - 2cH\tan\left(45° - \frac{\varphi}{2}\right) + \frac{2c^2}{\gamma}$$

按等值内摩擦角的土压力为

$$P_{a2} = \frac{1}{2}\gamma H^2 \tan^2\left(45° - \frac{\varphi_D}{2}\right)$$

令 $P_{a1} = P_{a2}$，得

$$\tan\left(45° - \frac{\varphi_D}{2}\right) = \tan\left(45° - \frac{\varphi}{2}\right)$$

按土压力相等原理计算等值内摩擦角，考虑了黏聚力和墙高的影响，但公式中未计入挡土墙的边界条件对内摩擦角的影响，因此与实际情况仍有一定的误差。

6.4.4 库仑理论与朗肯理论的比较

朗肯和库仑两种土压力理论都是研究压力问题的简化方法，两者存在异同。

1. 分析方法的异同

（1）相同点：朗肯与库仑土压力理论均属于极限状态，计算出的土压力都是墙后土体处于极限平衡状态下的主动与被动土压力 E_a 和 E_p。

（2）不同点：首先，研究出发点不同，朗肯理论是从研究土中一点的极限平衡应力状态出发，首先求出的是 σ_a 或 σ_p 及其分布形式，然后计算 E_a 或 E_p，属于极限应力法；库仑理论则是根据墙背和滑裂面之间的土楔，整体处于极限平衡状态，用静力平衡条件，首先求出土压力 E_a 或 E_p，需要时再计算出 σ_a 或 σ_p 及其分布形式，属于滑动楔体法。其次，研究途径不同，朗肯理论在理论上比较严密，但只能得到简单边界条件的解答，应用受到一定限制；库仑理论是一种简化理论，但能适用于较为复杂的各种实际边界条件，在一定的范围内能得出比较满意的结果，应用较广。

2. 适用范围的区别

1）朗肯理论的应用范围

（1）墙背与填土条件。

① 墙背垂直、光滑，墙后填土面水平，即 $\alpha = 0$，$\delta = 0$，$\beta = 0$。

② 墙背垂直，填土面为倾斜平面，即 $\alpha = 0$，$\beta \neq 0$，但 $\beta < \varphi$ 且 $\delta > \beta$。

③ 坦墙，地面倾斜，墙背倾角 $\alpha > \left(45° - \frac{\varphi}{2}\right)$。

④ 还适应于"∠"形钢筋混凝土挡土墙计算。

（2）地质条件：黏性土和无黏性土均可用。

2）库仑理论的应用范围

（1）墙背与填土面条件。

① 可用于 $\alpha \neq 0$、$\beta \neq 0$、$\delta \neq 0$ 或 $\alpha = \beta = \delta = 0$ 的任何情况。

② 坦墙，填土形式不限。

（2）地质条件：数解法一般只用于无黏性土；库尔曼（C. Culmann）图解法则对于无黏性土和黏性土均可方便应用。

3. 误差

1）朗肯理论

朗肯假定墙背与土无摩擦，$\delta=0$，因此计算所得的主动压力系数 K_a 偏大，而被动土压力系数 K_p 偏小。当 δ 和 φ 都比较大时，忽略墙背与填土的摩擦作用，会给被动土压力的计算带来相当大的误差。

【土侧压力计算的朗肯与库仑结果的比较】

2）库仑理论

库仑理论考虑了墙背与填土的摩擦作用，边界条件式正确，但却把土体中的滑动面假定为平面，与实际情况和理论不符，使得破坏楔体平衡时所必须满足的力系对任一点的力矩之和等于零（$\sum M = 0$）的条件得不到满足，这是用库仑理论计算土压力，特别是计算被动土压力存在很大误差的重要原因。一般来说，计算出的主动土压力稍偏小；被动土压力偏高。

总之，对于计算主动土压力，各种理论的差别都不大。当 δ 和 φ 较小时，在工程中均可应用；而当 δ 和 φ 较大时，其误差会增大。

6.5　几种常见土压力计算问题

由于工程上所遇到的土压力计算较复杂，有时不能用前述的理论直接求解，需用一些近似的简化方法。

6.5.1　成土层的压力

墙后填土由性质不同的土层组成时，土压力将受到不同土体性质的影响。现以双层无黏性填土为例。上下层土的土性指标分别为 γ_1、φ_1、c_1 和 γ_2、φ_2、c_2。

（1）若 $\varphi_1=\varphi_2$，$\gamma_1<\gamma_2$。

由 $K_a=\tan^2\left(45°-\dfrac{\varphi}{2}\right)$ 可知，$K_{a1}=K_{a2}$；按照 $\sigma_a=\gamma z K_a$ 可知，两层填土的土压力分布线将表现为在土层分界面处斜率发生变化的折线分布。E_a 的计算公式为

$$E_a=E_{a1}+E_{a2}=\frac{1}{2}\gamma_1 H_1^2 K_a+\frac{1}{2}(2\gamma_1 H_1 K_a+\gamma_2 H_2 K_a)H_2$$

（2）若 $\gamma_1=\gamma_2$，$\varphi_1<\varphi_2$。

由 $K_a=\tan^2\left(45°-\dfrac{\varphi}{2}\right)$ 可知，$K_{a1}>K_{a2}$。两层土的土压力分布斜率不同，且在交接面处发生突变：在界面处上方，$\sigma_{a上}=\gamma_1 H_1 K_{a1}$；在界面处下方，$\sigma_{a下}=\gamma_1 H_1 K_{a2}$。$E_a$ 的计算公式为

$$E_a=\frac{1}{2}\gamma H_1^2 K_{a1}+\frac{1}{2}[\gamma H_1 K_{a2}+\gamma(H_1+H_2)K_{a2}]\cdot H_2$$

（3）对于多层填土，当填土面水平且 $c\neq 0$ 时，可用朗肯理论来分析主动土压力。任取深度 z 处的单元土体，则 $\sigma_1=\sum\gamma_i h_i$，$\sigma_3=\sigma_a$，即

$$\sigma_a=\sum_{i=1}^{n}(\gamma_i h_i)K_a-2c\sqrt{K_a}，\quad K_a=\tan^2\left(45°-\frac{\varphi}{2}\right)$$

式中，φ、c 由所计算点决定，在性质不同的分层填土的界面上下可分别算得两个不同的 σ_a 值（$\sigma_{a上}$ 和 $\sigma_{a下}$），σ_a 由 $K_{a上}$、$K_{a下}$（和 $c_上$、$c_下$）来确定，在界面处得土压力强度发生突变；各层的 γ_i 值不同，土压力强度分布图对各层也不一样。

6.5.2 墙后填土中有地下水位

当墙后填土中有地下水位时，计算 σ_a 时，在地下水位以下的 γ 要用 γ'。同时地下水对土压力产生影响，主要表现如下。

（1）地下水位以下，填土质量将因受到水的浮力而减少，因此自重应力减小。

（2）地下水对填土的强度指标 c 的影响，一般认为对砂性土的影响可以忽略，但对黏性填土，地下水使 c、φ 值减小，从而使土压力增大。

（3）地下水对墙背产生静水压力作用。

6.5.3 填土表面有荷载作用

1. 连续均匀荷载

当挡土墙墙背垂直，在水平面上有连续均布荷载 q 作用时，填土层中 z 深度处，土单元所受应力为

$$\sigma_1 = q + \gamma z$$

$$\sigma_3 = \sigma_a = \sigma_1 K_a - 2c \sqrt{K_a}$$

（1）当 $c=0$ 时（无黏性土），公式为

$$\sigma_a = qK_a + \gamma z K_a, K_a = \tan^2\left(45° - \frac{\varphi}{2}\right)$$

可见，作用在墙背面的土压力 σ_a 由两部分组成：一部分由均匀荷载 q 引起，是常数；其分布与深度 z 无关；另一部分由土重力引起，与深度 z 成正比。总土压力 E_a 即为压力分布梯形的面积，即

$$E_a = qHK_a + \frac{1}{2}\gamma H^2 K_a$$

（2）当 $c \neq 0$ 时（黏性土），公式为

$$\sigma_a = (q + \gamma z)K_a - 2c\sqrt{K_a} = qK_a + \gamma z K_a - 2c\sqrt{K_a}$$

当 $z=0$ 时，$\sigma_a = qK_a - 2c\sqrt{K_a}$，若 σ_a 为负值时，出现拉力区。可利用 $\sigma_a=0$ 的应力条件求出应力区边界深度 z_0。

令 $P_a = 0$，则 $qK_a + \gamma z_0 K_a - 2c\sqrt{K_a} = 0$。

$$z_0 = \frac{2c\sqrt{K_a} - qK_a}{\gamma K_a}$$

$$= \frac{2c}{\gamma\sqrt{K_a}} - \frac{q}{\gamma}$$

当 $z=H$ 时，$\sigma_a = (q + \gamma H)K_a - 2c\sqrt{K_a}$。

可见，作用在墙背面的土压力 E_a 由 3 部分组成：其一是由均布荷载 q 引起，常数，与 z 无关；其二是由土重力引起，与 z 成正比；其三是由内聚力引起。

总土压力 E_a 即 σ_a 的分布图形面积计算式为

$$E_a = \frac{1}{2}(qK_a + \lambda H K_a - 2c\sqrt{K_a})(H - z_0)$$

2. 局部荷载作用

若填土表面有局部荷载 q 作用时，当墙后填土表面上的荷载是距离墙背某一距离开始的连续均布荷载 q，如图 6.24 所示，主动土压力可近似地按下述方法求得。

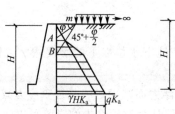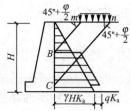

(a) 填土表面距墙背某一距离有连续均布荷载时　　(b) 填土表面距墙背某一距离有局部荷载时

图 6.24　局部荷载作用下土压力计算

从均布荷载的起点 m 做一与水平线成 φ 角的直线与墙相交于 A 点，假定 A 点以上墙背完全不受表面荷载的影响。从 m 点另作一条与水平线成 $45°+\dfrac{\varphi}{2}$ 角的直线与墙背相交于 B 点，并假设 B 点以下墙背表面完全受到连续均布荷载的影响。墙背 AB 段的主动土压力强度用直线连接，则墙背所受总土压力为：由土的重度及均布荷载 q 所产生的土压力两部分叠加，即图 6.24(a) 中压力分布图形的面积。

当墙后填土表面距墙背某一距离开始有局部均布荷载 q 作用时，如图 6.24(b) 所示，主动土压力可近似地按下述方法求得。

工程中常采用近似方法计算，即认为，地面局部荷载产生的土压力是沿平行于破裂面的方向传递到墙背上的。从局部均布荷载的两个端点 m、n 分别作与水平线成 $45°+\dfrac{\varphi}{2}$ 角的两条直线交墙背于 B、C 两点，并近似地认为墙背在 BC 范围内受荷载 q 的影响，即产生附加主动土压力，其强度为

$$\sigma_{a(q)}=qK_a$$

此式缺乏理论上的严格分析。墙背所受总土压力为：由土的重度所产生的土压力与局部均布荷载 q 所产生的土压力两部分叠加，即图 6.24(b) 中压力分布图形的面积。

【例 6.4】　某挡土墙，高 5m，墙后填土由两层组成。第一层土厚 2m，$\gamma_1=15.68\mathrm{kN/m^3}$，$\varphi_1=40°$，$c_1=9.8\mathrm{kN/m^2}$；第二层土厚 3m，$\gamma_2=17.64\mathrm{kN/m^3}$，$\varphi_2=37°$，$c_2=14.7\mathrm{kN/m^2}$。填土表面有 $31.36\mathrm{kN/m^2}$ 的均布荷载。试计算作用在墙上总的主动土压力和作用点的位置。

解：

(1) 先求二层土的主动压力系数 K_a：

$$K_{a1}=\tan^2(45°-5°)=\tan^2 40°\approx 0.70$$

$$K_{a2}=\tan^2 37°\approx 0.57$$

(2) 求 $\sigma_{a1}=0$ 的点 z_{01}：

$$z_{01}=\frac{2c_1}{\gamma_1}\frac{1}{\sqrt{K_{a1}}}-\frac{q}{\gamma_1}=\frac{2\times 9.8}{15.68\tan 40°}\mathrm{m}-\frac{31.36}{15.68}\mathrm{m}=-0.52\mathrm{m}$$

所以在第一层土中没有拉力区。

同理可求出，第二层中土压力强度 $\sigma_{a2}=0$ 的点 z_{02}：

$$z_{02}=\frac{2c_2}{\gamma_2}\frac{1}{\sqrt{K_{a2}}}-\frac{q+\gamma_1 H_1}{\gamma_2}=-1.35\mathrm{m}$$

可见，第二层土中也没有拉力区。

(3) 求填土面处 A、分层面处 B、挡土墙墙底处 C 的 σ_a。

当 $z=0$ 时，$\sigma_a=(q+\gamma z)K_a-2c\sqrt{K_a}=5.6\mathrm{kN/m^2}$

当 $z=2m$ 时，

$$(\sigma_a)_{B上}=(\gamma_1 H_1+q)K_{a1}-2c_1\sqrt{K_{a1}}=27.7\text{kN/m}^2$$

$$(\sigma_a)_{B下}=(\gamma_1 H_1+q)K_{a2}-2c_2\sqrt{K_{a2}}$$

$$=(15.68\times2\tan^2 37°)\text{kN/m}^2+(31.36\tan^2 37°)\text{kN/m}^2-(2\times14.7\tan37°)\text{kN/m}^2$$

$$=13.5\text{kN/m}^2$$

当 $z=5m$ 时，

$$(\sigma_a)_C=(\gamma_1 H_1+\gamma_2 H_2+q)K_{a2}-2c_2\sqrt{K_{a2}}$$

$$=[(15.68\times2+17.64\times3)\tan^2 37°]\text{kN/m}^2+(31.36\tan^2 37°)\text{kN/m}^2-(2\times14.7\times\tan37°)\text{kN/m}^2$$

$$=43.5\text{kN/m}^2$$

可见第一层及第二层土的土压力强度分布均为梯形。

(4) 求 E_a：

第一层土的主动土压力为

$$E_{a1}=\left(\frac{5.6+27.7}{2}\times2\right)\text{kN/m}=33.3\text{kN/m}$$

第二层土的主动土压力为

$$E_{a2}=\left(\frac{13.5+43.5}{2}\times3\right)\text{kN/m}=83.5\text{kN/m}$$

整个墙的主动土压力为

$$E_a=E_{a1}+E_{a2}=118.88\text{kN/m}$$

(5) 求 E_a 的作用点。设 E_a 的作用点距墙底高度为 h_c，则

$$E_a\cdot h_c=E_{a1}\cdot h_{c1}+E_{a2}+h_{c2}$$

$$h_c=\frac{5.6\times2\times4+\frac{1}{2}(27.7-5.6)\times2\times3.667+13.5\times3\times1.5+\frac{1}{2}(43.5-13.5)\times3\times\frac{3}{3}}{118.88}\text{m}$$

$$\approx1.95\text{m}$$

6.6　填土的处理

6.6.1　墙后回填土的选择

墙后回填土有以下 3 种。

(1) 理想的回填土：应尽量选择轻质填料，如用煤渣、矿渣等作为填料，其重度比较小，可以取到良好的效果；另外选用内摩擦角大的填料，如卵石、砾石、粗砂、中砂，它们的内摩擦角大，主动土压力系数小，作用在挡土墙上的主动土压力小，节省材料又稳定。

(2) 可选择的回填土：细砂、粉砂粉质黏土等。

(3) 不能用的回填土：凡软黏土、成块的硬黏土、膨胀土，因土质不稳定，故不采用。

【堆积体稳定模拟压力试验】

6.6.2 回填土指标的选择

在土压力计算中，墙后填土指标的选用是否合理，对计算结果影响很大，故必须给予足够的重视。

（1）黏性土：对于黏性土填料，若能得到较准确的填土中的孔隙水压力数据，则采用有效抗剪强度指标进行计算较为合理。但在工程中，要测得准确的孔隙水压力值往往比较困难。因此，对于填土质量较好的情况，常用固结快剪的 c、φ 值；而对于填土质量很差的情况，一般采用快剪指标，但将 c 值做适当的折减。

（2）无黏性土：砂土或某些粗粒料的 φ 值一般比较容易测定，其结果也比较稳定，故使用中多采用直剪或三轴试验实测指标。

6.6.3 墙后排水措施

1. 无排水措施的危害

在挡土墙建成使用期间，如遇暴雨时，有大量雨水渗入墙后填土中，结果填土的自重应力虽然减小了，但增加了静水压力；土的强度降低，特别是当填料为黏性土料时，因黏土有吸水膨胀和冻胀性，从而产生侧向膨胀压力，对挡土墙产生不利影响。

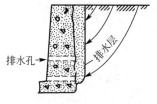

排水孔

图 6.25 挡土墙泄水孔

2. 排水措施的部位与构造

（1）做截水沟：凡挡土墙后有较大的面积或挡山坡，则应在填土顶面、离挡土墙适当距离处设截水沟，把坡上、外部径流截断排除。

（2）泄水孔：若已渗入墙后填土中的水，则应将其迅速排出，通常在墙下部的适当位置设置泄水孔（图 6.25），把渗入的水及时排除。

6.7 土坡稳定分析

土坡就是具有倾斜坡面的土体（图 6.26）。土坡有天然土坡，也有人工土坡。天然土坡（natural soil slope）是由于长期自然地质应力作用自然形成的土坡，如山坡、天然河道的边坡、山麓堆积的坡积层等；人工土坡（artificial soil slope）是经过人工挖、填的土工构筑物，如基坑、渠道、人工开挖的引河、土坝、防波堤、路堤、路堑等的边坡。

一般土坡为了描述方便，对它不同部位给出一些基本名称，如图 6.27 所示。

（a）贵州洪家渡天然土坡

（b）露天矿人工土坡

图 6.26 土坡的基本类型

图 6.27 土坡基本形式及
主要部位名称

【土坡形态要素】

由于土坡表面倾斜，使得土坡在其自身重力及周围其他外力作用下，有从高处向低处滑动的趋势，在土体内产生剪应力。当各种自然因素或人为因素的作用破坏了土坡土体的力学平衡时，如果土体内部某个面上的滑动力超过土体抵抗滑动的能力，土体就要沿着其中某一滑面发生滑动，土体产生相对位移，以致丧失原有稳定性，工程中称这一现象为滑坡(land slide)。人工开挖或填筑的人工土坡，如果设计的坡度太陡，或因工作条件的变化，使土体内的应力状态发生改变，在土体内就会形成一个连贯的剪切破坏面，发生滑坡。土体的滑动一般是指土坡在一定范围内整体地沿某一滑动面向下和向外移动而丧失其稳定性。

在土木工程建筑中，如果把土坡做得很缓，当然就不易失稳，但这会增大土方施工量，或使基坑超出建筑界限，或影响邻近建筑。如果太陡则很容易塌方或滑坡。如果土坡失去稳定造成塌方，不仅影响工程进度，有时还会危及人的生命安全，造成工程事故和巨大的经济损失。因此，土坡稳定问题在工程设计和施工中应引起足够的重视。

所谓土坡的稳定分析，就是用土力学的理论来研究发生滑坡时滑面可能的位置和形式、滑面上的剪应力和抗剪强度的大小、抵抗下滑的因素分析以及如何采用措施等问题，以估计土坡是否安全，设计的坡度是否符合技术和经济的要求。图6.28为滑坡的示意图。

【土坡滑动类型】

(a) 土体失稳基本形式　　(b) 贵阳沙冲路　　　(c) 龙羊峡库岸
　　　　　　　　　　　滑坡——平面滑动　　　滑坡——平面+圆弧滑动

(d) 盐池河边坡破坏——崩塌

图 6.28　土坡失稳

土坡的失稳受内部和外部因素制约，当超过土体平衡条件时，土坡便发生失稳现象。影响土坡稳定的主要因素如下。

(1) 土坡所处的地质地形条件。如在斜坡上堆有较厚的土层，特别是当下伏土层(或岩层)不透水时，容易在交界上发生滑动。突凸形的斜坡由于重力作用，比上陡下缓的凹形坡易于下滑；由于黏性土有黏聚力，当土坡不高时尚可直立，但随时间和气候的变化，也会逐渐塌落。黏性土坡发生裂缝常常是土坡稳定性的不利因素，也是滑坡的预兆之一。

(2) 组成土坡的土的物理力学性质。各种土质的抗剪强度、抗水能力是不一样的，如钙质或石膏质胶结的土、湿陷性黄土等，遇水后软化，使原来的强度降低很多。

(3) 土坡的几何条件。如坡度和高度。

(4) 水对土体的润滑和膨胀作用及雨水和河流对土体的冲刷和浸蚀作用、风化作用。地表水浸入坡体使黏性土软化；持续的降雨或地下水渗入土层中，使土中含水量增高，土中易溶盐溶解，土质变软，强度降低；还可使土的重度增加，以及孔隙水压力的产生，使土体作用有渗流产生动水压力、自重产生静水压力，促使土体失稳，故设计斜坡应针对这些原因，采用相应的排水措施。

（5）振动液化现象。如地震的反复作用下，使饱和细粉砂极易发生液化；黏性土，振动时易使土的结构破坏，从而降低土的抗剪强度；施工打桩或爆破，由于振动也可使邻近土坡变形或失稳等。

（6）土坡作用力发生变化。如在坡顶堆放土方、材料或建造建筑物使坡顶受荷，或由于打桩、车辆行驶、爆破、地震等引起的振动改变了土坡原来的平衡状态；振动还会使粗颗粒土颗粒间的排列变化、体积收缩。

（7）土抗剪强度降低。如土体中含水量或孔隙水压力增加；各种土质的抗剪强度、抗水能力是不一样的，如钙质或石膏质胶结的土、湿陷性黄土等，遇水后软化，使原来的强度降低很多，或者气候变化使土干裂、冻胀等使土质变松。

（8）静水压力的作用。如雨水或地面水流入土坡中的竖向裂缝，对土坡产生侧向压力，从而促进土坡的滑动。

（9）地下水在土坝或基坑等边坡中的渗流常是边坡失稳的重要因素。这是因为渗流会引起动水力，同时土中的细小颗粒会穿过粗颗粒之间的孔隙被渗流挟带而去（即潜蚀），使土体的密实度下降。

（10）因坡脚挖方而导致土坡高度或坡角增大，造成的平衡失调。由于人类不合理的开挖，特别是开挖坡脚或开挖基坑、沟渠、道路边坡时将弃土堆在坡顶附近，在斜坡上建房或堆放重物时，都可引起斜坡变形破坏。

大量观察资料表明，黏性土滑坡时其滑动面近似于圆柱面，故在横断面上呈圆弧线；砂性土滑坡时的滑动面近似于平面，故在横断面上呈直线。这个规律为边坡的稳定分析提供了一条简捷的途径，它使滑坡的分析可近似地当作一个平面应变问题来处理，把滑面看作一条圆弧线或一条直线。

在工程实践中，分析土坡稳定的目的是检验所设计的土坡断面是否安全与合理。边坡过陡可能发生坍塌，过缓则使土方量增加。在有关边坡问题的设计中，必须对边坡进行稳定分析，以保证土坡有足够的稳定性。土坡稳定分析通常是作为平面问题来考虑的，土坡的稳定安全度是用稳定安全系数 K 表示的，它是指土的抗剪强度与土坡中可能滑动面上产生的剪应力间的比值，即 $K = \dfrac{\tau_f}{\tau}$。

天然的斜坡、填筑的堤坝以及基坑放坡开挖等问题，都要演算斜坡的稳定性，即比较可能滑动面上的剪应力与抗剪强度。这种工作称为稳定性分析。土坡稳定性分析是土力学中重要的稳定分析问题。土坡失稳的类型比较复杂，大多是土体的塑性破坏。而土体塑性破坏的分析方法有极限平衡法、极限分析法和有限元法等。在边坡稳定性分析中，极限分析法和有限元法都还不够成熟。因此，目前工程实践中基本上都是采用极限平衡法。

极限平衡方法分析的一般步骤是：假定斜坡破坏是沿着土体内某一确定的滑裂面滑动，根据滑裂土体的静力平衡条件和摩尔-库仑强度理论，可以计算出沿该滑裂面滑动的可能性，即土坡稳定安全系数的大小或破坏概率的高低；然后，再系统地选取许多个可能的滑动面，用同样的方法计算其稳定安全系数或破坏概率。稳定安全系数最低或者破坏概率最高的滑动面就是可能性最大的滑动面。

6.7.2 无黏性土坡稳定性分析

1. 干的无黏性土坡

处于不渗水的砂、砾、卵石组成的无黏性土坡，只要坡面上颗粒能保持稳定，那么整个土坡便是稳定的。

均质砂性土或成层的非均质砂性土构成的土坡如图 6.29 所示，坡角为 α。滑坡时其滑面常接近于平面，在横断面上则为一条直线。对于透水土构成的路堤，如砂砾和卵石路堤或其他土坡，或某些透水土虽具有一定的黏聚力 c，但其抗剪强度主要是由摩擦力部分提供者，皆可采用直线滑面法进行分类。由于均质无黏性土颗粒间无黏结力，$c=0$，只要无黏性土坡坡面上的土颗粒能保持稳定，则整个土坡将是稳定的。

图 6.30 所示为有均质无黏性土坡，坡角为 β，自坡面上取一单元土体 M，其质量为 W，由 W 引起的顺坡向下的滑力为 $T=W\sin\beta$，对下滑单元体的阻力是颗粒与坡面间的摩擦力 T_f，$T_f=N\tan\varphi=W\cos\beta\tan\varphi$（$\varphi$ 为无黏性土的内摩擦角）。因此，无黏性土坡的稳定系数为

$$K=\frac{T_f}{T}=\frac{W\cos\beta\tan\varphi}{W\sin\beta}=\frac{\tan\varphi}{\tan\beta} \qquad (6-19)$$

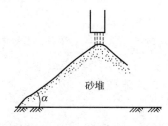

图 6.29　无黏性土坡的状态

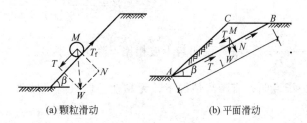

(a) 颗粒滑动　　　(b) 平面滑动

图 6.30　无黏性土坡表面单元的力系

由此可得如下结论：当 $\beta=\varphi$ 时，$K=1$，土坡处于极限稳定状态，此时的坡角 β 称为自然休止角；无黏性土坡的稳定性与坡高无关，仅取决于 β 角，当 $\beta<\varphi$ 时，$K>1$，土坡稳定。为了保证土坡有足够的安全储备，可取 $K=1.1\sim1.5$，土建工程中可取 1.3。

【自然休止角　演示】

2. 有渗流作用的无黏性土坡

当边坡的内、外出现水位差时，如基坑排水、坡外水位下降时，在挡水土堤内形成渗流场。如果浸润线在下游坡面逸出(图 6.31)，这时，在浸润线以下，下游坡内的土体除了受到重力作用外，还受到由于水的渗流而产生的渗透力作用，因而使下游边坡的稳定性降低。

有渗流作用的无黏性土坡，因受到渗透水流的作用，滑动力加大，抗滑力减小，如图 6.31 所示，沿渗流逸出方向的渗透力为

$$J=i\cdot\gamma_w$$

$$J_{滑}=i\cdot\gamma_w\cos(\beta-\theta)$$

$$J_{法}=i\cdot\gamma_w\sin(\beta-\theta)$$

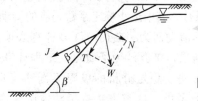

【堆积体斜面土坡稳定模拟试验】

图 6.31　无黏性土坡有渗流时的力系

式中　i——渗透水力坡降；

γ_w——水的重度；

θ——渗流方向与水平面的夹角。

因土渗水，其质量采用有效重度 γ' 进行计算，故其稳定系数为

$$K=\frac{[\gamma'\cos\beta-i\gamma_w\sin(\beta-\theta)]\tan\varphi}{\gamma'\sin\beta+i\gamma_w\cos(\beta-\theta)} \qquad (6-20)$$

当渗流方向为顺坡时，$\theta=\beta$，$i=\sin\beta$，则其 K 为

$$K=\frac{\gamma'\tan\varphi}{\gamma_{sat}\tan\beta} \qquad (6-21)$$

式中，$\dfrac{\gamma'}{\gamma_{sat}}\approx\dfrac{1}{2}$，说明渗流方向为顺坡时，无黏性土坡的稳定系数与干坡相比，将降低 $\dfrac{1}{2}$。

因此，要保持同样的安全度，有渗流逸出时的坡角比没有渗流逸出时要平缓得多。为了使土坡的设计既经济又合理，在实际工程中，一般要在下游坝址处设置排水棱体，使渗透水流不直接从下游坡面逸出。这时的下游坡面虽然没有浸润线逸出，但是在下游坡内，浸润线以下的土体仍然受到渗透力的作用。这种渗透力是一种滑动力，它将降低从浸润线以下通过的滑动面的稳定性。这时深层滑动面的稳定性可能比下游坡面的稳定性差，即危险的滑动面向深层发展。这种情况下，除了要按前述方法验算坡面的稳定性外，还应该用圆弧滑动法验算深层滑动的可能性。

当渗流方向为水平逸出坡面时，$\theta=0$，$i=\tan\beta$，则 K 为

$$K=\frac{(\gamma'-\gamma_w\tan^2\beta)\tan\varphi}{(\gamma'+\gamma_w)\tan\beta} \qquad (6-22)$$

式中，$\dfrac{\gamma'-\gamma_w\tan^2\beta}{\gamma'+\gamma_w}=\dfrac{1}{2}$，说明与干坡相比下降了一半多。

上述分析说明，有渗流情况下，无黏性土坡只有当坡角 $\beta\leqslant\dfrac{\varphi}{2}$ 时，才能稳定。

6.7.3 黏性土坡稳定性分析

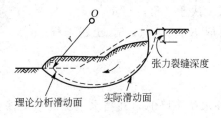

【滑坡演示】

图 6.32 黏性土土坡滑动面

黏性土坡的滑动面多数为一曲面。土坡滑动前一般在坡顶先产生张力裂缝，继而沿某一曲面产生整体滑动。该曲面在理论分析时，为便于理论分析，可以近似地假设滑动面为一圆弧面，如图 6.32 中虚线所示。滑动体在纵向也有一定的范围，并且也是曲面，在分析中常假设为圆筒面，其在垂直土坡长度方向的投影为一圆弧。这时我们可按通过坡脚的圆弧来分析其稳定性，并按平面应变问题进行分析。

但圆心 O 位置和半径 r 的大小是随土坡形状及土质而改变的，无法预先确定。只有试绘若干圆弧，分别计算其稳定系数，其中最小稳定系数相应的滑动面，即为最危险滑动面。

黏性土坡的滑动面为一曲面。许多计算表明，均匀黏性土的滑动面接近圆柱面或对数曲面，由于这两种曲面计算结果很接近，为了简化，工程计算中常将它作为一个平面问题，假定滑动面的断面为圆弧形。对黏性土坡进行稳定分析的极限平衡法可以分为两类：一类是对于简单的均质土坡，将滑动土体作为一个整体来考虑，这类方法包括整体圆弧滑动法（适用于 $\varphi=0$ 的情况）和泰勒图表法；另一类是对于 $\varphi\neq0$ 的均质土坡或非均质土坡，就是将滑动土体分成许多个竖向的土条，而后考虑每一个土条的静力平衡，最著名的条分法是瑞典条分法和毕肖普条分法。

不同的分析方法对土坡稳定安全系数的表达方式有所不同，安全系数的取值范围亦不相同。瑞典条分法和毕肖普条分法分别采用滑动面上抗滑力矩与滑动力矩之比和抗剪力与剪切力之比作为稳定安全系数，而泰勒图表法则多以临界坡高与稳定坡高之比值作为安全系数（其实质是给予黏聚力一定的安全储备）。

1. 瑞典圆弧法

瑞典圆弧法首先是由瑞典的彼得森（K. E. Petterson）于 1915 年提出，故称瑞典圆弧法。此后该法在世界各国的土木工程界得到了广泛的应用。所以，整体圆弧滑动法也被称为瑞典圆弧法。它是极限平衡法的一种常用分析方法。

【土坡稳定分析的几个问题讨论】

如图 6.33 所示的简单均质土坡，设土坡可能沿圆弧面 AC 滑动，滑动面半径为 R，

土坡失去稳定就是滑动土体绕圆心 O 发生转动。这里把滑动土体当成一个刚体，使土体产生滑动的力为滑动土体的质量 W，抵抗滑动的力是沿滑动面上分布的抗剪强度 τ_f。

1）基本假设

均质黏性土坡滑动时，其滑动面常近似为圆弧形状，假定滑动面以上的土体为刚性体，即设计中不考虑滑动土体内部的相互作用力，假定土坡稳定属于平面应变问题。

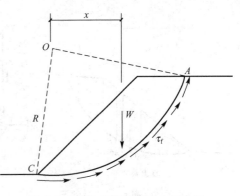

图 6.33 整体圆弧滑动受力示意图

2）基本公式

取圆弧滑动面以上滑动体为脱离体，滑动体同时整体地沿圆弧 AC 向下滑动，对圆心 O 来说，相当于整个滑动土体沿圆弧绕圆心 O 转动。将滑动力与抗滑力分别对圆心 O 取矩，得抗滑力矩 M_r 和滑动力矩 M_s。土体绕圆心 O 下滑的滑动力矩为

$$M_s = W \cdot x$$

阻止土体滑动的力是滑弧 AC 上的抗滑力，其值等于土的抗剪强度 τ_f 与滑弧 AC 长度 L 的乘积，故其抗滑力矩为

$$M_r = \tau_f \cdot L \cdot R$$

取抗滑力矩与滑动力矩的比值为土坡的稳定安全系数 K_s，即

$$K_s = \frac{M_r}{M_s} = \frac{\tau_f \cdot L \cdot R}{W \cdot x} \tag{6-23}$$

式中 τ_f——土的抗剪强度（kPa）；

       L——滑动面滑弧长（m）；

       R——滑动面圆弧半径（m）；

       W——滑动土体的重力（kN）；

       x——滑动土体重心离滑弧圆心的水平距离（力臂，m）。

若滑弧范围内土体是均匀的且内摩擦角 $\varphi = 0$，则抗剪强度 $\tau_f = c_u$，有

$$K_s = \frac{c_u \cdot L \cdot R}{W \cdot x}$$

若土体 $\varphi \neq 0$，τ_f 与滑动面上的法向应力 N 有关，土坡的稳定分析应采用条分法。

瑞典圆弧法适应于黏性土坡，后经费伦纽斯改进，提出对于 $\varphi = \theta$ 的简单土坡最危险的滑弧是通过坡角的圆弧，其圆心 O 可查表确定。

2. 土坡稳定分析的条分法

当滑动土体的 $\varphi \neq 0$ 时，因滑动面上各点由上覆土重及荷载引起的法向应力的不同，造成滑动面上各点抗剪强度的不同。为确定法向应力，通常将滑弧内的滑动土体分成若干等宽的竖条进行计算，这种方法称为条分法。

条分法基本原理的说明如下。

如图 6.34 所示一土坡，将滑动土体分为 n 个土条，任取一个土条记为 i，其上的作用力如下。

（1）土条质量 W_i。

（2）滑动面上的法向力 N_i 和切向力 T_{si}。

（3）两相邻土条分界面上的法向条间力 E_i 和切向条间力 X_i。

（4）其他作用力，如边界面的水压力、地面荷载及地震惯性力等（这些作用力在分析时被忽略）。

下面分析各作用力的未知条件和可能建立的条件方程。

土条的质量 W_i 的大小、方向和作用点是已知的；滑动面上的法向力 N_i 和切向力 T_{si} 的方向、作用点已知（若土条取得极薄，可近似地认为 N_i 和 T_{si} 作用于土条的中点），但大小未知；土条分界上切向条间

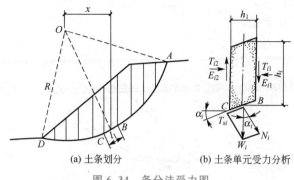

(a) 土条划分   (b) 土条单元受力分析

图 6.34　条分法受力图

力 X_i 的方向和作用点已知，大小未知；法向条间力 E_i 的方向已知，大小和作用点未知。

综上所述可知，整个滑动土体分为 n 个土条，具有 $n-1$ 个分界面。每个土条上有 2 个未知量（N_i 和 T_{si} 的大小），n 个土条就有 $2n$ 个未知量。每个分界面上有 3 个未知量（X_i 的大小和 E_i 的大小、作用点），$n-1$ 个分界面就有（$3n-3$）个未知量。再加上土坡安全系数 K_s 这个未知量，未知量总数为（$5n-2$）个。根据静力平衡条件，n 个土条可建立 $3n$ 个条件方程。由此可见，条分法是一个（$2n-2$）次超静定问题。

采用条分法进行土坡稳定分析，必须建立（$2n-2$）个补充的条件方程，将超静定问题化为静定问题。然后根据静力平衡条件，求解出作用于土条的抗滑力，将抗滑力及促使土条滑动的滑动力分别对滑动面的圆心 O 取矩，得出抗滑力矩 M_{ri} 和滑动力矩 M_{si}。将 n 个土条的抗滑力矩与滑动力矩分别求和，取抗滑力矩之和与总滑动力矩之和的比值作为土坡的稳定安全系数 K_s，即

$$K_s = \frac{\sum\limits_i M_{ri}}{\sum\limits_i M_{si}}$$

(6 - 24)

3. 瑞典条分法

瑞典条分法又称为费伦纽斯（W. Fellenius，1927）法，是条分法中最简单、最古老的一种。该法假定均质黏性土坡沿着最危险的圆弧面滑动，若土的内摩擦角 $\varphi > 3°$，则滑动面过坡脚；并认为土条间的作用力对土坡的整体稳定性影响不大，可以忽略（由此而引起的误差一般为 $10\% \sim 15\%$），即假定土条两侧的作用力大小相等、方向相反且作用于同一直线上（图 6.35）；假定土坡稳定属于平面应变问题。

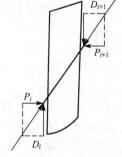

图 6.35　土条侧面作用力

1) 基本原理

当按滑动土体这一整体力矩平衡条件计算分析时，由于滑面上各点的斜率都不相同，自重等外荷载对弧面上的法向和切向作用分力不便按整体计算，因而整个滑动弧面上反力分布不清楚；另外，对于 $\varphi > 0$ 的黏性土坡，特别是土坡为多层土层构成时，求 W 的大小和重心位置就比较麻烦。故在土坡稳定分析中，为便于计算土体的质量，并使计算的抗剪强度更加精确，常将滑动土体分成若干竖直土条，求各土条对滑动圆心的抗滑力矩和滑动力矩，各取其总和，计算安全系数，这即为条分法的基本原理。该法也假定各土条为刚性不变形体，不考虑土条两侧面间的作用力。

归纳起来主要包含以下过程。

(1) 将圆弧滑动体分成若干土条。

(2) 计算各土条的力系，滑动力和抗滑稳定力。

(3) 抗滑稳定力与滑动力之比称为土坡的稳定安全系数 K。

(4) 选择多个滑动圆心，就可求出相应不同的 K_i，要求其中最小稳定安全系数 $K_{min} = 1.1 \sim 1.5$，工业和民用建筑中可取 $K_{min} = 1.3$。

2) 计算参数

(1) 计算公式。费伦纽斯为建立（$2n-2$）个条件方程，用简单条分法假设在土条的分界面上 $X_i = E_i = 0$，即忽略土条界面上的条间力。

图 6.36 所示为简单条分法计算受力图。第 i 个土条上的作用力有：土条重力 W_i、滑动面上的法向力 N_i 和切向力 T_{si}。

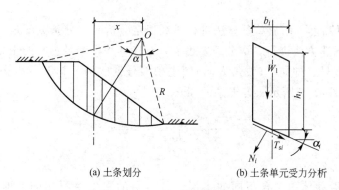

(a) 土条划分　　　　(b) 土条单元受力分析

图 6.36　瑞典条分法受力图

① 土条的重力。这个力作用在土条的重垂线上，即

$$W_i = \gamma b_i h_i \tag{6-25}$$

式中　γ——土的重度（kN/m^3）；

b_i、h_i——第 i 土条的宽度和高度（m）。

② 滑动面上的法向力。这个力是土条重力沿其与滑面交点处的法线方向分力，即

$$N_i = W_i \cos\alpha_i = \gamma b_i h_i \cos\alpha_i \tag{6-26}$$

③ 抗滑力。这个力作用于滑面交点处并与滑面相切，其方向与滑动方向相反。按黏性土的库仑抗剪强度理论公式，有

$$T_{fi} = N_i \tan\varphi + c_i l_i = \gamma b_i h_i \cos\alpha_i \cdot \tan\varphi + c_i l_i \tag{6-27}$$

④ 滑动力。这个力是土条重力沿其与滑面交点处的切线方向分力，即

$$T_{si} = W_i \sin\alpha_i = \gamma b_i h_i \sin\alpha_i \tag{6-28}$$

应当注意，以过圆心的垂线为界，垂线以右各土条的 T_{si} 对滑动土体起下滑的作用，计算时取正值；垂线以左各土条的 T_{si} 对滑动土体起抗滑和稳定的作用，计算时应取负值。

将抗滑力 T_{fi} 及滑动力 T_{si} 分别对滑弧圆心取矩，并取抗滑力矩与滑动力矩之比为该滑弧的稳定安全系数 K_s，即

$$K_s = \frac{M_r}{M_s} = \frac{R\sum_{i=1}^{n} T_{fi}}{R\sum_{i=1}^{n} T_{si}} = \frac{\sum_{i=1}^{n}(\gamma b_i h_i \cos\alpha_i \cdot \tan\varphi + c_i l_i)}{\sum_{i=1}^{n} \gamma b_i h_i \sin\alpha_i} \tag{6-29}$$

若整个滑弧面上土的 c_i 和 φ_i 均为常量，则式（6-28）可变为

$$K_s = \frac{\tan\varphi \sum_{i=1}^{n}(\gamma b_i h_i \cos\alpha_i) + cL}{\sum_{i=1}^{n} \gamma b_i h_i \sin\alpha_i} \tag{6-30}$$

式中　R——滑弧半径（m）；

φ——第 i 土条所在滑动面上土的内摩擦角（°）；

c_i——第 i 土条所在滑动面上土的黏聚力（kPa）；

α_i——第 i 土条滑动面的倾角（°）；

l_i——第 i 土条滑动面的弧长，一般取直线长（m）；

L——滑动体滑弧总长（m）；

n——分条数。

（2）分条宽度和换算高度。用简单条分法进行土坡稳定分析时，分条宽度是任意的。为减少计算工作量，划分土条时，可按下述方法进行，取分条宽度 $b=R/10$，并将编号为 0 的土条中心线与圆心的铅垂线重合，然后向上下对称编号，即向下（坡角方向）的土条编号依次为 -1，-2，…向上（坡顶方向）的土条编号依次为 1，2，…如图 6.37 所示。各土条的 $\sin\alpha_i$ 为

$$\sin\alpha_i = \frac{x_i}{R} = \frac{ib}{R} = \frac{i}{10}$$

分别等于 0，± 0.1，± 0.2，…

对于非均质土坡，滑动体内包含不同的土层，各土层的重度 γ 不相同，即使是均质土坡，若地下水位位于滑动土体内，也会造成地下水位上、下土层计算重度的不同。此时可采用换算高度的办法，以简化计算。换算的原则是保证换算前后土层的重为相等。如图 6.38 所示，设土的重度为 γ_1，土层厚度为 h_1，换算成重度为 γ_0 的土层，换算高度 h_1' 为

$$h_1' = \frac{\gamma_1}{\gamma_0} h_1$$

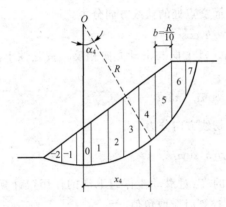

图 6.37 滑动土体分条方法

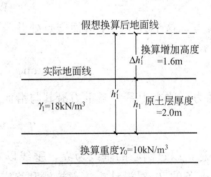

图 6.38 换算高度

地面上的均布荷载 q，也可换算成重度为 γ_0，高度为 h_q 的土柱，$h_q = q/\gamma_0$。

将滑动体中各种不同重度的土层都换算成同一种重度的土层，分条宽度按上述方法选取，得到

$$K_s = \frac{\sum (h_i'\cos\alpha_i\tan\varphi_i + c_il_i/\gamma_0 b_i)}{\sum h_i'\sin\alpha_i} \tag{6-31}$$

式中 h_i'——第 i 土条换算后的高度（m）；

γ_0——层换算重度（kN/m³）。

（3）滑动圆弧的圆心。用上述公式可以算出某一个试算滑面的稳定系数 K。稳定分析必须确定 K 值最小的滑面即最危险滑面，因此在分析过程中要假设一系列的滑面进行试算。工程中把最危险的滑面称为临界圆弧，其相应的圆心为临界圆心。

确定临界圆弧的计算工作量比较大，一般应编制程序，进行计算机辅助分析。费伦纽斯通过大量的试算工作总结出下面两条经验。

① $\varphi=0$ 的均质黏土，直线边坡的临界圆弧一般通过坡脚，其圆心位置可用表 6-4 给出的数值用图解法确定。滑动土体分条如图 6.39 所示，图中 a 和 b 两角的交点 O 即为临界圆心的位置。

表 6-4 确定临界圆弧圆心的 a、b 角

坡度(高:宽)	坡角 β	角 a	角 b	坡度(高:宽)	坡角 β	角 a	角 b
1:0.50	36°26′	29°30′	40°	1:1.75	29°45′	26°	35°
1:0.75	53°18′	29°00′	39°	1:2.00	26°34′	25°	35°
1:1.00	45°00′	28°	37°	1:3.00	18°26′	25°	35°
1:1.25	48°30′	27°	35°30′	1:5.00	11°19′	25°	37°
1:1.50	33°47′	26°	35°				

② $\varphi \neq 0$ 时，K 点的确定方法如图 6.40 所示。随着 φ 角的增大，其圆心位置将从 $\varphi = 0$ 的圆心 O 沿 OE 线的上方移动，OE 线可用来表示圆心的轨迹线。E 点离坡脚 A 的水平距离为 $4.5H$，垂直距离为 H。H 为土坡的高度。

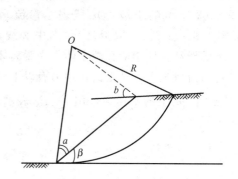

图 6.39 当 $\varphi = 0$ 时的滑动面确定

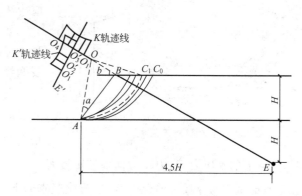

图 6.40 确定最危险滑动面位置

具体试算时，可在 OE 线上 O 点以外选择适当的点 O_1、O_2、$\cdots$、O_i，作为可能的滑面圆心，从这些圆心作通过坡脚 A 的圆弧 C_1、C_2、$\cdots$、C_i，然后按式(6-20a)计算相应于各圆弧滑面的稳定系数 K_1、K_2、$\cdots$、K_i，并在它们的圆心处垂直于 OE 线按比例画出各 K_i 值的长度，然后将它们连接成一条光滑的曲线，即 K 的轨迹线。其中最小 K 值所对应的圆心 O_c 可以当作临界圆心。

有时可以进行第二轮滑面试算的方法：通过前述 O_c 点作 OE 的垂线 O_cE'，再在 O_cE' 线上选择适当的 O_1'、O_2'、$\cdots$、O_i'作为可能滑面的圆心，重复前述求 K 的步骤，求得相应的稳定系数 K_1'、K_2'、$\cdots$、K_i'，并得到 K' 轨迹线，选最小 K' 值所对应的圆心即为所要求的临界圆心。

但一般认为该圆心和第一轮的 O_c 很接近，故有的文献不做第二轮滑面试算的要求。

(4) 渗流力的计算。当边坡前后出现水位差时，在水头作用下，边坡中的水将要产生渗流。例如，基坑排水，水库蓄水或库水降落时，基坑边坡及土坝坝坡都要受到渗流的影响。向外渗流将对滑动土体产生渗流力，对土坡稳定是不利的，在进行土坡稳定分析时必须考虑渗流力的作用，如图 6.41 所示。

① 流网法。渗流力的计算可以采用绘制流网的方法求得，具体做法是：先绘制渗流区域内的流网，如图 6.41 所示，求滑弧范围内流网网格的平均水力梯度 i，然后用下式求出每一网格上作用的渗流力，即

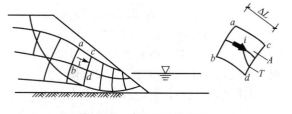

图 6.41 渗流流网示意图

$$T_i = \gamma_w A_i \qquad (6-32)$$

式中 γ_w ——水的重度；

A_i——流网网格的面积；

T_i——作用于网格的形心，方向与流线的方向一致。

若 T_i 对滑弧圆心的力臂为 l_i，则第 i 网格的渗流力 T_i 所产生的滑动力矩为 $T_i l_i$，整个滑动体范围内由渗流力产生的滑动力矩等于所有网格渗流力矩之和，即 $\sum T_i l_i$。一般不考虑渗流力所产生的抗滑作用，因此在边坡稳定分析中，只在滑动力矩中增加一项，即

$$\Delta M_s = \sum (T_i l_i) = \sum \gamma_w A_i l_i$$

还应注意，在计算土条重力时，浸润线以下的土应取浮重度来计算。

② 代替法。采用流网的办法计算渗流力比较复杂。目前国内外在土坡稳定分析中常采用代替重度法（简称代替法）。

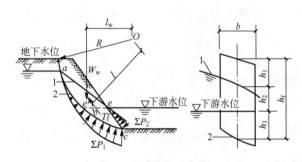

图 6.42 替代法计算渗流力

代替法就是用滑动体周界上的水压力和滑动体范围内水重力的作用，来代替渗流力的作用。它属于总应力法，通常采用三轴固结不排水剪指标。

如图 6.42 所示的土坡，ae 线表示渗流水面线，称为浸润线（图中 1 线），取滑动面（图中 2 线）以上，浸润线以下的滑动土体中的孔隙水体作为脱离体。

在稳定渗流情况下，其上的作用力有以下几种。

a. 滑弧面 abc 上的水压力，用 $\sum P_1$ 表示，方向指向圆心。

b. 坡面 ce 上的水压力 $\sum P_2$，方向垂直于坡面。

c. 孔隙水的重力与浮反力的合力 W_w，方向竖直向下。

由于这 3 个力不能自相平衡，所以产生了渗流，即渗流力为以上 3 个力的合力，有

$$T = W_w + \sum P_1 + \sum P_2$$

上式为一个力系的矢量和，它表示滑动体范围内的渗流力的合力等于所取脱离体范围内全部充满水时的水重力 W_w 与脱离体周界上水压力 $\sum P_1$、$\sum P_2$ 的矢量和。此即为代替法的基本思想。

将上式中等式两侧的各力对圆心 O 取力矩，其力矩必相等。$\sum P_1$ 的作用方向指向圆心，其力矩为零，$\sum P_2$ 与 ee' 面以下的水重力对圆心 O 取矩后相互抵消，因而由上式可得

$$Tl = W_{wi} l_{wi} \tag{6-33}$$

式中　T——渗流力（kN）；

l——T 对圆心 O 的力臂（m）；

W_{wi}——下游水位 ee' 面以上，浸润线 ae 以下，滑弧 ae' 范围内全部充满水时的水重力（kN）；

l_{wi}——W_{wi} 对圆心 O 的力臂（m）。

式（6-33）证明了渗流力的力矩可以用下游水位以上、浸润线以下滑弧范围内全部充满水时的水重力（相当于孔隙水重力与浮反力之和）对圆心 O 的力矩来代替。

利用式（6-33），求得滑动力矩为

$$M_s = R \sum (\gamma_i h_i b_i \sin\alpha_i) + W_{wi} l_{wi} \tag{6-34}$$

式中，土条重 $\gamma_i h_i b_i$ 在浸润线以下部分（$h_2 + h_3$）应当用浮重度。

$W_{wi} l_{wi}$ 也可用分条的方法计算，所以式（6-34）变为

$$M_s = R \sum [\gamma h_1 + \gamma'(h_2 + h_3)] b_i \sin\alpha_i + R \sum \gamma_w h_2 b_i \sin\alpha_i$$
$$= R \sum (\gamma h_1 + \gamma_{sat} h_2 + \gamma' h_3) b_i \sin\alpha_i$$

可得

$$K_s = \frac{\sum\{[\gamma h_{i1} + \gamma'(h_{i2} + h_{i3})]b_i \cos\alpha_i \tan\varphi_i + c_i l_i\}}{\sum(\gamma h_{i1} + \gamma_{sat}h_{i2} + \gamma'h_{i3})b_i \sin\alpha_i} \qquad (6-35)$$

式(6-35)就是采用代替法考虑渗流作用影响的土坡稳定安全系数的计算公式。

③ 静水压力法。在式(6-34)中，在采用分条法计算渗流引起的滑动力矩的增量 $\Delta M_s = T_J W_J = W_{wi} l_{wi}$ 时，亦忽略了土条界面上的条间力（即条间面上的渗透水压力），若将代替法应用于每一土条，如图 6.43 所示。

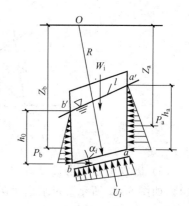

图 6.43 各界面上孔隙水压力分布
l—渗流水面

则每一土条上的周界水压力为

a—a' 边界上

$$P_a = \frac{1}{2}\gamma_w h_a^2$$

b—b' 边界上

$$P_b = \frac{1}{2}\gamma_w h_b^2$$

滑弧面 ab 上

$$U_i = \gamma_w \frac{h_a + h_b}{2} \cdot \frac{b_i}{\cos\alpha_i}$$

浸润线以下滑动体范围内的水重力（即孔隙水重力与浮反力之和）为

$$W_i = \gamma_w \frac{h_a + h_b}{2} \cdot b_i = \gamma_w(h_2 + h_3)b_i$$

由上述各力求出抗滑力矩和滑动力矩的增量，得

$$K_s = \frac{R\sum\{[(\gamma_{i1} + \gamma_{sat}h_{i2} + \gamma_{sat}h_{i3})b_i \cos\alpha_i - U_i - (P_a - P_b)\sin\alpha_i]\tan\varphi_i + c_i l_i\}}{R\sum(\gamma h_{i1} + \gamma_{sat}h_{i2} + \gamma_{sat}h_{i3})b\sin\alpha_i + P_a Z_a - P_b Z_b} \qquad (6-36)$$

其抗滑力中不计渗流的影响，式(6-35)变为

$$K_s = \frac{R\sum\{[\gamma_{i1} + \gamma'(h_{i2} + h_{i3})]b_i \cos\alpha_i \tan\varphi_i + c_i l_i\}}{R\sum[\gamma h_{i1} + \gamma_{sat}(h_{i2} + h_{i3})]b\sin\alpha_i + P_a Z_a - P_b Z_b} \qquad (6-37)$$

在式(6-36)的推导中，采用了边界面上的水压力直线分布的假设，故式(6-36)也是一个近似公式。

瑞典的费伦纽斯提出的圆弧滑面法是土坡稳定分析中的一种基本方法。它不但可以用来检算简单土坡，也可用于检算各种复杂情况的土坡（如不均匀土的土坡、分层土坡、有渗流的土坡及坡顶有荷载作用的土坡等），它在工程中应用广泛。

3) 计算步骤

费伦纽斯条分法解决问题的主要步骤如下。

（1）将土坡剖面按比例绘出。

（2）如图 6.44 所示方法，作直线 DE。其中 a、b 可根据坡角 β 由表 6-4 查出。

（3）在 E 点以上附近任选一点为圆心 O，O 到坡脚 A 的距离为半径，过 A 作假设滑动面 AC，如图 6.45 所示。取面积为 ABC、厚为 1m 的土体作为第一次试算的滑动块体。

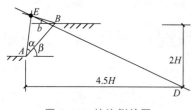

图 6.44 按比例绘图

（4）将滑动块 ABC，竖直分成若干等宽土条，每条宽度一般取 $0.1R=b$。

土条编号从滑弧圆心的铅垂线下开始作为 0，逆滑动方向，依次取 1、2、3、…顺滑动方向取 -1、-2、-3、…如图 6.46 所示（负数条产生的力方向相反）。

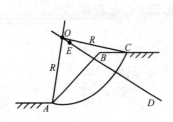
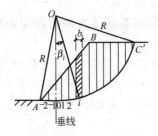

图 6.45　滑动面的确定　　　　图 6.46　土坡分条

（5）量取土条中心高度 h_i 及滑弧面的倾角 β_i。再量出土条 ab 长度 Δl_i（每一段圆弧 ab，简化为直线段），如图 6.47 所示。可求出每条土重力，即

$$W_i = \gamma h_i \Delta l_i$$

土体两端的土条宽度并不恰好等于 b，应将该土条的实际高度 h_i 折算成假定宽度为 b 时的高度 h_i'，以使 $b_i h_i = b_i h_i'$，则 $h_i' = b_i h_i / b$。

（6）分解 W_i 为滑动面上两个分力，如图 6.48 所示，则

$$N_i = W_i \cos\beta_i \quad \text{（法向力）}$$

$$T_i = W_i \sin\beta_i \quad \text{（切向力）}$$

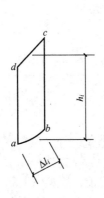
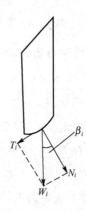

图 6.47　土条尺寸　　　　　图 6.48　土条滑动面上的作用力

（7）总滑动力为

$$T = \sum_{i=1}^{n} T_i = \sum_{i=1}^{n} W_i \sin\beta_i$$

（8）总抗滑力：包括法向力引起的摩擦阻力和黏聚力产生的抗滑力，即

$$S = \sum S_i = \sum (N_i \tan\varphi + c \cdot \Delta l_i) = \sum (W_i \cos\beta_i \cdot \tan\varphi + c \cdot \Delta l_i)$$

（9）稳定安全系数为

$$K = \frac{S}{T} = \frac{\sum (W_i \cos\beta_i \cdot \tan\varphi + c \cdot \Delta l_i)}{\sum W_i \sin\beta_i}$$

（10）在 DE 延长线上，E 点以上的附近处，任选若干点 O_1、O_2、O_3、O_4 为圆心，可算出相应的 K_1、K_2、K_3、K_4，并在 DE 线的垂直方向上绘 K 值曲线（图 6.49）。

（11）在此曲线上找出最低值点 O_i，过此点作 $FG \perp DE$，并在 FG 上该点附近选若干点 O_1'、O_2'、O_3'、O_4'，同样方法可求出相应 K_i'，也绘出 K' 值曲线（图 6.50）。

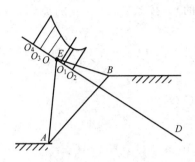

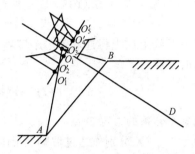

图 6.49　稳定安全系数曲线　　　　　图 6.50　正交方向的稳定安全系数曲线

（12）在 K' 曲线上找出 $K_{\min}'$，即为所求土坡的稳定系数，$K_{\min}'$ 对应的圆心 O' 给出的圆弧面即为所求的最危险滑动面。

上面步骤综合简化表达为：①按一定比例尺画土坡；②确定圆心 O 和半径 R，画滑动圆弧；③分条并编号；④计算每个土条的自重；⑤分解滑动面上的两个分力；⑥计算滑动力矩；⑦计算抗滑力矩；⑧计算稳定安全系数；⑨求最小安全系数，即找最危险的滑弧，重复②～⑧步骤，选不同的滑弧，求 K_1、K_2、K_3…值，取最小者。

【最危险滑动面确定费伦纽斯法】

该法计算简便，有长时间的使用经验，但工作量大，可用计算机进行；由于它忽略了条间力对 N_i 值的影响，可能低估安全系数 5%～20%。

【例 6.5】　已知土坡如图 6.51 所示。边坡高 $H=13.5\text{m}$，坡度为 1:2，土的重度 $\gamma=17.3\text{kN/m}^3$，内摩擦角 $\varphi=7°$，黏聚力 $c=57.5\text{kPa}$。试估计临界滑面的位置，并计算其稳定系数 K。

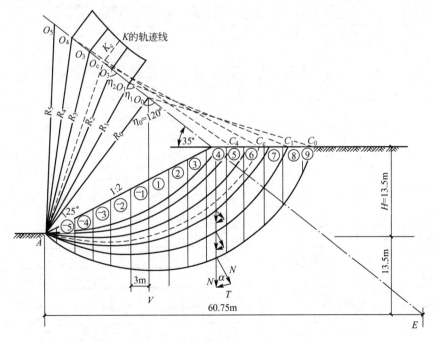

图 6.51　例 6.5 图

解：

（1）先按表 6－5 求 $\varphi=0$ 时的临界圆心 O_0，并按前面介绍的方法求 $\varphi=7°$ 时临界圆圆心的近似轨迹线 O_0E，如图 6.51 所示。

（2）作 $\varphi=0$ 的临界圆弧 AC_0，并从圆心 O_0 作垂线 O_0V。以 O_0V 为界线，向右把滑动土体等宽分成 9 条，向左把滑动土体等宽分成 6 条（两端的分条是不等宽的）。按条宽 2～4m 的原则，本算例的条宽为 3m。

（3）在 EO_0 的延长线上向上再选取若干个试算滑面的圆心 O_1、O_2、…、O_5。为了利用 AC_0 圆弧的已有分条，选取圆心时要使

$$O_0O_1=O_1O_2=\cdots=O_4O_5$$

它们的水平投影应等于分条的条宽 3m。

（4）从 O_1、O_2、…、O_5 分别作通过坡脚 A 的圆弧滑面 AC_1、AC_2、…、AC_5。

（5）量取相应于弧 AC_1 及上面所作各滑面的半径 R_1、R_2、…、R_5 以及它们的圆弧中心角 η_1、η_2、…、η_5（弧 AC_5 滑面在计算过程中发现不受控制而删去），然后计算各个圆弧的长度，即

$$\text{弧 } AC_i=\pi R_i\frac{\eta_i}{180}, \quad i=0,1,\cdots,4$$

将各 η_i 角和弧 AC 的长度填入表 6－5 中有关的栏目内。

表 6－5　圆弧滑面试算

试算圆心	O_0		O_1		O_2		O_3		O_4		O_5	
弧长	54.0		46.8		42.4		33.4		35.4		39.6	
分条 ＼ n 和 t	n	t	n	t	n	t	n	t	n	t	n	t
(1)	(2)	(3)	(4)	(5)	(6)	(7)	(8)	(9)	(10)	(11)	(12)	(13)
−6	1.16	−0.95	0.62	−0.36	0.63	−0.28	0.70	−0.19	0.45	−0.09	0.83	−0.29
−5	9.65	−0.57	7.92	−3.52	6.26	−1.85	5.36	−0.86	4.93	−0.25	6.44	−1.46
−4	18.54	−7.92	15.12	−4.39	13.05	−2.21	11.16	−0.59	10.34	0.45	12.60	−1.40
−3	25.65	−7.61	23.04	−3.88	20.16	−1.12	15.66	0.83	13.41	2.03	9.81	0.27
−2	32.76	−5.71	28.98	−1.63	24.84	1.36	20.16	3.20	15.75	4.05	21.78	2.43
−1	38.07	−3.53	33.12	1.86	27.63	4.57	21.96	5.91	16.47	6.15	24.39	5.54
1	42.12	2.50	36.36	6.20	29.16	8.26	22.32	8.78	16.63	8.29	25.83	8.81
2	45.90	7.98	38.07	11.07	29.16	12.10	22.50	10.85	15.26	9.90	25.56	12.13
3	46.98	13.95	35.68	15.84	27.81	15.58	20.07	13.55	11.43	10.24	23.31	14.90
4	45.77	19.67	35.46	20.52	24.12	18.18	15.21	14.13	8.33	9.18	19.08	16.16
5	40.23	23.67	26.82	21.06	15.93	16.02	6.75	8.51	0.53	0.74	16.83	13.61
6	30.07	24.57	17.55	18.90	6.44	9.27	0.34	0.50	—	—	9.69	4.46
7	21.28	23.04	7.77	4.53	0.75	1.49	—	—	—	—	—	—
8	10.04	16.74	0.37	1.24	—	—	—	—	—	—	—	—
9	0.77	2.09	—	—	—	—	—	—	—	—	—	—
$\sum n$ 和 $\sum t$	408.97	106.83	306.89	82.58	225.93	81.36	162.20	64.63	113.53	50.68	196.15	75.16
K	2.15		2.15		2.11		2.22		2.52		2.09	
η	112°00′		99°00′		86°00′		76°00′		66°00′		82°00′	

（6）求算各个试算滑面中每一个土条的面积 A_{ji}，并量取它们的偏角 α_{ji}，然后按下述两式计算该面积的法向分量 n_{ji} 和切向分量 t_{ji}（它们是表示法向力 N_{ji} 和切向力 T_{ji} 大小的参数）：

$$n_{ji}=A_{ji}\cdot\cos\alpha_{ji}$$
$$t_{ji}=A_{ji}\cdot\sin\alpha_{ji}$$

将计算结果填入表6-6的有关栏目中。上述标识符的下角标 j 代表土条的编号（对各圆弧是不同的，以 AC_0 圆弧为例，j 为 -6、…、-1、1、…、9），i 代表试算滑面的编号。本算例共6个，为0～5。

（7）计算各个试算滑面 AC_i 的稳定系数 K_i，其中黏聚力项为

$$\sum cl_{ji} = c\cdot AC_i$$

故

$$K_i = \frac{c\cdot AC_i + \gamma\tan\varphi\cdot\sum n_{ji}}{\gamma\sum t_{ji}} \qquad (6-38)$$

式中 γ——土的重度（本题为17.3kN/m³）。

将各已知值代入式(6-38)后即可得各 K_i 值，并将它们填入表6-6的有关栏目中。

在图6.51中画出 K 的轨迹线，近似求得临界圆心在 O_2 与 O_3 之间，定为 O_c 点。

（8）求临界圆 O_c 的稳定系数 K：量得 $R_c=27.7$m，$\eta=82°00'$，故得

$$AC_c=\pi\times27.7\times\frac{82}{180}\text{m}=39.6\text{m}$$

$\sum n_{ji}$ 和 $\sum t_{ji}$ 已由表6-5中算得，故

$$K_c=\frac{57.5\times39.6+17.3\times0.1228\times196.15}{17.3\times75.16}=2.07$$

4. 简化毕肖普法（A. N. Bishop's Method，1955）

费伦纽斯提出的圆弧滑面法略去了土条间作用力的作用。严格地说，它对每一土条的力的平衡条件是不满足的，对土条本身的力矩平衡也不满足，只满足整个滑动土体的力矩平衡条件。这样得到的稳定安全系数一般是偏低的。为了提高条分法的计算精度，毕肖普提出了一个考虑土条间作用力的土坡稳定分析方法，称为毕肖普条分法。

毕肖普法提出的土坡稳定系数的含义是整个滑动面上土的抗剪强度 τ_f 与实际产生剪应力 τ 的比，即 $K=\tau_f/\tau$，并考虑了各土条侧面间存在着作用力，其原理与方法如下。

如图6.52所示，假定滑动面是以圆心为 O，半径为 R 的圆弧，将滑动面内的滑动土体分成 n 个土条，从中任取一土条 i 为分离体，其分离体的周边作用力如下。

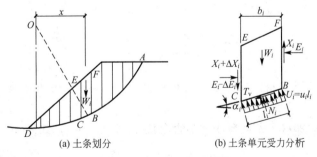

图6.52 毕肖普法的分条及计算单元

（1）土条重力 W_i。
（2）孔隙水应力的合力 $U_i(=u_il_i)$。
（3）滑动面上的法向力 N_i 和切向力 T_{si}。

（4）土条界面上的法向条间力 E_i、$E_i+\Delta E_i$ 和切向条间力 X_i、$X_i+\Delta X_i$。

由前面的分析知该边坡的稳定计算为 $(2n-2)$ 次超静定问题，为解决此问题，需建立 $(2n-2)$ 个条件方程，为此，毕肖普提出一分析方法，假定如下。

（1）每个土条都与土坡具有相同的安全系数，当 $K_s>1$ 土坡处于稳定状态时，任一土条内的抗剪强度只发挥了一部分，并与此时滑动面上的滑动力相平衡，即 $T_{si}=\dfrac{T_{fi}}{K_s}$。

（2）土条分界面上条间力的合力是水平的，假定条间力的切向分量为零。

根据这两条假定，可建立 $(2n-2)$ 个条件方程，使问题得到解决。

1）计算公式

根据静力平衡条件和极限平衡状态时各土条力对滑动圆心的力矩之和为零等，可得毕肖普法求土坡稳定系数的普遍公式。

如图 6.52 所示，列出土条 i 在垂直方向上的力的平衡条件 $\sum F=0$，有

$$N_i\cos\alpha_i + T_{si}\sin\alpha_i - W_i - \Delta X_i = 0 \tag{6-39}$$

根据假定条件，有

$$T_{si}=\frac{T_{fi}}{K_s}=\frac{(N_i-u_i l_i)\tan\varphi_i' + c' l_i}{K_s} \tag{6-40}$$

将式（6-40）代入式（6-39），有

$$N_i\cos\alpha_i + \frac{(N_i-u_i l_i)\tan\varphi_i' + c_i l_i}{K_s}\sin\alpha_i - W_i - \Delta X_i = 0$$

整理后得到

$$N_i=\left[W_i+\Delta X_i+\frac{u_i l_i}{K_s}\tan\varphi_i'\sin\alpha_i - \frac{c_i l_i}{K_s}\sin\alpha_i\right]\frac{1}{m_a} \tag{6-41}$$

$$m_a=\cos\alpha_i+\frac{\sin\alpha_i\tan\varphi_i'}{K_s} \tag{6-42}$$

土坡处于稳定状态时 $(K_s\geqslant1)$，各土条对圆心 O 的力矩之和应为零，此时条间力的作用将相互抵消，故有

$$\sum W_i x_i - \sum T_{si}R = 0$$

将式（6-40）、式（6-41）及 $x_i=R\sin\alpha_i$、$b_i=l_i\cos\alpha_i$ 代入上式，得稳定安全系数

$$K_s=\frac{\sum\{[W_i+\Delta X_i - u_i b_i]\tan\varphi_i' + c' b_i\}\dfrac{1}{m_{ai}}}{\sum W_i\sin\alpha_i} \tag{6-43}$$

根据假定条件（2），条间力的切向分量为零，式（6-43）变为

$$K_s=\frac{\sum[(W_i-u_i b_i)\tan\varphi_i' + c' b_i]\dfrac{1}{m_{ai}}}{\sum W_i\sin\alpha_i} \tag{6-44}$$

式（6-44）即为简化毕肖普法稳定安全系数的计算公式。计算结果表明：取条间力切向分量为零引起的误差不超过 1%。

但是，对于 α_i 为负值的那些土条，要注意是否会使 m_a 趋近于零，如果 m_a 趋近于零，则简化毕肖普法就不能使用。

由于考虑了土条间水平力的作用，故计算结果比较合理。由于只忽略了土条间切向力，毕肖普条分法得到的安全系数较瑞典条分法略大一些。分析时，先后利用每一土条竖向力的平衡及整个滑动土体的力矩平衡条件，但同样不能满足所有的平衡条件，还不是一个严格的方法，它的计算不很复杂而精度较高，与更精确的方法相比，可能低估安全系数 2%~7%，是目前工程中较常使用的一种方法。

毕肖普条分法也可用于总应力分析，即在上述公式中略去孔隙水压力 $u_i l_i$ 的影响，并采用总应力强度指标 c、φ 计算即可。

2）安全系数的求解

式(6-44)为安全系数 K_s 的计算公式，因 m_a 中也包含 K_s，所以按式(6-44)计算 K_s 时要采用试算。具体方法如下。

(1) 试算法。对于一个滑弧可先假定 3 个 K_s 值，即 K_{s1}、K_{s2}、K_{s3} 其中 K_{s1} 要假定得小一些，K_{s3} 要假定得大一些，然后将 3 个 K_s 值分别代入式(6-42)得 m_a，再代入式(6-44)中的右边，计算出 3 个相应的 $\overline{K}_{s1}$、$\overline{K}_{s2}$ 和 $\overline{K}_{s3}$。取一直角坐标系，如图 6.53 所示，横轴为 K_s（假定值），纵轴为 $\overline{K}_s$（计算值），将(K_{s1}、$\overline{K}_{s1}$)、(K_{s2}、$\overline{K}_{s2}$)、(K_{s3}、$\overline{K}_{s3}$) 3 个点绘在该坐标系中，并连成一条光滑的曲线。在该坐标系中，通过坐标原点 O 做一条 45°线，与曲线交于一点，此交点所对应的 $K_s = \overline{K}_s$，即为所求的安全系数。

(2) 迭代法。先假定一个 K_{s1} 值（一般可先假定 $K=1$），代入式(6-42)得 m_a，再代入式(6-44)的右边，计算出 K_{s2}。再将 K_{s2} 代入式(6-42)得 m_a，代入式(6-44)的右边，计算出 K_{s3}，如此反复迭代，至 $K_{si} = K_{s(i+1)}$ 为止。根据经验，一般迭代 3～4 次就可满足精度的要求，迭代通常总是收敛的。

为了方便计算，可将式(6-42)的 m_{ai} 值制成曲线（图 6.54），按 α_i 及 $\dfrac{\tan\varphi'}{K_s}$ 值直接查得 m_{ai} 值。

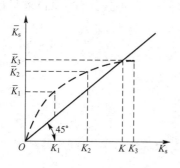

图 6.53 试算法求安全系数 K

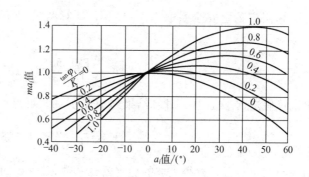

图 6.54 m_{ai} 值曲线

如果将式(6-43)右边 m_a 中的 K_s 取为 1，即

$$K_s = \frac{\sum \left[(W_i - u_i b_i)\tan\varphi' + c'_i b_i \right] \dfrac{1}{\cos\alpha_i + \sin\alpha_i \tan\varphi_i}}{\sum W_i \sin\alpha_i} \qquad (6-45)$$

式(6-45)即为克莱法(Krey's Method)的边坡稳定安全系数的计算公式。当 $K_s > 1$ 时，克莱法计算出的结果，总是略小于毕肖普法计算出的数值，说明克莱法的稳定安全系数对于稳定的边坡来说是偏于安全的。

【例 6.6】 已知土坡高度 $H = 6\text{m}$，坡角 $\beta = 55°$，土的重度 $\gamma = 18.6\text{kN/m}^3$，土的内摩擦角 $\varphi = 12°$，黏聚力 $c = 16.7\text{kPa}$。用简化毕肖普条分法计算土坡的稳定安全系数。

解：

土坡的最危险滑动面圆心 O 的位置以及土条划分情况如图 6.55 所示。

计算各土条的有关各项列于表 6-6 中。

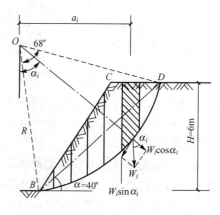

图 6.55 例 6.6 图

表 6-6　土坡稳定计算表

土条编号	$\alpha_i/(°)$	l_i/m	W_i/kN	$W_i\sin\alpha_i/kN$	$W_i\tan\varphi_i/kN$	$c_il_i\cos\alpha_i$	$m_{\alpha i}$		$\dfrac{W_i\tan\varphi_i+c_il_i\cos\alpha_i}{m_{\alpha i}}$	
							$K_s=1.20$	$K_s=1.19$	$K_s=1.20$	$K_s=1.19$
1	9.5	1.01	11.16	1.84	2.37	16.64	1.016	1.016	18.71	18.71
2	16.5	1.05	33.48	9.51	7.12	16.81	1.009	1.010	23.72	23.69
3	23.8	1.09	53.01	21.39	11.27	16.66	0.986	0.987	28.33	28.30
4	31.6	1.18	69.75	36.55	14.83	16.73	0.945	0.945	33.45	33.45
5	40.1	1.31	76.26	49.12	16.21	16.73	0.879	0.880	37.47	37.43
6	49.8	1.56	56.73	43.33	12.06	16.82	0.781	0.782	36.98	36.93
7	63.0	2.68	29.70	24.86	5.93	20.32	0.612	0.613	42.89	42.82
合　计				186.60					221.55	221.33

第一次试算假定稳定安全系数 $K_s=1.20$，计算结果列于表 6-6，可按式(6-44)求得稳定安全系数，即

$$K_s=\frac{221.55}{186.6}=1.187$$

第二次试算假定 $K_s=1.19$，计算结果列于表 6-6，可得

$$K_s=\frac{221.33}{186.6}=1.186$$

计算结果与假定接近，故得土坡的稳定安全系数 $K_s=1.19$。

5. 泰勒图表法

土坡稳定分析大都需要经过试算，计算工作量很大，因此，曾有不少人寻求简化的图表法。泰勒(Taylor)根据计算资料整理得到的极限状态时均质土坡内摩擦角 φ、坡角 α 与稳定因数 $N=c/\gamma H$ 之间关系曲线(c 是黏聚力，γ 是重度，H 是土坡高度)，利用这些关系曲线图表，可以很快地解决下列两个主要的土坡稳定问题。

(1) 已知坡角 α、土的内摩擦角 φ、黏聚力 c，重度 γ，求土坡的容许高度 H。

(2) 已知土的性质指标 φ、c、γ 及坡高 H，求许可的坡角 α。

此法可用来计算高度小于 10m 的小型堤坝，做初步估算堤坝断面之用。

6. 增加土坡稳定性的一些措施

土坡经计算其稳定系数较小或甚至不能保证其稳定性时，需采取必要的工程措施，以防止滑坡。有关的方法在防止滑坡的专门书籍中有详细的叙述，这里只做简要的介绍，以便读者有一个基本概念。

1) 减压与加重

减压与加重是从滑坡验算的基本原理出发的。减压的目的是减小下滑力和滑动力矩，加重的目的是增加抗滑力和抗滑力矩，从而使稳定系数 K 值增大。

值得注意的是，应当正确选择减压与加重的位置。图 6.56 所示为一推动式滑坡，滑面上陡下缓，其前缘有一较长的抗滑地段。如在滑体后部减重(图 6.56 中影线 A 区)，可以减小推力，有利于滑坡的稳定。如将削除的土石填到滑坡前缘加压，则增加前缘抗滑段的抗滑力，进一步增加了滑坡的稳定性。相

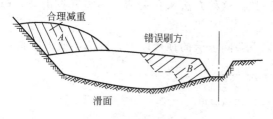

图 6.56 减重与刷方

反，如在抗滑地段刷方（图 6.56 中的 B 区），或在主滑段加载（如弃渣、填筑路堤），就将加剧滑坡的滑动。可见减压与加重是有条件的。而且还应注意，在滑坡后部减压时，应保证不危及滑坡范围以外山体的稳定性，开挖顺序从上而下，开挖后的坡面和平台需平整，并做好排水和防渗措施；在前缘加压时，须防止基底软层的滑动，而且不能堵塞原有的渗水孔道，以免因积水而软化土体。

图 6.57 所示为减压（刷方）与加重措施在具体边坡中的应用情况，图中（a）、（b）、（c）表示移去（刷去）部分土体来减小下滑力，图中（d）则表示在坡底加反压以增加抗滑力矩。

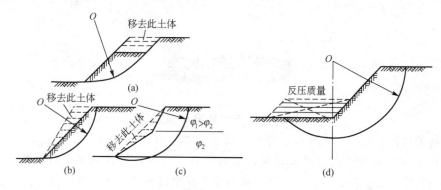

图 6.57 增加土坡稳定的措施

2）排水措施

水对土坡稳定性的影响很大，观察资料表明，绝大部分滑坡皆因雨水浸蚀和排水不良所引起，它们一般都发生在阴雨潮湿的季节。因此，良好的排水措施对保持土坡的稳定具有积极的作用。

排水分两个方面。

（1）一方面要调节和排除地表水，防止水流对土坡的浸透和冲刷。这种排水措施要适应地形和地质条件以及雨量的情况，在滑坡区外修建截水沟，以防水流进入；在滑坡区内，要疏通、加固和铺砌自然沟谷等，以防积水下渗。

（2）另一方面要排除地下水。地下水的进入使滑动土体的抗滑能力大大降低。例如，滑动土体内的流动水层将产生动水压下滑力，且使含水层的土发生潜蚀，甚至产生管涌现象；地下水对软夹层的长期作用，还能引起其中不稳定矿物质发生物理化学变化而降低其力学性能。处理地下水的措施按其作用分为拦截、疏干和降低地下水位等。

拦截地下水工程应设置在滑坡范围以外，如渗水暗沟等建筑物（图 6.58），它垂直于地下水流设置，其基础应置于不透水层上，迎水面处为防止水流携入细颗粒和杂物而堵塞水流通道，应设置反滤层，背水面应做好防渗层。

疏干地下水工程设置在滑坡区内，如边坡渗沟等构造，它的每侧都需设置反滤层，以便地下水进入渗沟并排出。

当拦截和疏干地下水皆有困难时，也可根据需要把地下水降低到对土坡稳定无害的部位。图 6.59 所示为平孔排水，在滑动土体的含水层内水平钻孔插入带孔的钢管或塑料管，用以疏干或降低地下水。钻孔的方向原则上与滑动的方向一致。这种方法布孔灵活，不需开挖滑坡，施工安全，工期快，造价较低；但对施工技术要求较高。

　　排水管应布置在地下水位以下，隔水层的顶板以上，分单层或多层布置，间距一般可为5～15m。

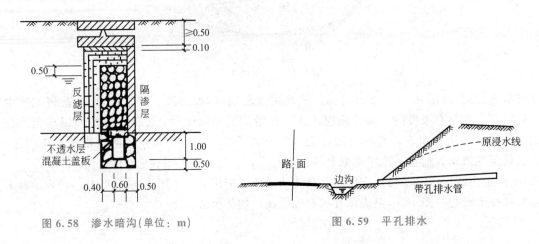

图 6.58　渗水暗沟(单位：m)　　　　　图 6.59　平孔排水

背景知识

重力式挡土墙外形与稳定

　　重力式挡土墙是以挡土墙自身重力来维持挡土墙在土压力作用下的稳定。它是我国目前常用的一种挡土墙。重力式挡土墙可用石砌或混凝土建成，它的优点是就地取材，施工方便，经济效果好。所以，重力式挡土墙在我国铁路、公路、水利、港湾、矿山等工程中得到广泛的应用。

　　设计、验算之后，为保证挡土墙的稳定性，必须采取必要的措施。

　　1. 倾覆稳定性增大的措施

　　(1) 增加挡土墙的自重，但增加了工程量浪费了材料。

　　(2) 为减少基底压应力，增加抗倾覆的稳定性，可以在墙趾处伸出一台阶，以拓宽基底，增大稳定力臂。

　　(3) 改变墙背或墙面的坡度，以减小土压力或增大力臂。按土压力理论，仰斜墙背的主动土压力最小，而俯斜墙背的主动土压力最大，垂直墙背位于两者之间。

　　(4) 改变墙身形式或墙背形式，如采用衡重式、墙背做成折线形。

　　凸形折线墙背(图 6.60)是由仰斜墙背演变而来，上部俯斜、下部仰斜，以减小上部断面尺寸，多用于路堑墙，也可用于路肩墙。根据库仑土压力理论，墙背倾角越小〔甚至为负值(仰斜)〕，主动土压力系数也越小，则作用到墙上的库仑土压力也越小；折线到墙上部时，一般为俯斜，可有效降低墙身高度，从而减少土压力值。

　　(5) 墙背上做卸荷台(图 6.61)，位于挡土墙竖向墙背上，形如牛腿。台上的土体土重全部由它直接传给墙，一方面卸荷台以上的土压力不能传到卸荷台以下，土压力呈两个小三角形，减小了台下土体自重应力，从而土总侧压力降低减小了倾覆力矩；另一方面台上的土体成为墙的一部分，增大了墙的质量，且作用在台上的土体自重还可以形成一个力臂较大的抗倾覆力矩。

　　2. 滑动稳定性增大的措施

　　(1) 修改断面尺寸，通常加大底宽增加墙自重，以增大抗滑力。

　　(2) 在挡土墙基底铺砂、碎石垫层，提高基底与地基土的摩擦系数值，增大抗滑力。

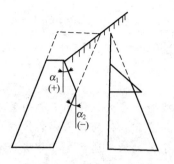

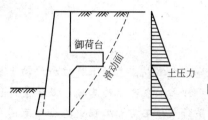

【挡土墙抗倾覆稳定】

图 6.60 折线形挡土墙

图 6.61 挡土墙卸荷台

（3）将挡土墙基底做成逆坡，利用滑动面上部分反力抗滑，如图 6.62 所示；设置倾斜基底的方法是保持墙胸高度不变，而使墙踵下降一个高度 Δh，从而使基底具有向内倾斜的逆坡。与水平基底相比，可减小滑动力，增大抗滑力，增强挡土墙的抗滑稳定性。

（4）在软土地基上，抗滑稳定安全系数相差很小，采取其他方法无效或不经济时，可在挡土墙踵后面加钢筋混凝土拖板。利用拖板上的填土重增大抗滑力。拖板和挡土墙之间用钢筋连接，如图 6.63 所示。

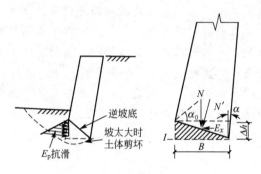

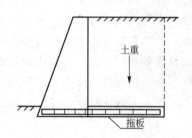

图 6.62 挡土墙基底的逆坡处理

图 6.63 挡土墙后的钢筋混凝土拖板

（5）墙后常设 1～2m 宽的衡重台（图 6.64）或卸荷平台。衡重式墙背在上下墙之间设有衡重台，利用衡重台上填土的重力使全墙重心后移，增加了墙身的稳定。由于采用陡直的墙面，且下墙采用仰斜墙背，因而可以减小墙身高度，减少开挖工作量。该措施适用于山区地形陡峻处的路肩墙和路堤墙，也可用于路堑墙。

（6）在墙底面做凸榫（图 6.65）、打短桩。在挡土墙基础底面设置混凝土凸榫，与基础连成整体，利用凸榫前土体所产生的被动土压力以增加挡土墙的抗滑稳定性。挡土墙抗滑动措施利用基底设置混凝土凸榫，比倾斜基底要节约 20% 的挡土墙圬工体积。

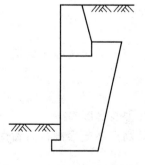

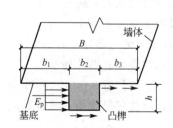

图 6.64 挡土墙后衡重台

图 6.65 挡土墙基础底面凸榫

小　结

　　本章从介绍静止土压力、主动土压力和被动土压力的概念、形成条件和三者的关系入手，重点学习了朗肯和库仑两种土压力理论的基础、假设条件、适用条件和具体的计算方法，在此基础上讨论两种土压力理论的异同点和在实际工程中的应用范围；讨论了无黏性土坡稳定性分析的方法，介绍了条分法的基本概念及在黏性土坡稳定性分析中的应用、确定黏性土坡最危险滑裂面的方法，分析了天然土坡上稳定性的计算方法。

　　土压力是支挡结构和其他地下结构中普遍存在的受力形式。土压力的大小与支挡结构位移有很大的依存关系，并由此形成了3种土压力：静止土压力、主动土压力和被动土压力。静止土压力的计算方法由水平向自重应力计算公式演变而来，而朗肯土压力计算公式是由土的极限平衡条件推导得出，库仑土压力公式则是由滑动土楔的静力平衡条件推导获得的。各种土压力公式都有其适用条件，在实际使用中对此应引起注意。

　　土坡失稳是土体内部应力状态发生显著改变的结果。对砂土土坡，其滑动面可假设为平面，通过滑动平面上的受力平衡条件导出土坡稳定安全系数的验算公式；对均质黏土土坡可以采用圆弧滑动面假设用整体稳定分析方法进行验算；对成层土黏土土坡，一般可采用条分法进行分析计算。土坡稳定验算安全系数与滑动面位置有关，故需要求出最危险圆心位置对应的最小安全系数。

　　在土木工程建筑中，如果土坡失去稳定造成塌方，不仅影响工程进度，有时还会危及人的生命安全，造成工程事物和巨大的经济损失。因此，土坡稳定问题在工程设计和施工中应引起足够的重视。

思考题及习题

一、思考题

　　6.1　土压力有哪几种？影响土压力的各种因素中最主要的因素是什么？

　　6.2　试阐述主动土压力、静止土压力和被动土压力的定义和产生的条件并比较三者数值的大小，说明原因和适用条件。

　　6.3　比较朗肯土压力理论和库仑土压力理论的基本假定、计算方法和适用条件。

　　6.4　填土中有地下水时，作用在挡土墙上的力有何变化？

　　6.5　减小主动土压力的主要措施有哪些？

　　6.6　为什么一般挡土墙按主动土压力设计？哪些情况的挡土墙应按静止或被动土压力设计？被动土压力在设计时为什么只能考虑一部分？

　　6.7　土坡失稳破坏的原因有哪几种？

　　6.8　土坡稳定安全系数的意义是什么？在本章中有哪几种表达形式？

　　6.9　砂性土坡的稳定性只要坡角不超过其内摩擦角，坡高可不受限制，而黏性土坡的稳定还同坡高有关，试分析其原因。

　　6.10　边坡稳定分析的条分法原理是什么？如何确定最危险滑动面？

　　6.11　试从滑动面形式、条块受力条件及安全系数定义，简述瑞典条分法的基本原则。

6.12 直接应用整体圆弧滑动瑞典法进行稳定分析有什么困难？为什么要进行分条？试绘出第 i 条土条上全部作用力（假定地下水位很深）。

6.13 如何确定最危险的滑动圆心及滑动面？

6.14 瑞典条分法和毕肖普条分法计算土坡稳定的公式推导中，各引入了哪几条基本假定？这些假定中哪一条对计算安全系数 K 与实际情况不符产生的影响最大？

6.15 简述在进行土坡稳定计算时，如何利用代替法来计算渗流力。

二、习题

6.1 挡土墙高 10m，墙背垂直，填土表面为水平。填土的 $\gamma=17.5\text{kN/m}^3$，$\varphi=30°$，$c=0$。试分别求出静止、主动、被动土压力，并加以比较。

6.2 如图 6.66 所示挡土墙，墙背直立光滑，填土面水平，填土由两层土组成，上层为无黏性土，下层为黏性土。土的性质指标于图中。试用朗肯理论求总主动土压力。

6.3 某挡土墙高 $H=10m$，墙背垂直、光滑，墙后填土水平，填土上作用均布荷载 $q=20\text{kPa}$。墙后填土上层为中砂，$\gamma_1=18.5\text{kN/m}^3$，$\varphi_1=30°$，厚 3m。下层为粗砂，$\gamma_2=20\text{kN/m}^3$，$\varphi_2=35°$，地下水位在离墙顶 6m 位置，水下粗砂的饱和重度 $\gamma_{\text{sat}}=20\text{kN/m}^3$。计算作用在挡土墙上的总主动土压力和水压力。

6.4 如图 6.67 所示挡土墙，墙背垂直且光滑，墙高 10m，墙后填土面水平，其上作用着连续均布的超载 $q=20.0\text{kN/m}^2$，填土由两层无黏性土组成，土的性质指标和地下水位如图 6.67 所示。试求：

（1）绘主动土压力和水压力分布图。

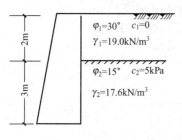

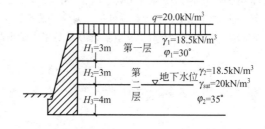

图 6.66 习题 6.2 图   图 6.67 习题 6.4 图

（2）总压力（土压力和水压力之和）的大小。

（3）总压力的作用点。

6.5 已知土坡高 $H=15m$，黏聚力 $c=45.0\text{kPa}$，坡度为 1:1.5（高:宽），$\gamma=18.5\text{kN/m}^3$，$\varphi=0$。试用瑞典圆弧法确定滑面位置，并列表验算此边坡的稳定性。

6.6 如图 6.68 所示土坡，高 13.5m，坡度为 1:2。测得 $\varphi'=5°$，$c'=40\text{kPa}$，土的颗粒重度 $\gamma=26.5\text{kN/m}^3$，$e=0.57$，$S_r=0.6$。试用毕肖普简化法验算此土坡的稳定性。

6.7 已知某挖方土坡，土的物理力学指标为 $\gamma=18.93\text{kN/m}^3$，$\varphi=10°$，$c=12\text{kPa}$。若取安全系数 $K=1.5$，试问：

（1）将坡角做成 60°时边坡的最大高度是多少？

（2）若挖方的开挖高度为 6m，坡角最大能做成多大？

6.8 已知土坡倾角 $\beta=60°$，$\gamma=18.2\text{kN/m}^3$，$\varphi=0$，当坡高达 6m 时该边坡滑坍。试求该土体的黏聚力 c。

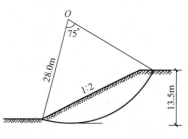

图 6.68 习题 6.6 图

【土压力、土坡稳定典型例题】

参 考 文 献

[1] 唐芬，唐德兰. 土力学与地基基础 [M]. 北京：人民交通出版社，2004.

[2] 陆培毅. 土力学 [M]. 北京：中国建材工业出版社，2000.

[3] 陈希哲. 土力学及基础工程 [M]. 北京：中央广播电视大学出版社，1995.

[4] 李相然. 土力学应试指导 [M]. 北京：中国建材工业出版社，2001.

[5] 高大钊. 土质学与土力学 [M].3 版. 北京：人民交通出版社，2001.

[6] 王成华. 土力学原理 [M]. 天津：天津大学出版社，2002.

[7] 刘成宇. 土力学 [M].2 版. 北京：中国铁道出版社，2000.

[8] 杨小平. 土力学 [M]. 广州：华南理工大学出版社，2001.

[9] 同济大学，北京工业大学. 土质学与土力学 [M]. 北京：人民交通出版社，2003.

[10] 同济大学，长安大学. 土质学与土力学 [M]. 北京：人民交通出版社，2006.

[11] 王铁儒，陈云敏. 工程地质及土力学 [M]. 武汉：武汉理工大学出版社，2001.

[12] 天津大学. 土力学原理 [M]. 天津：天津大学出版社，2002.

[13] 河海大学. 土力学与地基 [M]. 北京：中国水利水电出版社，1999.

[14] 中华人民共和国住房和城乡建设部. 建筑工程抗震设防分类标准（GB 50223—2008）[S]. 北京：中国建筑工业出版
社，2008.

[15] 中华人民共和国住房和城乡建设部. 建筑抗震设计规范（GB 50011—2010）[S]. 北京：中国建筑工业出版社，2010.

[16] 李广信. 岩土工程 50 讲 岩坛漫话 [M].2 版. 北京：人民交通出版社，2010.

[17] [日] 松冈元. 土力学 [M]. 罗汀，姚仰平，编译. 北京：中国水利水电出版社，2001.

[18] 陈仲颐，周景星，王洪瑾. 土力学 [M]. 北京：清华大学出版社，1994.